Peter Boon · Iris van Gulik-Gulikers · Martin Kindt ·
Wim Kleijne · Ton Konings · Hans Melissen ·
Rob van Oord · Ferdinand Verhulst · Agnes Verweij

Herausgeber:
Ferdinand Verhulst · Sebastian Walcher

Das Zebra-Buch zur Geometrie

Übersetzt von
Mieke Kuschnerus und Sebastian Walcher

Geleitwort von Jan van Maanen

Prof. Ferdinand Verhulst
Mathematisch Instituut
University of Utrecht
PO Box 80.010
3508TA Utrecht
The Netherlands
f.verhulst@uu.nl

Prof. Dr. Sebastian Walcher
Lehrstuhl A für Mathematik
RWTH Aachen
52056 Aachen
walcher@mathA.rwth-aachen.de

ISSN 0937-7433
ISBN 978-3-642-05247-7 e-ISBN 978-3-642-05248-4
DOI 10.1007/978-3-642-05248-4
Springer Heidelberg Dordrecht London New York

Die Deutsche Nationalbibliothek verzeichnet diese Publikation in der Deutschen Nationalbibliografie; detaillierte bibliografische Daten sind im Internet über http://dnb.d-nb.de abrufbar.

Mathematics Subject Classification (2010): 51-01, 52-01, 00-01

Einbandentwurf: WMXDesign GmbH, Heidelberg

Gedruckt auf säurefreiem Papier

Springer ist Teil der Fachverlagsgruppe Springer Science+Business Media (www.springer.com)

Vorwort

Warum Zebra? Wie zu erwarten, handelt es sich um kein Tier. Hinter dem Titel steckt folgende Geschichte: Gegen Ende der 1990er Jahre wurde im mathematisch-naturwissenschaftlichen Curriculum für Sekundarstufen in den Niederlanden Platz geschaffen für eigenständige Projektarbeit. Dies geschah auf dringenden Wunsch der Universitäten, die auf Studienanfänger mit Erfahrung in selbstständiger Arbeit Wert legten. Also wurden für die Oberstufen u. a. in Mathematik zwei Projekte im Curriculum vorgesehen, mit einem Arbeitsaufwand von je etwa 20 Stunden. Es fehlte dann nur noch Material für die Projekte. In den offiziellen Veröffentlichungen des Ministeriums wurde dieses Detailproblem gelöst, indem für die Projektinhalte als Platzhalter ein Kasten mit diagonaler Schraffierung plaziert wurde. Diese Kästen (welche an die Streifen eines Zebras erinnern) wurden im Niederländischen als „zebra blokken“ bezeichnet. Dies war der Anlass für die Zebra-Reihe (zebra reeks) von Epsilon Uitgaven (Utrecht), die in kleinen Bänden (je etwa 60 Seiten) Material für mathematische Projekte präsentiert.

Die Zebra-Reihe entstand auf Initiative der damaligen Vorsitzenden der Niederländischen Mathematiklehrer-Vereinigung (NVvW) und des Chefredakteurs von Epsilon Uitgaven. Die Reihe ist in den Niederlanden sehr erfolgreich. Inzwischen sind an die 30 Bände erschienen, viele von diesen haben mehrere Auflagen erreicht. Eine Übersicht ist auf folgender Webseite zu finden: www.epsilon-uitgaven.nl

Die Autoren sind Lehrer und Hochschullehrer für Mathematik ebenso wie für Mathematik-Didaktik; so ergab sich eine neue Kooperation zwischen Schul- und Universitätsbereich, mit Beteiligung von Schulpraktikern ebenso wie von Forschern. Die Bände bieten die Gelegenheit zur eigenständigen Beschäftigung mit anregender, gehaltvoller Mathematik, wobei in der Regel keine vertieften Mathematik-Kenntnisse vorausgesetzt werden. Sie sind nicht nur für Schülerinnen und Schüler, sondern auch für interessierte Laien zugänglich. Der Fokus liegt auf dem Erforschen und Entdecken eines mathematischen Themas; dabei steht ein breites Themenspektrum zur Auswahl.

Sechs dieser Zebra-Bände werden im vorliegenden Buch zusammengefasst und auf Deutsch veröffentlicht. Die Herausgeber haben als übergreifendes Thema die Geometrie gewählt. Der wesentliche Grund für diese Auswahl ist die Vielseitigkeit der Geometrie. Geometrie ist ein klassisches (Jahrtausende altes) und zugleich modernes Gebiet; neue geometrische Fragestellungen und Antworten auf lange ungelöste geometrische Probleme sind nach wie vor Gegenstand der mathematischen Forschung. Geometrie ist aus Anwendungen entstanden, anwendungsrelevant (in Kunst und Wissenschaft gleichermaßen) und zugleich ein wesentlicher Motor für das Fortschreiten mathematischer Erkenntnis. Geometrie hat zahlreiche Querverbindungen zu anderen mathematischen Disziplinen. All diese Aussagen werden für Leserinnen und Leser dieses Buches erfahrbar und begreifbar.

Wer kann dieses Buch mit Gewinn lesen? Genau wie in Holland sind Schülerinnen und Schüler eine Zielgruppe, vor allem in Hinblick auf die vorgesehene Einführung von Projektunterricht auch an den Schulen deutscher Bundesländer. Ebenso ist das Buch für Personen geeignet, die mit relativ geringen Vorkenntnissen (etwa Sekundarstufe I) mehr über Mathematik erfahren wollen. Darüber hinaus sind die Themen auch für Lehrerinnen und Lehrer sowie für Studierende des Lehramts interessant: Praktiker finden zahlreiche Anregungen und Projektvorschläge, und Studierenden eröffnet sich ein schneller Zugang zu Themen, welche in der fachwissenschaftlichen und fachdidaktischen Ausbildung relevant sind.

Die Grundversion der Übersetzung ins Deutsche wurde in sehr umsichtiger Weise von Mieke Kuschnerus, Studentin der Mathematik an der RWTH Aachen, angefertigt. Der zweitgenannte Herausgeber überarbeitete diese Version vor allem im Hinblick auf mathematische Fachtermini. (Für mathematische Fehler, die vielleicht bei der Übersetzung entstanden, ist also er verantwortlich. Für eventuelle mathematische Fehler in den Originaltexten, die bei der Übersetzung unentdeckt blieben, sind Autoren und Übersetzer gemeinsam verantwortlich.) Den einzelnen Kapiteln wurde eine kurze Einleitung der Herausgeber vorangestellt; die ursprünglichen Einleitungen mit ihrem Bezug auf die holländischen Lehrpläne blieben daneben erhalten. Da sich die Zebra-Bände an Schüler richten, haben wir die Anrede „Du" aus den Originaltexten beibehalten.

Für ihre Hilfe bei der Fertigstellung der Druckvorlage sind wir einigen Personen zu Dank verpflichtet. Herr Bernd Bollwerk, MTA am Lehrstuhl A für Mathematik der RWTH, hat einen großen Teil der Grafik- und Bilddateien in präsentable Form gebracht und einige verlorene Bilder rekonstruiert. Herr Felix Voigtlaender, Student der Mathematik an der RWTH, hat eine Reihe von Grafiken neu erstellt. Schließlich hat Frau Barbara Giese, Sekretärin am Lehrstuhl A für Mathematik, die diffizile und wenig dankbare Aufgabe gemeistert, die stilistisch recht unterschiedlichen Vorlagen in ein für die Buchherausgabe passendes Format zu bringen.

Utrecht und Aachen
Dezember 2009

Ferdinand Verhulst
Sebastian Walcher

Geleitwort

Liebe Leserin, lieber Leser,

Im Vorwort wurde schon sehr viel über den Inhalt dieses Buches gesagt. Wiederholung, obwohl ein Grundprinzip des Unterrichtens, führt uns hier nicht weiter. Aber es ist immer gut, sich zu freuen, und gerade weil Mathematiker das oft vergessen, will ich meiner Freude Ausdruck geben. Denn Vieles an und in diesem Buch ist für mich (und hoffentlich auch für Sie) Anlass zur Freude.

Ich freue mich erstens über die Buchkapitel, welche Schönes aus den Niederlanden für Deutschland zugänglich machen, von Nordrhein-Westfalen bis Kiel und Berchtesgaden (und natürlich viele weitere Dörfer, Städte und Bundesländer). Wie auch die Herausgeber in ihrem Vorwort erwähnen, findet man in diesem Buch nicht den Hauptstrom des niederländischen Mathematikunterrichts, aber doch einen für viele Schüler seit 1998 sehr wichtigen Nebenfluss. Mit einem Anteil von etwa zehn Prozent im Curriculum der letzten zwei oder drei Jahre in der Sekundarstufe II sollte jede Schülerin und jeder Schüler ein Wahlfach absolvieren. Dafür standen 40 Stunden zur Verfügung. Die vorliegenden Texte sind für diesen Wahlunterricht geschrieben, oft von Lehrern gemeinsam mit Wissenschaftlern. Man erfährt viel Schönes über die Geometrie, wenn man die Texte durcharbeitet. Das ganze Buch dürfte also ein Vielfaches von 40 Stunden beanspruchen.

Besonders freue ich mich auch, dass zwei von meinen Mathematiker-Kollegen, die einigen Aspekten des niederländischen Mathematikunterrichts kritisch gegenüber stehen und dies auch zum Ausdruck gebracht haben, offensichtlich auch Gutes finden an den Entwicklungen der letzten beiden Jahrzehnte. Denn sonst hätten sie sich nicht die aufwendige Arbeit gemacht, die niederländischen Zebra-Hefte auch für deutsche Leserinnen und Leser zugänglich zu machen. Ich stimme mit den Herausgebern überein: Vieles an diesen Kapiteln für den Projektunterricht ist sehr reizvoll.

Eine spezielle Freude bereitet mir schließlich das Kapitel über nichteuklidische Geometrie, welches aus der Dissertation meiner Doktorandin Iris van Gulik entstanden ist. Es zeigt, wie die Geschichte dabei hilft, die Mathematik verstehen und schätzen zu lernen.

Ich hoffe, dass dieses Buch die mathematisch-nachbarschaftlichen Beziehungen verbessern wird, zwischen den Niederlanden und Deutschland ebenso wie zwischen allen, die gemeinsam die Kapitel durcharbeiten. Und auch wenn Sie allein daran arbeiten, sage ich voraus, dass Sie sich freuen werden.

Warum noch warten? An die Freude!

Jan van Maanen
Professor für Mathematikdidaktik,
Direktor des Freudenthal-Instituts,
Universität Utrecht

Inhaltsverzeichnis

1

Der Goldene Schnitt

Wim Kleijne, Ton Konings

Vorbemerkung der Herausgeber

Der Goldene Schnitt ist ein klassisches Thema der Geometrie mit zahlreichen Anwendungen in anderen mathematischen Gebieten, in Ästhetik und Kunst. Darüber hinaus gibt es eine Beziehung zur Fibonacci-Folge und damit auch zu Wachstumsprozessen. Solche überraschenden Querverbindungen gehören zu den schönsten Erkenntnissen der Mathematik.

An Voraussetzungen benötigt man einige Kenntnisse der klassischen Geometrie (Kongruenz, Pythagoras, ...) und ein wenig Wissen über Folgen (es genügt auch, keine Angst vor Folgen zu haben).

Einleitung

Dieses Kapitel handelt von einem Thema, das seit der Antike großes Interesse auf sich zieht: Der Goldene Schnitt. Es handelt sich dabei um eine Verhältniszahl, die vielfach in der Mathematik, besonders in der Geometrie vorkommt. Weiterhin erweist sich, dass diese Zahl ganz besondere arithmetische Eigenschaften besitzt und in Beziehung zu der Folge der Fibonacci-Zahlen steht. Darüber hinaus ist der Goldene Schnitt oftmals in der Kunst zu finden.

Das Kapitel ist wie folgt aufgebaut: Im ersten Teil wird auf die theoretischen Aspekte des Goldenen Schnitts, auf die Fibonacci-Zahlen und auf die Beziehung zwischen beiden eingegangen. Dazwischen eingefügt sind einige Aufgaben, die zur Vertiefung der hier besprochenen Theorie gedacht sind. Zu jeder Aufgabe gibt es Lösungshinweise. Am Ende des Kapitels befinden sich die Lösungen zu den Aufgaben.

Wir rechnen für das Studium dieser ersten Hälfte mit einem Arbeitsaufwand von etwa zehn Stunden.

F. Verhulst, S. Walcher (eds.), *Das Zebra-Buch zur Geometrie*, Springer-Lehrbuch,
DOI 10.1007/978-3-642-05248-4_1, © Springer-Verlag Berlin Heidelberg 2010

In der Wissenschaft, der Kunst und in der Natur sind der Goldene Schnitt und die Fibonacci-Zahlen in überraschenden Zusammenhängen zu finden, ihr Vorkommen wird allerdings auch oft romantisiert. Die zweite Hälfte dieses Kapitels enthält sieben Arbeitsaufträge aus verschiedenen Bereichen (Architektur, Malerei, Biologie, Chemie, Mathematik) mit deren Hilfe diese Anwendungen des Goldenen Schnitts und der Fibonacci-Zahlen diskutiert und näher untersucht werden können. Jede Auftragsbeschreibung enthält viele interessante Informationen. Es ist beabsichtigt, dass Du nachdem Du alle sieben Arbeitsaufträge gelesen hast, einen auswählst, mit dem Du Dich intensiver beschäftigst. Hierfür wird ein Zeitaufwand von etwa zehn Stunden erwartet.

Weitere Informationen über die Themen, die in diesem Buch behandelt werden sind auf der Webseite der Niederländischen Mathematiklehrer-Vereinigung zu finden: **http://www.nvvw.nl**

1.1 Eine göttliche Teilung

In diesem Kapitel beschäftigen wir uns mit einer Zahl, die seit Jahrhunderten von großem Interesse ist: der Goldene Schnitt. Es geht dabei um eine besondere Art, eine Strecke in zwei Teile zu zerlegen. Der Goldene Schnitt ist ein Verhältnis, das man wie folgt findet: Schneidet man einen Gegenstand einer bestimmten Länge, zum Beispiel der Länge 1 m (einen Balken, ein Stock, ein Stück Seil) an einer beliebigen Stelle durch, dann erhält man zwei Teile, die in der Regel nicht gleich lang sind. Zwischen den Längen der beiden Teile besteht ein festes Verhältnis. Teilt man zum Beispiel die 100 cm in ein kleines Stück von 40 cm Länge und ein großes Stück, das 60 cm lang ist, dann verhält sich das kleine Stück zum großen wie $40 : 60$ oder $1 : 1,5$.
Zugleich stehen beide Teile in einem festen Verhältnis zur ursprünglichen Länge. Das größere Stück verhält sich zur Gesamtlänge wie $60 : 100$ oder wie $1 : 1,667$. Beachte hierbei, dass $1,667$ größer als $1,5$ ist.
Teilt man nun die 100 cm in ein kleines Stück von 35 cm und ein großes Stück von 65 cm, dann ist das Verhältnis zwischen dem kleinen und dem großen Stück $35 : 65$ oder $1 : 1,857$. Das größere Stück verhält sich zur gesamten, ursprünglichen Länge wie $65 : 100$ oder wie $1 : 1,538$. In diesem Fall ist $1,538$ *kleiner* als $1,857$.
Es muss also auch eine Aufteilung möglich sein, bei der das Verhältnis des kleineren Stücks zum größeren gleich ist dem Verhältnis des größeren Stücks zur Gesamtlänge.

Aufgabe 1.1
Versuche diese Aufteilung zu finden und berechne das dazugehörige Verhältnis so genau wie möglich. Dieses Verhältnis wird „der Goldene Schnitt“ genannt.

Euklid schrieb schon um 300 v. Chr. eine mathematische Abhandlung über dieses Verhältnis, und etwa seit dem Ende des Mittelalters erschienen regelmäßig mathematische Werke zu diesem Thema. Das Verhältnis war nicht immer unter dem Namen „Goldener Schnitt“ bekannt. Euklid nannte es die „Teilung im inneren und äußeren Verhältnis“, zu Ende des Mittelalters und zu Beginn der Renaissance sprach man auch von der Divina Proportio: die Göttliche Teilung.

Der Name Goldener Schnitt, eigentlich das Goldene Verhältnis, entstand erst in der ersten Hälfte des 19. Jahrhunderts. All diese Namen zeigen, dass man dieses Verhältnis als etwas sehr Besonderes ansah: „göttlich“ und „golden“. Einer der Gründe für die Faszination, die dieses Verhältnis ausstrahlt, ist die Anwendung des Goldenen Schnittes in vielen, auch nicht-mathematischen Bereichen. So taucht diese berühmte Zahl bei der Untersuchung des Pflanzenwachstums auf. Weiter spielt der Goldene Schnitt vor allem in der Bildenden Kunst und in der Architektur eine große Rolle.

Aufgabe 1.2
Zeichne ein Quadrat mit einer Seitenlänge von 10 cm. Teile das Quadrat mit einer senkrechten Linie „so schön wie möglich“ in zwei Teile. Miss die Länge und Breite der Rechtecke, die durch diese Teilung entstehen. Berechne das Verhältnis der Länge zur Breite der Rechtecke in der Zeichnung. Zeichne noch ein Quadrat und teile es mit einer vertikalen und einer horizontalen Linie „so schön wie möglich“. Miss die Längen der Stücke, in die das Quadrat unterteilt ist und berechne die Verhältnisse. Sind Verhältnisse dabei, die ungefähr dem Goldenen Schnitt entsprechen?

Experimente dieser Art wurden in der Vergangenheit mit großen Gruppen von Testpersonen unternommen, um festzustellen, welches Verhältnis als das schönste empfunden wird, und so ein absolutes Schönheitsideal zu finden. Man hat oft angenommen, dass es eine „schönste Unterteilung“ einer Strecke (oder eines Quadrats) gibt, und dass diese der Goldene Schnitt ist. Einige Künstler haben ganz bewusst den Goldenen Schnitt in ihren Werken verwendet. Andererseits wird das Vorkommen des Goldenen Schnitts in der Kunst auch oft übertrieben dargestellt. Wahrscheinlich sind die Begriffe „schön“ und „hässlich“ zu vielschichtig, um sie mit einer einzigen Zahl zu beschreiben. Mehr zu diesem Aspekt des Goldenen Schnitts ist im Buch von Albert van der Schoot [10] nachzulesen.

Zurück zur Mathematik. Im Laufe der Zeit wurde der Goldene Schnitt in Verbindung mit einer gewissen Folge von Zahlen gebracht, der Folge der „Fibonacci-Zahlen“. Diese Folge wird erstmals in einem Buch behandelt, das zu Beginn des 13. Jahrhunderts erschien. Man entdeckte dann, dass eine enge Verbindung zwischen den Fibonacci-Zahlen und dem Goldenen Schnitt besteht. Es ist sogar so, dass man den Goldenen Schnitt mit Hilfe dieser Zahlen besser verstehen kann. Deshalb werden wir hier auch die Folge der Fibonacci-Zahlen und den Zusammenhang mit dem Goldenen Schnitt näher betrachten.

1.2 Die Mathematik hinter dem Goldenen Schnitt

1.2.1 Das Pentagramm

An vielen Stellen in der Literatur, in der bildenden Kunst, in der Philosophie und im alltäglichen Leben finden wir das Symbol des fünfzackigen Sterns. So ist zum Beispiel die Figur in Abbildung 1.1 in einem Bogen eines Klostergangs in Alcobaça in Portugal zu sehen.

Abb. 1.1: Kloster in Alcobaça, Portugal (Foto: Wim Kleijne).

In der Magie des Mittelalters war der fünfzackige Stern, Pentagramm genannt, ein Symbol, welches Schutz vor Hexen, bösen Geistern und dem Teufel bot. Ein spätes Relikt davon findet man in Goethes „Faust". In einer Szene ist Mephisto nämlich nicht in der Lage das Zimmer von Faust zu verlassen, denn

„Gesteh ich's nur! Dass ich hinausspaziere,
Verbietet mir ein kleines Hindernis,
Der Drudenfuß auf Eurer Schwelle"

worauf Faust fragt:

„Das Pentagramma macht dir Pein?"

Der „Drudenfuß", das Pentagramm, der regelmäßige fünfzackige Stern, war ein für böse Geister unüberwindliches Hindernis.
Berücksichtigt man dies, so ist es auch verständlich, dass das Pentagramm

in Sakralbauwerken wie im erwähnten Klostergang eingebaut ist: Der Teufel sollte nicht hereinkommen können. An dem Foto des Klosterfensters wird deutlich, dass der Baumeister unter anderem vor dem Problem stand, das Pentagramm in ein rundes Fenster einzubauen. Dafür musste er zuerst ein regelmäßiges Fünfeck, ein sogenanntes Pentagon konstruieren. Die Konstruktion eines Fünfecks spielte im mittelalterlichen Kathedralenbau eine wichtige Rolle, und war nur den Baumeistern vorbehalten. Diese Konstruktion musste ein Baumeister damals allein mit einem Zirkel und einem Lineal ohne Markierungen schaffen.
Es gibt einige zeitgenössische Bilder von Baumeistern mit einem Zirkel und einem Lineal in den Händen, die verdeutlichen sollen, dass solche Konstruktionen allein damit erstellt werden mussten. Ein Relikt davon findet sich heute noch im Symbol der Freimaurer.
Auch heutzutage kommen das Pentagramm und das Pentagon viel öfter vor als man vielleicht denken mag. Versuche einige Beispiele für die Verwendung dieser Symbole in der heutigen Zeit zu finden. Denke zum Beispiel an Gebäude, Flaggen, diverse Firmenlogos usw. Eine gute Möglichkeit solche Beispiele zu finden, ist die Suche im Internet.

Die Konstruktion eines Pentagramms und eines regelmäßigen Fünfecks mit Zirkel und Lineal ist aus mathematischer Sicht sehr interessant. Wir werden uns in diesem Kapitel unter anderem damit befassen. Dabei wollen wir das Pentagramm und das Pentagon auch auf ihre mathematischen Eigenschaften hin untersuchen.

1.2.2 Eine mathematische Eigenschaft

Im letzten Abschnitt haben wir gesehen, dass der mittelalterliche Baumeister einer Kathedrale vor dem Problem stand, ein Pentagramm in einem runden Fenster nur mit Zirkel und Lineal zu konstruieren. Für die Lösung dieses Problems wird er sehr schnell auf die Idee gekommen sein, das zum Pentagramm gehörende regelmäßige Fünfeck, das Pentagon zu konstruieren (siehe Abb. 1.2). Wenn man von der vollständigen Symmetrie des Sterns ausgeht, ist sofort klar, dass das Fünfeck $ABCDE$, das man durch Verbinden der Eckpunkte des Sterns erhält, regelmäßig ist. Das heißt, dass die Seiten AB, BC, CD, DE und EA gleich lang sind und dass die Winkel an den Eckpunkten A, B, C, D und E ebenfalls gleich groß sind. Die Strecken, die das Pentagramm bilden, sind die Diagonalen des Fünfecks.
Allerdings ist auch die Konstruktion (nur mit Zirkel und Lineal) eines regelmäßigen Fünfecks alles andere als eine leichte Aufgabe. Wir werden deshalb zunächst versuchen, einige Besonderheiten des Sterns und des Fünfecks zu finden. Es liegt auf der Hand, zu untersuchen, an welchen Stellen sich die fünf Strecken schneiden, die den Stern bilden. Um darüber etwas aussagen zu können, muss man beachten, dass diese Strecken die Diagonalen des regelmäßigen Fünfecks sind. Der Einfachheit halber zeichnen wir nun zunächst nur drei der

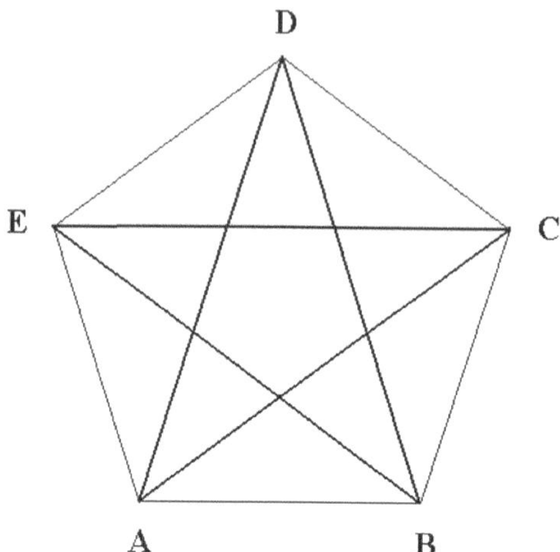

Abb. 1.2: Regelmäßiges Fünfeck und Pentagramm.

fünf Strecken, die das Pentagramm bilden (siehe Abb. 1.3). Was müssen wir wissen, um diese Figur zu konstruieren? Wir sehen bereits auf den ersten Blick drei verschiedene Längen in dieser Zeichnung, kurze (z. B. DS), längere (z. B. AS) und die längsten (z. B. AD oder AC).

Der Punkt in dem sich zwei Strecken schneiden kann bestimmt werden, wenn das Verhältnis der beiden Teile bekannt ist, in die eine Strecke unterteilt ist. Die Frage ist also, was wir über das Verhältnis $DS : SA$ oder $AB : AD$ sagen können.

Wir werden in den folgenden Überlegungen von einigen Eigenschaften ausgehen, die man in Abbildung 1.2 und 1.3 sehen kann. Als erstes haben wir die Symmetrie der Figur, und zweitens die Parallelität zwischen jeweils einer Seite und einer Diagonalen. So ist zum Beispiel ED parallel zu AC und AB parallel zu EC. Insgesamt folgt, dass das Dreieck ACS ähnlich zum Dreieck DES ist.

Anders ausgedrückt: $\triangle ACS \sim \triangle DES$. Somit ist

$$DS : AS = DE : AC \tag{1.1}$$

Da $EC||AB$ und $AD||BC$, ist das Viereck $ABCS$ ein Parallelogramm, also gilt $BC = AS$.

Da $DE = BC$ gilt also auch

$$DE = AS \tag{1.2}$$

Wegen der Symmetrie des Sterns ist

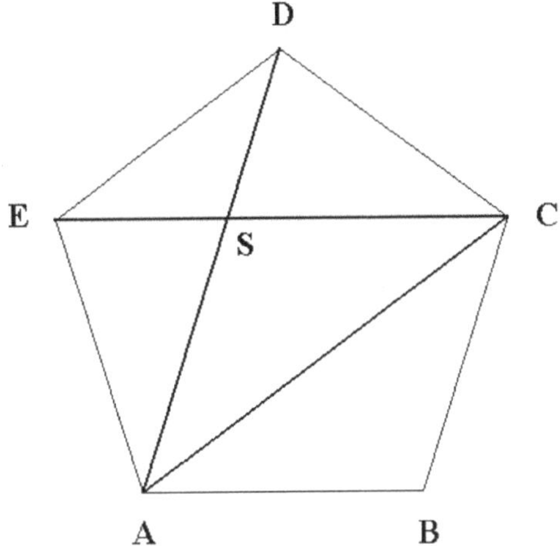

Abb. 1.3: Diagonalen im regelmäßigen Fünfeck.

$$AC = AD \tag{1.3}$$

Setze jetzt (1.2) und (1.3) in (1.1) ein. Man erhält

$$DS : AS = AS : AD = AB : AD \tag{1.4}$$

Das ist ein wichtiges Ergebnis: das Verhältnis der beiden Teile, in die eine Diagonale des Fünfecks durch eine andere Diagonale geteilt wird ist gleich dem Verhältnis von einem der beiden Teile zur ganzen Diagonale. Oder etwas genauer ausgedrückt:
Das kleinere Stück verhält sich zum größeren Stück, wie das größere Stück zur ganzen Diagonale.

Mit Hilfe dieses Verhältnisses, das wir soeben bestimmt haben, können wir nun einige Berechnungen anstellen. Zuerst werden wir die Länge einer Diagonalen berechnen.
Zunächst sei die Länge einer Seite des Fünfecks gleich 1. Das heißt in Abbildung 1.3 gilt $BC = AS = 1$. Wenn wir die Länge einer Diagonalen d nennen, dann kann Gleichung (1.4) wie folgt geschrieben werden:

$$(d-1) : 1 = 1 : d.$$

Daraus folgt

$$(d-1) \cdot d = 1$$

oder auch

$$d^2 - d - 1 = 0 \tag{1.5}$$

Die Lösung dieser quadratischen Gleichung ist $d = \frac{1}{2}(1 \pm \sqrt{5})$.

Da d die Länge einer Strecke ist, kann d nicht negativ sein. Also folgt aus unserer Rechnung

$$d = \frac{1}{2}(1 + \sqrt{5}) \approx 1,61803.$$

Wir werden diese Rechnung nun auch für den allgemeinen Fall, also für ein regelmäßiges Fünfeck, dessen Seitenlänge nicht unbedingt gleich 1 ist, durchführen. Wir bezeichnen das kleinere Teilstück einer Diagonalen des Fünfecks mit k und das größere Teilstück mit g (siehe Abbildung 1.4).

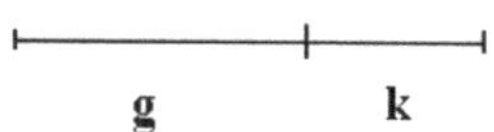

Abb. 1.4: Goldener Schnitt.

Das Verhältnis aus Gleichung (1.4) können wir jetzt schreiben als

$$k : g = g : (k + g).$$

Daraus folgt: $g^2 = k \cdot (k + g)$, ausmultipliziert: $g^2 = k^2 + kg$. Wenn man nun auf beiden Seiten durch k^2 teilt und anschließend alles auf eine Seite bringt erhält man:

$$(g/k)^2 - g/k - 1 = 0$$

woraus wie eben folgt: $g/k = \frac{1}{2}(1 \pm \sqrt{5})$. Das Minuszeichen würde eine negative Zahl für ein Verhältnis zweier Längen liefern, was unmöglich ist. Also gilt

$$g/k = \frac{1}{2}(1 + \sqrt{5}) \approx 1,61803. \tag{1.6}$$

Beachte, dass dann

$$k/g = \frac{1}{2}(-1 + \sqrt{5}) \approx 0,61803.$$

Zusammengefasst haben wir also folgendes herausgefunden:
(Z ist hierbei die Länge einer Seite des Fünfecks, g ist das größere und k das kleinere der beiden Teile, in die die Diagonale unterteilt wird.)

- Wenn $Z = g = 1$ dann ist $d = \frac{1}{2}(1 + \sqrt{5}) \approx 1,61803$ und $k = \frac{1}{2}(-1 + \sqrt{5}) \approx 0,61803$.
- Wenn allgemein $Z = g$ dann ist $g/k = \frac{1}{2}(1 + \sqrt{5}) \approx 1,61803$ und $k/g = \frac{1}{2}(-1 + \sqrt{5}) \approx 0,61803$.

Elementare „goldene Algebra“

Wenn eine Strecke in zwei Teile geteilt ist, sodass die Teile in dem oben beschriebenen Verhältnis zueinander stehen (siehe (1.4) und (1.6)) sprechen wir vom „Goldenen Schnitt“ oder „Goldenen Verhältnis“. Man verwendet auch manchmal die Bezeichnungen „göttliches Teilverhältnis“ und „Teilung im inneren und äußeren Verhältnis“.

Die Tatsache, dass ein so einfaches Verhältnis so viele verschiedene rühmende Namen erhalten hat deutet darauf hin, dass es damit etwas Besonderes auf sich hat. Das ist tatsächlich der Fall, wie wir im Folgenden sehen werden. Dabei werden wir feststellen, dass man dieses Verhältnis oft (näherungsweise) unter anderem in der Bildenden Kunst und in der Natur wieder findet. Auch im alten Griechenland war dieses Verhältnis bereits bekannt. Euklid erwähnt es in seiner „Stoicheia“ (übersetzt „Elemente“): dreizehn Bücher, in denen er um das Jahr 300 v. Chr. die gesamte damals bekannte Mathematik beschrieb. In diesen Büchern verwendet Euklid für diese Unterteilung einer Strecke die Bezeichnung „Teilung im inneren und äußeren Verhältnis“. Da wir im Folgenden viel mit der Zahl $\frac{1}{2}(1+\sqrt{5})$ rechnen werden, bezeichnen wir diese mit dem griechischen Buchstaben φ („phi“). Also

$$\varphi = \frac{1}{2}(1+\sqrt{5}).$$

Zunächst zeigen wir in der folgenden Aufgabe einige wichtige Eigenschaften von φ. Einige der Ergebnisse aus Aufgabe 1.3 werden im Folgenden benötigt.

Aufgabe 1.3

Zeige, dass folgende Gleichungen gelten:

a. $\varphi^2 = \varphi + 1$

b. $1/\varphi = \varphi - 1$

c. $\varphi + 1/\varphi = \sqrt{5}$

d. $\varphi^2 + 1/\varphi^2 = 3$

(Hinweis zur Lösung von Aufgabe 1.3: Setze den Wert von φ in die Gleichungen ein oder forme Gleichung (1.5) geschickt um)

„Goldene Konstruktionen“

Im letzten Abschnitt haben wir untersucht, in welchem Verhältnis sich die Diagonalen eines regelmäßigen Fünfecks teilen. Wir stießen dabei auf den sogenannten „Goldenen Schnitt“.

Sind wir jetzt umgekehrt auch in der Lage, eine gegebene Strecke mit Hilfe von Zirkel und Lineal in zwei Teile zu teilen, die zueinander das Verhältnis des Goldenen Schnitts haben? Ein Problem hierbei ist, dass dieses Verhältnis durch eine irrationale Zahl (also eine Zahl, die nicht als Bruch mit ganzzahligem Zähler und Nenner, geschrieben werden kann) gegeben ist, nämlich $\frac{1}{2}(1+\sqrt{5})$. Wir werden nun mit einer klassischen Konstruktion eine Strecke im Verhältnis des Goldenen Schnitts teilen. Unter einer *klassischen Konstruktion* verstehen wir eine Zeichnung, die nur mit Verwendung eines Zirkels und eines Lineals ohne Markierungen erstellt wird (wie es die alten Griechen taten, daher die Bezeichnung „klassisch“, und wie der mittelalterliche Baumeister vorgehen musste). Das heißt, dass wir bei der Konstruktion nur von Geraden und Kreisbögen Gebrauch machen werden.

Konstruktion des Goldenen Schnitts auf der Strecke AB (siehe Abbildung 1.5):

1. Konstruiere die Strecke $BC = \frac{1}{2}AB$, sodass sie senkrecht auf AB steht.
2. Zeichne einen Kreis mit Mittelpunkt C und Radius BC. Der Schnittpunkt mit AC wird D genannt.
3. Zeichne einen Kreis mit Mittelpunkt A und Radius AD. Der Schnittpunkt mit AB wird S genannt.

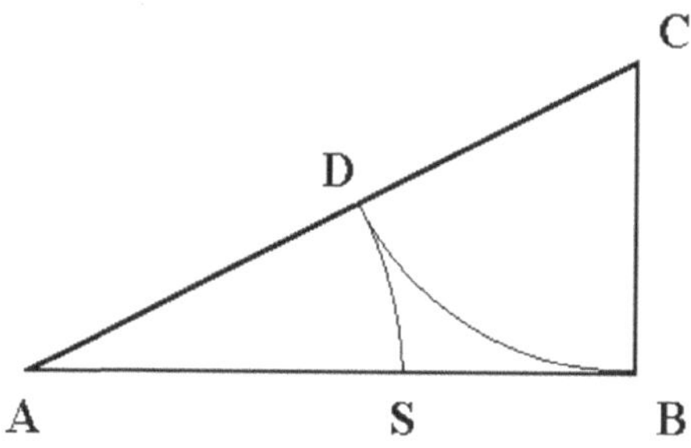

Abb. 1.5: Konstruktion des Goldenen Schnitts.

Aufgabe 1.4
Zeige, dass $BS : AS = AS : AB$

(Hinweis zur Lösung von Aufgabe 1.4: Bezeichne die Länge von AB mit a und drücke die Längen der Strecken BC, AC, AD und AS durch a aus. Zeige weiter, dass $AB/AS = \varphi$. Daraus folgt dann, dass S die Strecke AB gemäß dem Goldenen Schnitt unterteilt, dass also $BS : AS = AS : AB$).

In den folgenden beiden Aufgaben werden noch zwei weitere Konstruktionen des Goldenen Schnitts behandelt.

Aufgabe 1.5
Zeige, dass in Abbildung 1.6 der Punkt S_1 die Strecke AB im Goldenen Schnitt unterteilt. Für $AB = 1$ gilt also $AS_1 = 1/\varphi \approx 0,618$

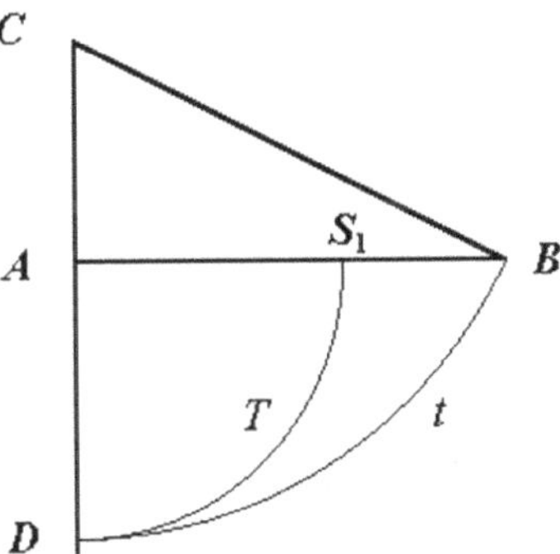

Abb. 1.6: Weitere Konstruktion des Goldenen Schnitts: $AC = \frac{1}{2}AB$. Mit t wird der Kreisbogen (C, BC) mit Mittelpunkt C und Radius BC bezeichnet. Mit T wird der Kreisbogen (A, AD) bezeichnet.

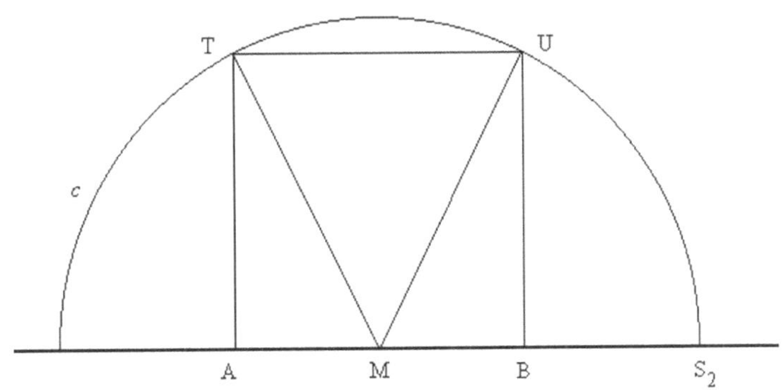

Abb. 1.7: Weitere Konstruktion des Goldenen Schnitts: c ist der Kreisbogen (M, MT). $ABUT$ ist ein Quadrat. $AM = MB$, der Punkt S_2 ist der Schnittpunkt von c mit der Strecke durch A und B.

(Hinweis zur Lösung von Aufgabe 1.5: Drücke die Länge der Strecke AD in Abhängigkeit der Länge von AB aus und berechne dann AS_1/AB.)

Aufgabe 1.6
Zeige, dass in Abbildung 1.7 die Strecke AS_2 durch Punkt B im Goldenen Schnitt unterteilt wird.

(Hinweis zur Lösung von Aufgabe 1.6: Drücke nacheinander die Längen der Strecken MU, MS_2, AS_2, und AB durch die Länge von AM aus und berechne dann AS_2/AB.)

Algebra mit φ

Wir sind ausgegangen von einer gründlichen geometrischen Untersuchung des Pentagramms. Dabei sind wir schnell auf die Zahl $\varphi = \frac{1}{2}(1 + \sqrt{5})$ gestoßen. In diesem Abschnitt führen wir nun eine genauere algebraische Untersuchung dieser Zahl durch.

Der Goldene Schnitt lässt sich als Verhältnis mit drei verschiedenen Zahlen auffassen: a, b und $a + b$. Es gilt nämlich $a : b = b : (a + b)$. Dieses Verhältnis besitzt eine sehr spezielle Struktur: nacheinander steht zunächst eine Zahl, dann zweimal die andere Zahl und zum Schluss die Summe der ersten beiden. Wenn wir die Verhältnisgleichung nach diesem Muster fortführen, erhalten wir:

$$a : b = b : (a + b) = (a + b) : (a + 2b) = (a + 2b) : (2a + 3b) = \ldots$$

(Überprüfen wir zum Beispiel die letzte Verhältnisgleichung: Die erste Zahl darin ist $a + b$, die zweite und dritte Zahl ist $a + 2b$ und die vierte Zahl ist die Summe der ersten beiden, nämlich $(a + b) + (a + 2b) = 2a + 3b$.)

Auf diese Weise entsteht eine Folge immer größer werdender, positiver Zahlen der Form

$$a, b, a + b, a + 2b, 2a + 3b, 3a + 5b, \ldots,$$

wobei wegen der Gleichheit aller Verhältnisse von je zwei aufeinander folgenden Zahlen außerdem gilt, dass dieses Verhältnis gleich φ ist. Das Besondere an dieser Zahlenfolge ist, dass jede Zahl die Summe der zwei vorherigen Zahlen ist. Eine Zahlenfolge mit der Eigenschaft, dass jede Zahl der Folge gleich der Summe der zwei vorherigen Zahlen ist, heißt in der mathematischen Literatur Lucas-Folge, nach E. Lucas (1842 - 1891). Nennt man die erste Zahl einer Lucas-Folge $f(0)$, die zweite $f(1)$ usw., gilt also:

$$f(n + 1) = f(n) + f(n - 1), \text{ für alle } n \geq 1$$

Ein Beispiel für eine Lucas-Folge, auf das wir in diesem Buch noch öfter zurück kommen werden, ist die Folge:

$$1, 1, 2, 3, 5, 8, 13, \ldots$$

Diese Folge ist eine Lucas-Folge, da $2 = 1 + 1$; $3 = 1 + 2$; $5 = 3 + 2$; $8 = 3 + 5$; $13 = 5 + 8$; .... Die Verhältnisse aufeinander folgender Elemente dieser Folge sind jedoch nicht gleich dem Goldenen Schnitt, denn $2/1 = 2 \neq \varphi$; $3/2 = 1{,}5 \neq \varphi$.... Eine Lucas-Folge hat also nicht notwendigerweise die Goldene-Schnitt-Eigenschaft. Das heißt, dass das Verhältnis zwischen zwei aufeinander folgenden Zahlen einer Lucas-Folge nicht unbedingt φ entspricht.

Betrachte die Folge:

$$1, \varphi, \varphi^2, \varphi^3, \varphi^4, \ldots$$

Das Verhältnis zwischen je zwei aufeinander folgenden Zahlen ist gleich φ; die Reihe hat also die Goldene-Schnitt-Eigenschaft. Wir wollen nun untersuchen, ob jede Zahl auch gleich der Summe der zwei vorangehenden Zahlen ist. In Aufgabe 1.3 haben wir bewiesen, dass $\varphi^2 = \varphi + 1$. Daraus folgt

$\varphi^3 = \varphi \cdot \varphi^2 = \varphi \cdot (\varphi + 1) = \varphi^2 + \varphi$ und $\varphi^4 = \varphi \cdot \varphi^3 = \varphi \cdot (\varphi^2 + \varphi) = \varphi^3 + \varphi^2$. Es scheint, dass diese Folge eine Lucas-Folge ist. Wir können uns dessen allerdings noch nicht sicher sein: Dass die ersten fünf Zahlen dieser Folge die Eigenschaften einer Lucas-Folge haben, heißt nicht, dass alle Zahlen dieser Folge diese Eigenschaften besitzen. Bisher haben wir den Beweis wie folgt aufgebaut. Wir wussten bereits, dass die Eigenschaft für φ^2 gilt und haben damit beweisen, dass sie auch für φ^3 gilt. Davon ausgehend, dass die Lucas-Eigenschaft für den Exponenten 3 gilt, konnten wir diese auch für den Exponenten 4 von φ zeigen. Dies können wir unendlich oft fortsetzen. Da wir so allerdings zu keinem Ende kommen würden, suchen wir einen kürzeren Weg. Wir versuchen allgemein zu beweisen: Wenn wir von der Gültigkeit der Eigenschaft für den Exponenten n ausgehen, gilt diese Eigenschaft auch für den Exponenten $n+1$. Das würde bedeuten, dass aus dem eben für den Exponenten 4 Gezeigten dieselbe Eigenschaft auch für den Exponenten 5 gilt. Und weiter folgt dann aus der Gültigkeit der Eigenschaft für den Exponenten 5, dasselbe für den Exponenten 6 und so weiter. Damit wäre also bewiesen, dass die Lucas-Eigenschaft für jeden Exponenten von φ, also für jede Zahl der Folge gilt.
Dazu müssen wir jetzt den allgemeinen Schritt beweisen. Wir gehen also davon aus, dass die Eigenschaft für φ^n gilt:

$$\varphi^n = \varphi^{n-1} + \varphi^{n-2} \tag{1.7}$$

und zeigen damit die Gültigkeit der Gleichung $\varphi^{n+1} = \varphi^n + \varphi^{n-1}$
Es gilt

$$\begin{aligned}\varphi^{n+1} &= \varphi \cdot \varphi^n \\ &= \varphi \cdot (\varphi^{n-1} + \varphi^{n-2}) \text{ (wegen (1.7))} \\ &= \varphi^n + \varphi^{n-1}\end{aligned}$$

Also gilt die Eigenschaft auch für φ^{n+1}. Damit ist bewiesen, dass die Lucas-Eigenschaft für alle Zahlen dieser Folge gilt, mit anderen Worten: Jede Zahl dieser Folge ist die Summe der beiden vorangehenden Zahlen.

Die Folge $1, \varphi, \varphi^2, \varphi^3, \varphi^4, \ldots$ ist also eine Lucas-Folge mit der Goldene-Schnitt-Eigenschaft. Mit Hilfe von Aufgabe 1.3 sind wir auch in der Lage, die Zahlen dieser Folge wie folgt aufzuschreiben:

$$\varphi^2 = \varphi + 1$$

$$\varphi^3 = \varphi \cdot \varphi^2 = \varphi \cdot (\varphi + 1) = \varphi^2 + \varphi = \varphi + 1 + \varphi = 2\varphi + 1$$

Aufgabe 1.7
a. Führe diese Rechnung fort und zeige, dass unsere Folge geschrieben werden kann als:

$$1,\ \varphi,\ \varphi+1,\ 2\varphi+1,\ 3\varphi+2,\ldots$$

b. Die allgemeine Gestalt einer Zahl dieser Folge ist $A(n)\cdot\varphi+B(n)$. Zeige, dass die Zahlenwerte, die $A(n)$ annimmt, sowie die Zahlenwerte, die durch $B(n)$ gegeben sind, Lucas-Folgen bilden.

(Hinweis zur Lösung von Aufgabe 1.7: Verwende die eben beschriebene Methode.)

Zurück zu der Folge $1, 1, 2, 3, 5, 8, 13, \ldots$. Wir wissen bereits, dass diese Folge eine Lucas-Folge ist, deren aufeinander folgende Zahlen nicht im Verhältnis des Goldenen Schnitts zueinander stehen. Das Verhältnis zweier aufeinander folgender Zahlen ist also ungleich φ. Berechne nun die ersten Verhältnisse von je zwei aufeinander folgenden Zahlen dieser Folge.

$$\begin{aligned} f(n) &= 1,\ 1,\ 2,\ 3,\ 5,\ 8,\ 13,\ 21,\ 34,\ 55,\ \ldots \\ f(n+1)/f(n) &= 1;\ 2;\ 1{,}5;\ \ldots \end{aligned}$$

Aufgabe 1.8
Berechne die weiteren Verhältnisse $f(n+1)/f(n)$ der ersten oben aufgeführten Zahlen dieser Folge.

Wenn man nun die Folge der eben berechneten Verhältnisse betrachtet, scheint diese gegen $1{,}61803\ldots (= \varphi)$ zu konvergieren. Anders ausgedrückt, scheint der Grenzwert dieser Folge der Verhältnisse gleich φ zu sein. Das ist tatsächlich der Fall. Der Beweis dazu ist nicht so einfach und wird hier deshalb nicht weiter ausgeführt. Man kommt jedoch sehr schnell darauf, dass der Grenzwert φ sein muss, wenn es überhaupt einen Grenzwert gibt: Wir gehen davon aus, dass das Verhältnis $f(n+1)/f(n)$ gegen einen Grenzwert L konvergiert. Wir gehen von der Definition einer Lucas-Reihe aus:

$$f(n+1) = f(n) + f(n-1).$$

Division beider Seiten durch $f(n)$ liefert:

$$f(n+1)/f(n) = 1 + f(n-1)/f(n)$$

Im Grenzfall kann man $f(n+1)/f(n)$ durch L und $f(n-1)/f(n)$ durch $1/L$ ersetzen (Warum?). Man erhält:

$$\begin{aligned} &L = 1 + 1/L, \quad \text{oder} \\ &L^2 - L - 1 = 0 \end{aligned}$$

woraus bereits folgt, dass $L = \varphi$, denn sicher ist $L > 0$.

Also gibt es eine bemerkenswerte Verbindung zwischen dem Goldenen Schnitt und der Folge

$$1, 1, 2, 3, 5, 8, 13, \ldots$$

Wir haben in unserem Beweis nur verwendet, dass diese Folge eine Lucas-Folge ist. Unser Ergebnis, der Zusammenhang mit dem Goldenen Schnitt, ist also nicht abhängig von der speziellen Folge $1, 1, 2, 3, 5, \ldots$. Der gleiche Zusammenhang gilt allgemein: Für eine Lucas-Folge positiver Zahlen ist der Grenzwert der Folge der Verhältnisse von je zwei aufeinander folgenden Zahlen gleich φ.

Die Fibonacci-Folge In der Geschichte der Mathematik ist die Folge

$$1, 1, 2, 3, 5, 8, 13, \ldots$$

aus dem letzten Abschnitt berühmt geworden. Die Folge ist bekannt unter dem Namen „Fibonacci-Folge“ und die Zahlen dieser Folge werden „Fibonacci-Zahlen“ genannt. Fibonacci (wörtlich „Sohn des Bonacci“), 1175 geboren und auch bekannt unter dem Namen Leonardo von Pisa, verfasste 1202 das Buch „Liber abaci“ (Buch der Rechenkunst, abacus = Rechenbrett, also ein Buch über Zahlen, zählen und rechnen). In diesem Buch beschrieb er unter anderem das folgende Problem:
Wie viele Nachkommen hat ein Kaninchenpaar, das die folgenden Bedingungen erfüllt:

1. Jedes Kaninchenpaar ist ab einem Alter von zwei Monaten geschlechtsreif.
2. Jedes Kaninchenpaar bringt ab diesem Alter (von zwei Monaten) monatlich ein neues Kaninchenpaar zur Welt.
3. Kein Kaninchen stirbt.

Zur Lösung dieses Problems ist es hilfreich, ein Baumdiagramm der Nachkommen des ersten Kaninchenpaars aufzustellen.

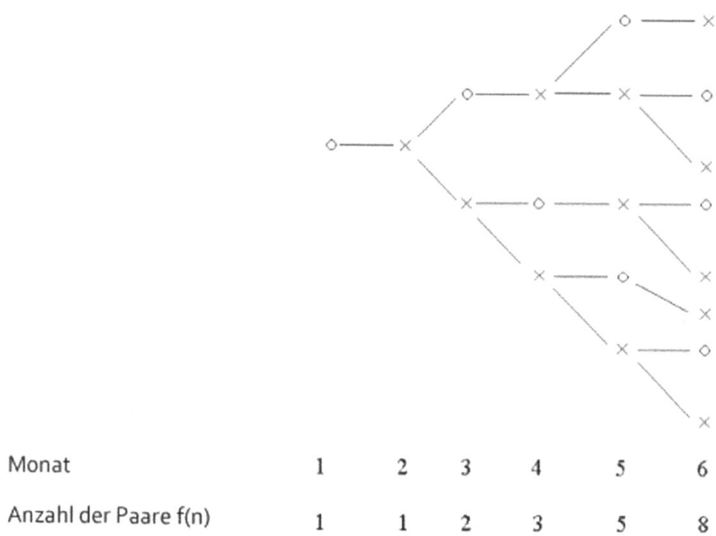

Abb. 1.8: Der Anfang der Fibonacci-Folge. Hierbei bedeutet O nicht geschlechtsreif, X geschlechtsreif.

Aufgabe 1.9
Zeige, dass durch Fortsetzung dieses Schemas die Fibonacci-Folge entsteht.

(Hinweis zur Lösung von Aufgabe 1.9: Es ist also zu zeigen, dass jede Zahl die Summe der beiden vorangehenden ist. Im allgemeinen Fall also $f(n+1) = f(n)+f(n-1)$. Im Monat n gibt es $f(n)$ Kaninchenpaare. Ermittele zunächst wie viele geschlechtsreife Paare darunter sind. Diese bringen im Monat $n+1$ je ein neues Kaninchenpaar zur Welt. Berechne so $f(n+1)$.)

Die Fibonacci-Zahlen und der Goldene Schnitt
Für die Goldene Zahlenfolge gibt es eine geschlossene Formel, mit der man die n-te Zahl der Folge berechnen kann. Das heißt, die n-te Zahl dieser Folge lässt sich als Funktion in Abhängigkeit von n ausdrücken: $t(n) = \varphi^n$.
Die Fibonacci-Folge ist rekursiv über die folgenden Formeln definiert:

$$f(n+1) = f(n) + f(n-1) \tag{1.8}$$

$$f(0) = 1, f(1) = 1 \tag{1.9}$$

Der Ausdruck *rekursiv* bedeutet, dass man jedes Element der Folge aus den vorangehenden berechnen kann. So kann man $f(2)$ berechnen, in dem man in der Gleichung (1.8) $n = 1$ einsetzt. Man erhält: $f(2) = f(1)+f(0) = 1+1 = 2$.

Auf diese Weise kann man nun $f(3)$, danach $f(4)$ usw. berechnen. Ein Problem bei dieser Art der Berechnung von einzelnen Folgengliedern ist, dass man zum Beispiel für die Berechnung von $f(100)$ die Werte $f(2)$ bis $f(99)$ benötigt. Es wäre sehr praktisch wenn man, wie bei der Goldenen Zahlenfolge, eine Formel für die Fibonacci-Zahlen hätte, in die man nur den Wert von n einsetzen müsste. In diesem Abschnitt werden wir eine solche Formel mit Hilfe von zwei Lucas-Folgen herleiten.

Man sieht schnell, dass die Folge,

$$a, a \cdot \varphi, a \cdot \varphi^2, a \cdot \varphi^3, \ldots$$

die man durch Multiplikation jeder Zahl der Goldenen Zahlenfolge mit der (beliebigen) festen Zahl a erhält, eine Lucas-Folge ist. Den allgemeinen Funktionsterm, der uns die Zahlen der obigen Folge liefert nennen wir $u(n)$, für $n = 0, 1, 2, \ldots$.
Die Folge

$$b, -b \cdot 1/\varphi, b \cdot 1/\varphi^2, -b \cdot 1/\varphi^3, \ldots$$

ist ebenfalls eine Lucas-Folge (bitte nachrechnen!). Den allgemeinen Funktionsterm für die Zahlen dieser Folge bezeichnen wir mit $v(n)$ für $n = 0, 1, 2, \ldots$.
Weiter ist dann auch die Folge $w(n) = u(n) - v(n)$ für $n = 0, 1, 2, \ldots$ eine Lucas-Folge, denn

$$\begin{aligned} w(n+1) &= u(n+1) - v(n+1) \\ &= u(n-1) + u(n) - v(n-1) - v(n) \\ &= u(n-1) - v(n-1) + u(n) - v(n) \\ &= w(n-1) + w(n) \end{aligned}$$

Für verschiedene Zahlen a und b erhält man viele verschiedene Lucas-Folgen, deren Werte sich mit Hilfe der Funktion $w(n)$ berechnen lassen. Man könnte auf die Idee kommen, Zahlen a und b zu bestimmen, für die man mit der w-Folge die Fibonacci-Folge erhält. Solche Zahlen gibt es tatsächlich. Wenn man nämlich a und b so wählt, dass die ersten zwei Zahlen der w-Folge gleich 1 sind, dann erhält man für diese a und b die Fibonacci-Folge. Die Lucas-Eigenschaft der Folge sorgt für den Rest: $1, 1, \ldots$ liefert mit der Lucas-Eigenschaft $2, 3, 5$, usw.
Wir suchen also zwei Zahlen a und b, die die folgenden Gleichungen erfüllen:

$$\begin{aligned} w(0) &= a - b = 1 \\ w(1) &= a \cdot \varphi + b \cdot 1/\varphi = 1 \end{aligned}$$

Das heißt, dass

$$\begin{aligned} a - b &= 1 \\ a \cdot \frac{1}{2}(1 + \sqrt{5}) + b \cdot \frac{1}{2}(-1 + \sqrt{5}) &= 1 \end{aligned}$$

Die Lösung dieses linearen Gleichungssystems ist

$$a = 1/\sqrt{5} \cdot \varphi \approx 0,724$$
$$b = 1/\sqrt{5} \cdot (-1/\varphi) \approx -0,276$$

Hiermit erhalten wir eine Formel, mit der man alle Fibonacci-Zahlen berechnen kann. Die Formel lautet also

$$\begin{aligned} f(n) &= 1/\sqrt{5} \cdot \varphi \cdot \varphi^n - 1/\sqrt{5} \cdot (-1/\varphi) \cdot (-1/\varphi)^n \quad \text{für } n = 0, 1, 2, 3, \ldots \\ &= 1/\sqrt{5} \cdot \varphi^{n+1} - 1/\sqrt{5} \cdot (-1/\varphi)^{n+1} \quad \text{für } n = 0, 1, 2, 3, \ldots \end{aligned}$$

Damit haben wir eine schöne Verbindung zwischen dem Goldenen Schnitt und den Fibonacci-Zahlen gefunden. Diese Formel ist in der mathematischen Literatur bekannt unter dem Namen „Formel von Binet“, benannt nach J.P.M Binet, der um die Mitte des 19. Jahrhunderts lebte.

Aufgabe 1.10
Berechne die ersten sieben Fibonacci-Zahlen mit der Formel von Binet. Überprüfe Deine Ergebnisse mit der Rekursionsformel (1.8) und (1.9).

Goldenes Dreieck und regelmäßiges Zehneck
Im letzten Abschnitt haben wir eine Verbindung zwischen einem geometrischen Verhältnis (dem Goldenen Schnitt) und einer Zahlenfolge gefunden, also einen Zusammenhang zwischen diesem geometrischen Verhältnis und algebraischen Eigenschaften der Zahl φ. Nun gehen wir noch einmal zurück zum Anfang, wo wir den Goldenen Schnitt im regelmäßigen Fünfeck und damit auch im Pentagramm fanden. In Abbildung 1.9 ist ein regelmäßiges Fünfeck zu sehen. Das Dreieck ABC ist zweimal abgebildet, einmal mit der Winkelhalbierenden des Innenwinkels $\angle B$ bei B und einmal mit dem Mittelpunkt M des Umkreises (der hier nicht abgebildet ist).

Mit Hilfe von Abbildung 1.9 werden wir zeigen, dass für die Winkel im Dreieck ABC gilt:

$$\angle C = 36°; \quad \angle A = \angle B = 72°; \quad \angle B1 = \angle B2 = 36°; \quad \text{also } \angle D1 = 72°.$$

AB ist eine Seite eines regelmäßigen Fünfecks, woraus folgt, dass $\angle M1$ gleich einem Fünftel von 360° ist, also $\angle M1 = 72°$. Wegen der Symmetrie ist dann $\angle M2 = \angle M3 = 144°$ (denn $(360° - 72°)/2 = 144°$). Die Dreiecke AMC und BMC sind beide gleichschenklig (da $AM = CM = BM$ gleich dem Radius des Umkreises), woraus folgt, dass $\angle C1 = \angle C2 = 18°$ (da $(180° - 144°)/2 = 18°$). Also gilt weiter $\angle C = \angle C1 + \angle C2 = 18° + 18° = 36°$. $\triangle ABC$ ist gleichschenklig, also ist $\angle A = \angle B = (180° - 36°)/2 = 72°$. Die Winkel des Dreiecks ABC haben also jeweils die gleiche Größe wie die Winkel des Dreiecks ADB, woraus folgt, dass diese beiden Dreiecke ähnlich zueinander sind. Aus der Ähnlichkeit der Dreiecke folgt

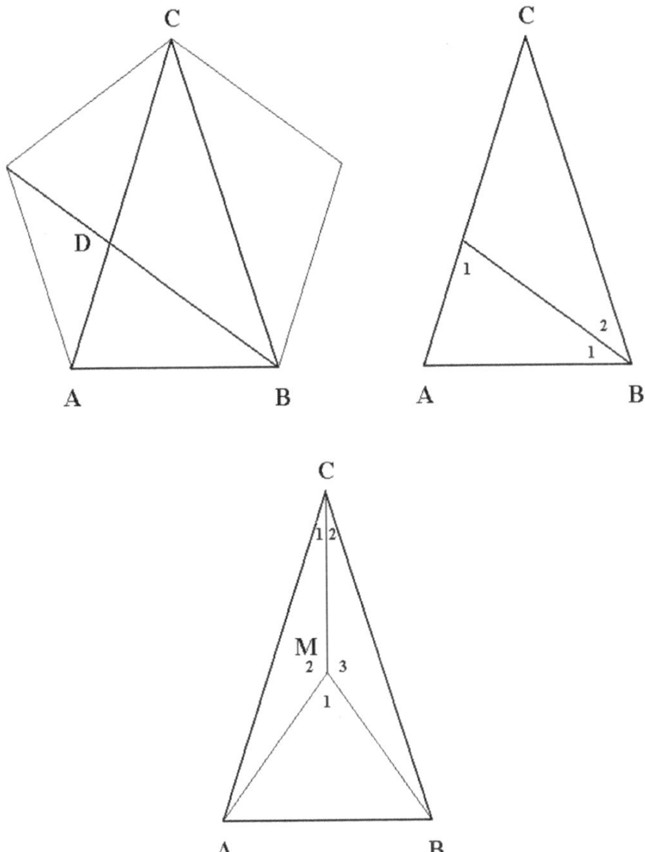

Abb. 1.9: Regelmäßiges Fünfeck und Goldenes Dreieck.

$$AD : AB = AB : AC$$

Da $AB = DC$ folgt weiter, dass

$$AD : DC = DC : AC$$

Hier steht gerade die Teilung der Strecke AC im Goldenen Schnitt. Wir haben hier also einen zweiten Beweis dafür geliefert, dass die Diagonalen eines regelmäßigen Fünfecks durch die Schnittpunkte mit anderen Diagonalen im Verhältnis

Da das Verhältnis des Goldenen Schnitts in einem gleichschenkligen Dreieck mit einem Winkel von 36° an der Spitze so einfach zu finden ist, wird ein solches Dreieck „Goldenes Dreieck“ genannt. Die Winkelhalbierende eines Basiswinkels teilt die gegenüberliegende Seite im Goldenen Schnitt. Außerdem entsteht so ein neues Goldenes Dreieck, in dem die Winkelhalbierende eines Basiswinkels die gegenüberliegende Seite ebenfalls im Goldenen Schnitt teilt. Indem man ein gleichschenkliges Dreieck stets wieder mit einer neuen Winkelhalbierenden eines der beiden Basiswinkel unterteilt, erhält man eine Folge von ähnlichen Dreiecken mit Ähnlichkeitsfaktor φ oder je nach der Reihenfolge, in der man die Dreiecke betrachtet $1/\varphi$. In Abbildung 1.10 ist das hier beschriebene Vorgehen dargestellt. Es sind nur die ersten Schritte abgebildet, man sieht jedoch deutlich, dass diese Unterteilung beliebig oft wiederholt werden kann.

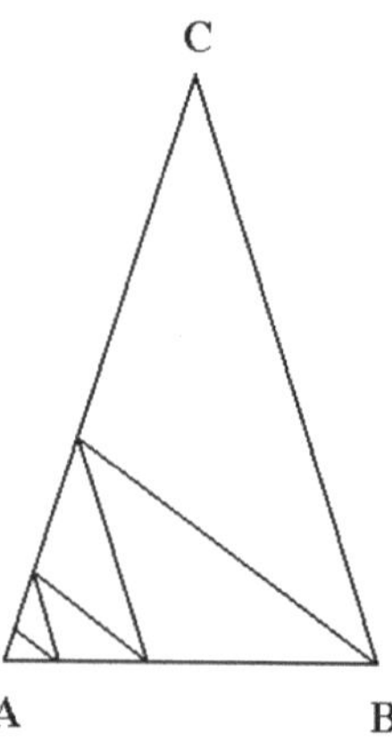

Abb. 1.10: Eine Folge Goldener Dreiecke.

Die Konstruktion eines Pentagramms

Eine schöne Anwendung des Goldenen Dreiecks ist in Abbildung 1.11 dargestellt, wobei x die Länge einer Seite des regelmäßigen Zehnecks bezeichnet. Das abgebildete Dreieck ist ein Goldenes Dreieck.
Mit dem Goldenen Schnitt folgt für ein Goldenes Dreieck $AC = \varphi \cdot AB$. Das heißt, dass

$$R = \varphi \cdot x.$$

Also ist

$$x = 1/\varphi \cdot R = \frac{1}{2}R \cdot (-1 + \sqrt{5}),$$

da wir bereits in Aufgabe 1.3 gesehen haben, dass

$$1/\varphi = \varphi - 1 = \frac{1}{2}(-1 + \sqrt{5}).$$

R ist der Radius des Umkreises des regelmäßigen Zehnecks. Wir sind also in der Lage, die Länge einer Seite eines regelmäßigen Zehnecks in Abhängigkeit vom Radius des Umkreises und von φ auszudrücken. Das heißt auch, dass

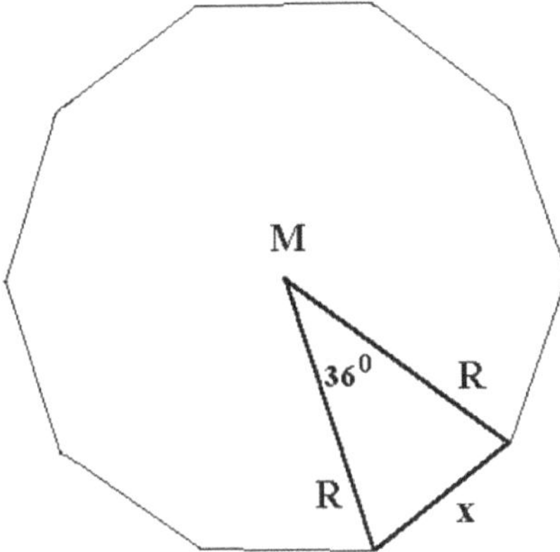

Abb. 1.11: Goldenes Dreieck und regelmäßiges Zehneck.

wir nun in der Lage sind, in einem gegebenen Kreis ein regelmäßiges Zehneck zu konstruieren, indem wir ausschließlich Zirkel und Lineal verwenden. (Der gegebene Kreis ist dabei der Umkreis des Zehnecks, das konstruiert werden soll.)

Aufgabe 1.11
Führe diese Konstruktion durch.

(Hinweis zu Aufgabe 1.11: Beachte, dass für die Seite x des regelmäßigen Zehnecks gilt $R = \varphi \cdot x$ und vergleiche dies mit $AC = \varphi \cdot AB$ aus Abbildung 1.9. Führe dann eine der Konstruktionen des Goldenen Schnitts aus.)

Jetzt können wir auch das Problem des Baumeisters aus dem ersten Kapitel lösen. Es ging darum, ein Pentagramm in einem runden Fenster nur mit Zirkel und Lineal zu konstruieren. Das Problem ist gelöst, wenn man in dem runden Fenster ein regelmäßiges Fünfeck konstruieren kann. Das Pentagramm besteht dann aus den fünf Diagonalen des Fünfecks. In Aufgabe 1.11 haben wir in einem Kreis ein regelmäßiges Zehneck konstruiert. Wenn man je zwei Ecken des Zehnecks bei Auslassen der dazwischen liegenden Ecke der Reihe nach verbindet, erhält man das gesuchte regelmäßige Fünfeck, das Pentagon, das der Baumeister benötigte. Siehe Abbildung 1.12.
Wie so oft in der Mathematik, ist dies nicht die einzige Lösung des Problems, mit Zirkel und Lineal ein regelmäßiges Fünfeck ein einem gegebenen Kreis zu konstruieren. Von den vielen anderen Lösungen folgt hier eine weitere.
In Abbildung 1.9 haben wir gesehen, dass in einem Kreis der Mittelpunktswinkel der Seite eines einbeschriebenen regelmäßigen Fünfecks 72° beträgt. Wenn man nun berücksichtigt, dass die Basiswinkel eines Goldenen Dreiecks 72° betragen, und dass ein Goldenes Dreieck mit Zirkel und Lineal konstruierbar ist, muss das Problem auf diesem Wege gelöst werden können.

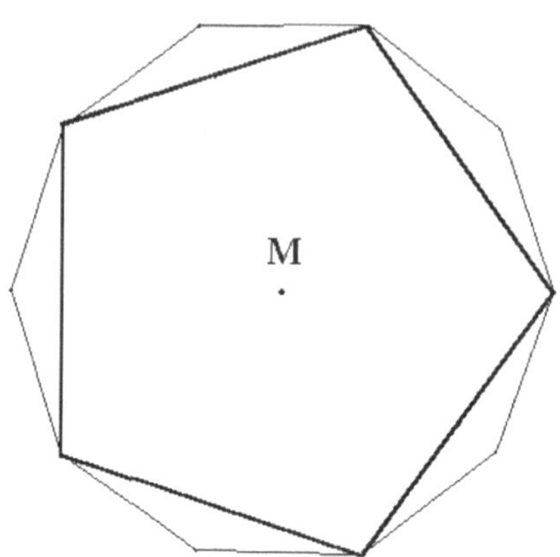

Abb. 1.12: Regelmäßiges Zehneck und regelmäßiges Fünfeck.

Aufgabe 1.12
Konstruiere mit Zirkel und Lineal einen Mittelpunktswinkel von 72° in einem gegebenen Kreis. Konstruiere dann in diesem Kreis ein regelmäßiges Fünfeck.

(Hinweise zur Lösung von Aufgabe 1.12:
1. Konstruiere den Goldenen Schnitt auf einem Radius AM des Kreises. (AC ist das größere und CM das kleinere Stück).
2. Zeichne die Kreisbögen (C, CA) und (M, CA) und nenne den Schnittpunkt der beiden B.
3. $\angle AMB = 72°$.)

Eine Fraktal-Konstruktion mit Hilfe von φ
Im vorigen Abschnitt haben wir eine Folge zueinander ähnlicher Dreiecke konstruiert. Tatsächlich erhält man auf diese Weise eine Figur, die aus unendlich vielen zueinander ähnlichen Bestandteilen (Dreiecken) zusammengesetzt ist. Anders ausgedrückt: das gleiche Dreieck wird mit abnehmender Größe unendlich oft reproduziert.
Mit dieser Formulierung wird sofort deutlich, dass ein Zusammenhang zu dem besteht, was wir *Fraktal* nennen. Ein Beispiel für ein sehr schönes Fraktal ist in Abbildung 1.13 zu sehen.
Wenn man diese Figur genau betrachtet, erkennt man, dass ihre Bestandteile immer wieder in kleinerem Maßstab reproduziert werden. Genauer gesagt, sind alle Teile, die so entstehen, ähnlich zueinander. In Abbildung 1.14 ist ein Schema dargestellt, das dem Fraktal aus Abbildung 1.13 sehr ähnlich sieht. Mit Hilfe dieses Schemas kann man ein Fraktal konstruieren, das dem aus

Abb. 1.13: Ein Fraktal.

Abbildung 1.13 ähnelt. Der Aufbau des Fraktals kann durch den folgenden Konstruktions-Algorithmus beschrieben werden:

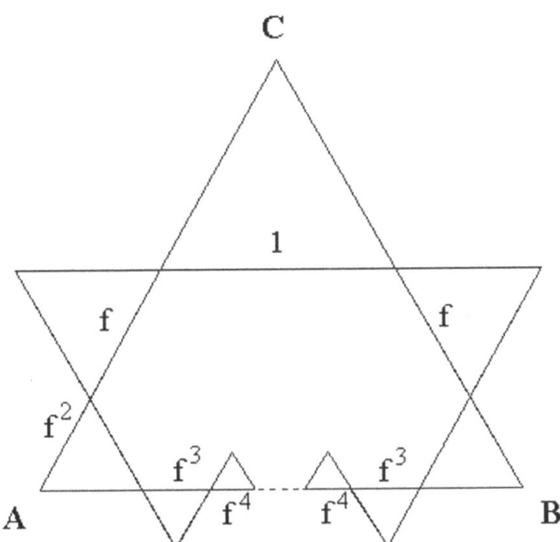

Abb. 1.14: Konstruktion eines Fraktals.

1. Man beginnt mit einem gleichseitigen Dreieck der Seitenlänge 1.

2. Wie in Abbildung 1.14 dargestellt, werden nun an den beiden Basis-Eckpunkten gleichseitige Dreiecke mit Streckungsfaktor f (bezüglich des ersten Dreiecks) konstruiert, wobei $0 < f < 1$ gelten soll. Der Wert von f ist noch nicht bekannt, wir berechnen diesen später (er ist vermutlich leicht zu erraten).

3. An diesen beiden Dreiecken werden dann auf diese Weise weitere ähnliche Dreiecke mit dem gleichen Streckungsfaktor f konstruiert.

4. Führe diese Konstruktion weiter fort.

Wir möchten mit unserer Konstruktion ein gleichseitiges Dreieck ABC erhalten, also muss $AC = AB$ gelten. In Abbildung 1.14 erkennt man, dass $AC = 1 + f + f^2$ gilt. Man sieht außerdem, dass $AB = 2 \cdot (f^2 + f^3 + f^4 + \ldots)$. Wir erhalten also die Gleichung:

$$1 + f + f^2 = 2 \cdot (f^2 + f^3 + f^4 + \ldots) \tag{1.10}$$

Die rechte Seite dieser Gleichung ist eine unendliche Reihe. Man kann jedoch mit Hilfe der Summenformel für die geometrische Reihe zeigen, dass

$$f^2 + f^3 + f^4 + \cdots = f^2/(1 - f). \tag{1.11}$$

Somit können wir (1.10) als

$$1 + f + f^2 = 2 \cdot f^2/(1 - f)$$

schreiben, wonach folgt

$$f^3 + 2 \cdot f^2 - 1 = 0 \tag{1.12}$$

Aufgabe 1.13
a. Zeige, dass (1.11) und (1.12) gelten.
b. Zeige, dass $f = -1$, $f = -\varphi$ und $f = 1/\varphi$ die Lösungen der Gleichung (1.12) sind.

(Hinweis zur Lösung von Aufgabe 1.13a): Die Summenformel für die geometrische Reihe lautet für $-1 < f < 1$:

$$1 + f + f^2 + f^3 + f^4 + \cdots = 1/(1 - f)$$

zu Aufgabe 1.13b): Setze die genannten Zahlen in der Gleichung für f ein.)

Da f positiv sein muss, ist die Lösung $f = 1/\varphi$. Somit haben wir wieder den gleichen Streckungsfaktor wie bei der Folge von Goldenen Dreiecken gefunden.

1.3 Arbeitsaufträge

Vorbemerkung: Es wird erwartet, dass die Schülerinnen und Schüler etwa 10 Stunden für einen der folgenden Arbeitsaufträge aufwenden, in denen sie sich der Untersuchung eines der Probleme und den zugehörigen Aufgabenstellungen widmen. Die meisten Aufträge sind so umfangreich, dass sie auch für Gruppen von zwei bis drei Schülern geeignet sind.

Zu jedem Thema gibt es:

- Allgemeine Informationen zum Problem
- Eine Erkundung des Problems

Von den Schülern wird erwartet:

- Weitere Aufteilung der Problemstellung in Teilprobleme und Planung des weiteren Vorgehens
- Bearbeitung der Problemstellung
- Zusammenfassung, Schlussfolgerungen
- Fragen zur weiteren Vertiefung

Zu jedem Thema sollte eine schriftliche Ausarbeitung verfasst werden, die die oben genannten Punkte enthält.
Es kann aus den folgenden Arbeitsaufträgen gewählt werden:

1. **Der Modulor von Le Corbusier**
   Maßsysteme in der Architektur
2. **Der Goldene Schnitt als Schönheitsideal?**
   Untersuchung ästhetischer Vorlieben in der Malerei
3. **Phyllotaxis**
   Fibonacci-Zahlen und Spiralen in der Natur
4. **Nabelschau von Kopf bis Fuß**
   Ist der Goldene Schnitt ein menschliches Maß?
5. **Rätseln mit der Fibonacci-Folge**
   Rätsel aus dem „Vierkant voor Wiskunde"-Kalender 1999 [4]
6. **Die Goldene Spirale**
   Berührt oder schneidet diese Spirale den Rand der Goldenen Rechteck-Spirale?
7. **Optimierung eines chemischen Prozesses**
   Wie kann man mit möglichst wenigen Messungen auskommen?

1.3.1 Wahlmöglichkeit 1: Der Modulor von Le Corbusier
Maßsysteme in der Architektur

Allgemeines zum Problem:
Für einen Architekten ist es aus praktischer und auch aus ästhetischer Sicht

sehr wichtig, beim Entwurf eines Gebäudes eine bestimmte Menge von Maßen zu verwenden. Die verwendeten Maße kann man als Zahlenfolge auffassen. Gesetzmäßigkeiten einer solchen Maßfolge könnten sein:

- Für jedes Maß, das verwendet wird, muss auch die Hälfte davon verwendbar sein. Diese Regel könnte zum Beispiel für das Halbieren eines Türrahmens benötigt werden, in den man zwei gleich große Türen einbauen möchte.
- Wenn zwei Maße vorkommen, muss ihre Summe auch vorkommen: Zwei Fenster unterschiedlicher Größe müssen zusammen in einen Fensterrahmen passen.
- Für das Unterteilen einer Fläche, oder eines Raumes muss so weit wie möglich gelten: Für die entstandenen Teile müssen die selben Verhältnisse gelten, wie für die gesamte Fläche. Beim Teilen einer rechteckigen Ebene in Teilrechtecke kann man versuchen, bestimmte Teilverhältnisse zwischen den entstandenen Rechtecken einzuhalten. Dadurch, dass man alle Maße als Folge auffasst, ist das garantiert: aufeinander folgende Zahlen haben ein festes Verhältnis zueinander.
- Die Verwendung von „schönen" Unterteilungen, wie dem Goldenen Schnitt.

Ein bekanntes Beispiel für eine Maßfolge außerhalb der Architektur sind die Papierformate A0, A1, ... A4, ... In der Architektur sind Maßfolgen der Renaissance-Architekten Palladio und Alberti sehr bekannt.

Wir werden uns vor allem mit den „Modulor-Maßen" befassen, die der französische Architekt Le Corbusier 1945 - 1946 entwarf. Dieses Proportionssystem basiert auf Längenverhältnissen des menschlichen Körpers und ist ähnlich wie eine Fibonacci-Folge aufgebaut. Es ist eine Kombination von zwei Folgen: Die rote Folge, ausgehend von einer Körpergröße von $1,83$ m und Goldener-Schnitt-Verhältnissen:

$$\dots 1,829 \text{ m}; 1,130 \text{ m}; 0,689 \text{ m}; 0,432 \text{ m}; \dots$$

und die blaue Folge, ausgehend von einer Körpergröße mit ausgestrecktem Arm von $2,26$ m und dem Goldenen Schnitt:

$$\dots 2,260 \text{ m}; 1,397 \text{ m}; 0,863 \text{ m}; 0,534 \text{ m}; \dots .$$

Durch Zusammenfügen der roten und blauen Folge erhält man die gesamte Modulor-Folge:

$$\dots 0,432 \text{ m}; 0,534 \text{ m}; 0,698 \text{ m}; 0,863 \text{ m}; 1,130 \text{ m}; 1,397 \text{ m}; \\ 1,829 \text{ m}; 2,260 \text{ m}; \dots$$

Durch Runden erhält man also die Folge:

$$a_1 = 43 \text{ cm (oder mm)}, a_2 = 54, a_3 = 70, a_4 = 86, a_5 = 113, a_6 = 140, \\ a_7 = 183, a_8 = 226, \dots$$

Abbildung 1.15 illustriert diese Folge noch einmal. Abbildung 1.16 zeigt ein Beispiel für einen Entwurf, in dem alle Rechtecke und Zusammenstellungen von Rechtecken Maße aus der Modulor-Folge haben. Welche Eigenschaften und Möglichkeiten hat dieses Maßsystem?

Erkunden der Problemstellung:

- In der Modulor-Folge gilt:

  $$a_i = 2 \cdot a_{i-3}$$

  und außerdem

  $$a_i = a_{i-2} + a_{i-4}$$

  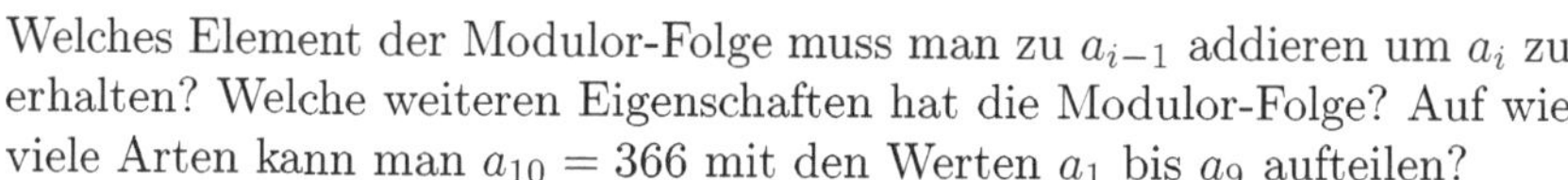

  Welches Element der Modulor-Folge muss man zu a_{i-1} addieren um a_i zu erhalten? Welche weiteren Eigenschaften hat die Modulor-Folge? Auf wie viele Arten kann man $a_{10} = 366$ mit den Werten a_1 bis a_9 aufteilen?
- Bei dem Rechtecksystem in Abbildung 1.17 haben aufeinander folgende Längen und Breiten der Rechtecke Werte aus der Modulor-Folge. Führt eine Aufteilung von Rechtecken aus diesem System zu einer Kombination von kleineren Rechtecken aus diesem System, die immer passt? Hat also, falls drei Rechtecke Modulor-Maße haben, das vierte Rechteck ebenfalls Modulor-Maße? Stell Dir das Rechteck-System aus Abbildung 1.17 als Schachtel mit rechteckigen Plättchen darin vor. Mit einigen solcher Schachteln kann ein Architekt nach Herzenslust puzzeln und kombinieren. Es liefert Mondrian-artige Flächenaufteilungen (obwohl Mondrian immer intuitiv ans Werk ging). Lege ein paar „schöne" Rechteck-Kombinationen. Du kannst dafür die Rechtecke mit den Maßen a_1 bis a_9 auf ein Papier zeichnen und ausschneiden.
- Der niederländische Architekt H. van der Laan (ein Priester, der vor allem Kloster und Kirchen entwarf und heute über die „Bossche School" viele Epigonen im Wohnungsbau hat) kritisierte die Modulor-Maße. Er war der Meinung, dass das Modulor-Maßsystem nur für die Aufteilung von zweidimensionalen Flächen geeignet war. Van der Laan entwickelte ein 3D-Maßsystem, das die Gesetzmäßigkeiten $a_i = a_{i-2} + a_{i-3}$ und $a_i = p \cdot a_{i-1}$ erfüllt. Das führte zur „plastischen Zahl" p, vergleichbar mit dem Goldenen Schnitt. Folgere aus den zwei genannten Gesetzen, dass die plastische Zahl etwa $1,325$ ist. Nimm an, dass das kleinste Maß dieses Systems 10 cm ist. Welche weiteren Maße würden sich dann aus den obigen beiden Gesetzmäßigkeiten ableiten lassen? Dieses Maßsystem enthält Maße für Quader (jeder Quader hat drei Maße: Länge, Breite und Höhe). Kannst Du einen Baukasten mit verschiedenen Quadern entwerfen, mit denen ein Architekt spielen könnte? Und dann einen Entwurf für ein Gebäude daraus erstellen?

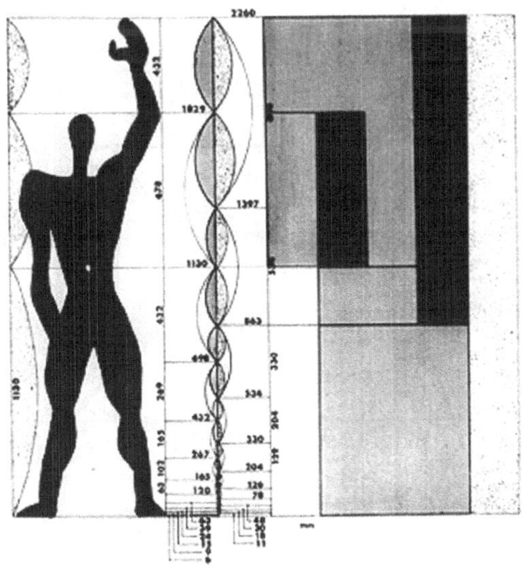

Abb. 1.15: Le Corbusier, Modulor.

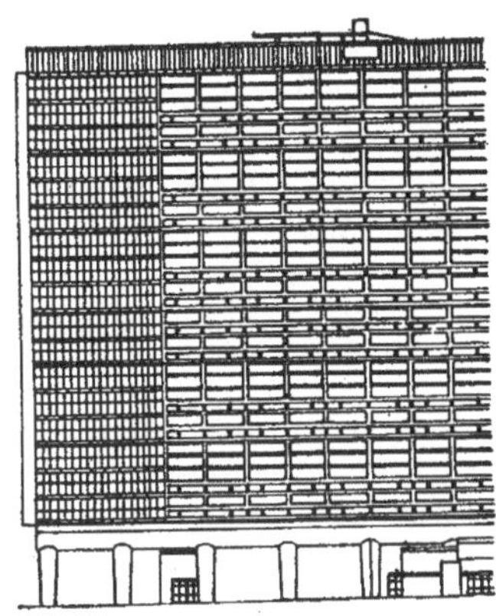

Abb. 1.16: Ein Entwurf mit Hilfe des Modulors.

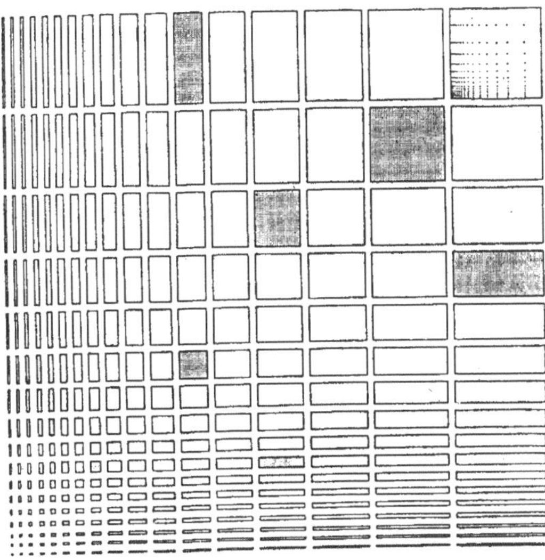

Abb. 1.17: System von Rechtecken im Modulor.

1.3.2 Wahlmöglichkeit 2: Der Goldene Schnitt als Schönheitsideal? Untersuchung ästhetischer Präferenzen in der Malerei

Allgemeines zum Problem:
Zeichne ein Quadrat mit einer Seitenlänge von 10 cm. Teile das Quadrat (dem Gefühl nach) mit einer vertikalen Linie „so schön wie möglich" in zwei Teile. Miss die Längen, die durch diese Aufteilung entstanden sind.
Zeichne ein weiteres Quadrat und teile dieses mit einer horizontalen Linie „so schön wie möglich". Miss auch hier die entstandenen Längen. Experimente dieser Art wurden auf der Suche nach einem Schönheitsideal in der Vergangenheit mit großen Gruppen von Testpersonen gemacht um festzustellen, welches Verhältnis als das schönste empfunden wird.
Außerdem wurden viele Analysen von Bildern vorgenommen. Wenn man Linien im Verhältnis des Goldenen Schnitts durch das Bild zog, erwies sich oft (oder schien sich zu erweisen), dass diese Linien mit wichtigen Linien des Bildes zusammenfielen, oder dass sie durch zentrale Punkte des Bildes verliefen. Zeichne in Abbildung 1.18 einige Linien im Verhältnis des Goldenen Schnitts ein. Auch in dem Bild „Die Nachtwache" von Rembrandt ist der Goldene Schnitt zu finden. Dazu muss man allerdings das ursprüngliche Format und das gesamte Bild, einschließlich später entfernten Rändern betrachten. Siehe Abbildung 1.19, in der einige wichtige Diagonalen bis an den Rand des ursprünglichen Bildes fortgesetzt, und Goldene Linien senkrecht eingezeichnet sind.

Abb. 1.18: Les Bergers D'Arcadie von Nicolas Poussin.

Abb. 1.19: Analyse von Rembrandts Nachtwache.

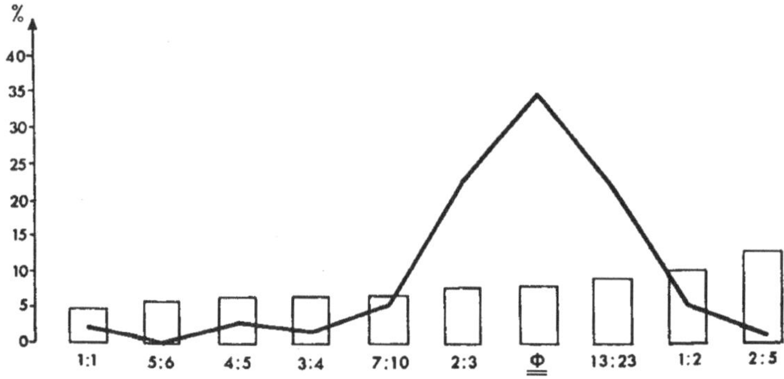

Abb. 1.20: Fechners Graphik

Gibt es ein Schönheitsideal? Eine ideale Proportion? Würde man diese immer wieder antreffen, wenn man Testpersonen verschiedene Formen vorlegt? Haben Künstler den Goldenen Schnitt intuitiv getroffen? Oder haben sie vielleicht bewusst den Goldenen Schnitt verwendet, wie Le Corbusier?

Erkunden der Problemstellung

Albert van der Schoot diskutiert in seinem Buch [10] ausführlich die oben angeführten Fragen. Er zeigt auf überzeugende Weise, dass der Goldene Schnitt als ästhetisches Ideal erst in der Romantik (19. Jahrhundert) entdeckt wurde. Ausgehend vom voreingenommenen Standpunkt der Romantik, wurde der Goldene Schnitt, oft mit fragwürdigen Methoden, auch in Werken der Antike und der Renaissance „entdeckt". Die Erforschung ästhetischer Vorlieben nach 1850 führte zu einer schönen Reihe von bemerkenswerten Entdeckungen und diversen Einwendungen. So untersuchte G.T. Fechner zum Beispiel die Vorliebe für Rechtecke mit bestimmten Seitenverhältnissen. Diese Rechtecke waren aus weißer Pappe, alle mit dem gleichen Flächeninhalt von 64 cm^2. Die Seitenverhältnisse umfassten Quadrate (1 : 1) und auch langgezogene Rechtecke (2 : 5). Er ließ Testpersonen das schönste Rechteck auswählen. Abbildung 1.20 zeigt das Ergebnis seiner Untersuchung. Er schloss daraus, dass das Goldene Rechteck, sowie Rechtecke, die nur wenig davon abweichen, die höchste Wertschätzung genießen. In Kapitel 6 des Buches von van der Schoot [10] sind viele darauf aufbauende Untersuchungen beschrieben. Er bezeichnet diese Untersuchungen am Ende des Kapitels als „Treibsand der empirischen Forschung", der wenig Klarheit verschafft hat.

Wenn Du an den Methoden solcher Forschung interessiert bist, wirst Du an diesem Kapitel Deine Freude haben. Gib eine Zusammenfassung, wie die Forschungsergebnisse von Fechner später bestätigt, widerlegt und ergänzt wurden.

Du kannst auch berühmte Bilder untersuchen: Wo befinden sich für Dich wichtige Linien in den Kunstwerken, wo verlaufen Goldene Linien. Vergleiche diese. Zu welcher Schlussfolgerung gelangst Du?

1.3.3 Wahlmöglichkeit 3: Phyllotaxis
Fibonacci-Zahlen und Spiralen in der Natur

Allgemeines zum Problem:
In Sonnenblumen, Gänseblümchen und vielen anderen Blumen und Früchten sind spiralförmige Muster zu finden. Für das menschliche Auge bestehen diese Muster meistens aus zwei Gruppen von Spiralen: Die eine Gruppe läuft mit dem Uhrzeigersinn, die andere gegen den Uhrzeigersinn. Wenn man nachzählt, wie viele Spiralen mit dem Uhrzeigersinn laufen, und wie viel dagegen, kommt man auf Anzahlen wie „21 linksdrehend und 34 rechtsdrehend", oder „34 und 55". Das sind aufeinander folgende Fibonacci-Zahlen, in Ausnahmefällen auch Zahlen aus der „abweichenden Folge" $4, 7, 11, 18, 29, 47, \ldots$. Bei Tannenzapfen und Ananas findet man Muster mit Gruppen von Spiralen mit 3 aufeinander folgenden Fibonacci-Zahlen, zum Beispiel 5 linksdrehende Spiralen, 8 rechtsdrehende Spiralen, 13 Spiralen, die „schräg nach oben" verlaufen.
Gibt es eine Erklärung für dieses Wachstum in verschiedenen Spiralen? Warum findet man dort aufeinander folgende Fibonacci-Zahlen?

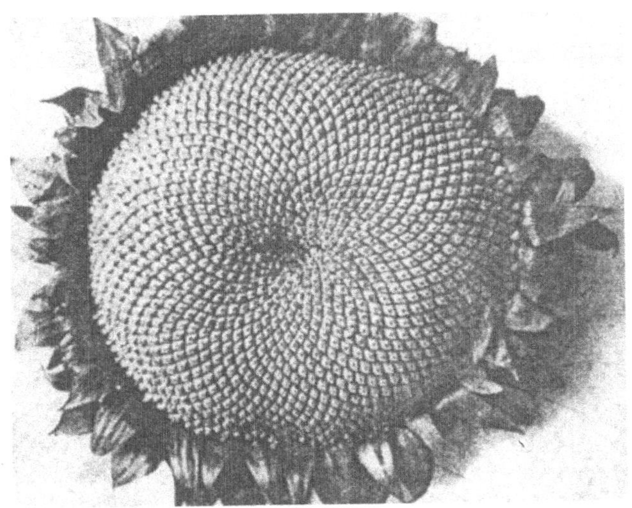

Abb. 1.21: Spiralmuster in Sonnenblumen.

Erkunden der Problemstellung:
Beim Wachstumsvorgang einer Pflanze entstehen an der Spitze der Pflanze oder in der Knospe neue Primordien, aus denen sich z. B. Blätter bilden. Die Brüder Auguste und Louis Bravais entdeckten bereits 1837, dass die neuen

Blattansätze an vorhersagbaren Stellen entstehen. Es stellte sich heraus, dass der Winkel zwischen aufeinander folgenden Blattansätzen im Allgemeinen nahe bei $137,5°$ liegt. Das gilt auch für den Stand aufeinander folgender Blätter an einem Ast und für die Blätter eines Rotkohls. (Schneide einen Rotkohl der Länge nach durch, und sieh Dir die Hälften von innen an). Der Querschnitt einer Selleriepflanze in Abbildung 1.22 illustriert dieses Prinzip sehr schön. Der Winkel zwischen 1 und 2 ist links $137,5° = 0,382\ldots \cdot 360°$ und rechts $222,5° = 0,618\ldots \cdot 360°$. Der Winkel $137,5°$ oder genauer $137°30'28''$ wird auch der Goldene Winkel genannt. Das Entstehen von Spiralen mit Fibonacci-Zahlen hängt mit diesem Winkel zusammen.
Man stelle sich vor, dass der Winkel zwischen aufeinanderfolgenden Blattansätzen nicht genau der Goldene Winkel sondern $8/21 \cdot 360° = 0,38095 \cdot 360°$ ist, dann entsteht ein Muster von 21 kreisförmig angeordneten Strahlen; siehe die mittlere Zeichnung in Abbildung 1.23. In der Natur wäre das keine effiziente Nutzung des Raumes. Wählt man den Winkel etwas größer oder kleiner, entstehen Spiralen.

Abb. 1.22: Querschnitt einer Selleriepflanze.

Mit einem graphischen Taschenrechner (oder einem Grafikprogramm am Computer) kann man solche Zeichnungen machen. Die Option „Polarkoordinaten“ ist sehr praktisch dafür. So genügt die Spirale in der Mitte von Abbildung 1.23 der Gleichung in Polarkoordinaten:

$$r = \Theta/360,$$

dabei ist Θ der Winkel gegenüber der x-Achse und r ist der Abstand zum Zentrum. Das Festlegen des Bildbereichs, etwa über die Option „window“ ist wichtig. Lasse alle Punkte (dots) auf dem Bildschirm abbilden, die x- und y-Achse kannst Du ausblenden. Du kannst bei der rotierenden Bewegung Punkte

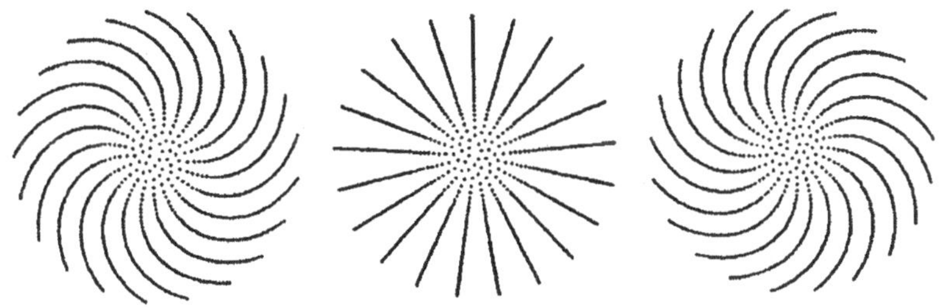

Abb. 1.23: Schematische Darstellung des Wachstums aufeinanderfolgender Primordien im Winkelabstand $D \cdot 360°$; von links nach rechts für $D = 0,381100$; $D = 0,380952$; $D = 0,380800$.

(dots) mit einer Schrittweite von $0,38095 \cdot 360° = 137,14°$ anzeigen lassen. Fertige auf diese Weise das mittlere Bild an.
Vergrößert man nun die Schrittweite ein wenig, erhält man eine linksdrehende Spirale. Bei einer etwas kleineren Schrittweite erhält man eine rechtsdrehende Spirale. Bei einer Schrittweite von $0,382 \cdot 360°$ erhält man das Innere einer Sonnenblume: sich überlagernde rechts- und linksdrehende Spiralen. Jetzt kann das Experiment beginnen. Fertige einige Bilder mit dem Sonnenblumenmotiv an und drucke diese aus. Kannst Du auch dafür sorgen, dass das Wachstum nach außen hin stärker wird? Fertige einige Muster an und schreibe die jeweilige Formel dazu auf. Unter welchen Bedingungen erhält man 5 und 8 Spiralen? Und wann sind es 8 und 13, 13 und 21, usw?

Mit den obigen Untersuchungen, ist der Kern dieses Phänomens jedoch noch nicht erfasst: Warum verwendet die Natur den Goldenen Winkel? Besitzen alle Pflanzen in der DNA einen Code, der den Goldenen Winkel enthält? Das liegt außerhalb des Umfangs dieses Arbeitsauftrags und geht vermutlich über die Möglichkeiten eines Schülers hinaus. Darum erwähnen wir hier einige Forschungsergebnisse.
Die französischen Physiker Yves Couder und Stéphane Douady haben 1992 das „Verhalten" der Blattansätze beim Knospenwachstum mit toter Materie nachgestellt: Tropfen flüssigen Metalls in einer mit Silikon gefüllten Schale formten die uns bereits bekannten Spiral-Muster.
F. van der Linden, Mathematiker an der TU Eindhoven, simulierte 1991 diese Blumenmuster in einer Computerzeichnung mit einem einfachen Wachstums-Algorithmus. Der zentrale jüngste „Kern" wurde auf die Stelle mit dem meisten verfügbaren Platz gesetzt. Dabei entstanden das Spiral-Muster und der Goldene Winkel. Ein simpler Verdrängungsmechanismus verwendet als Drehwinkel ein irrationales Vielfaches von 360° und liefert diese schönen Muster. In dem Buch „Op een goudschaal" von Jelske Kuiper [6] (auch als Zusatzmaterial für Oberstufenschüler gedacht) wird eine mathematische Erklärung geliefert: Es wird hergeleitet, dass der Goldene Schnitt die „irrationalste Zahl" ist und des-

halb, anders als rationale Zahlen, die ein kreisförmiges Strahlenmuster liefern, am besten für eine optimale Raumverteilung der Kerne sorgt.

1.3.4 Wahlmöglichkeit 4: Nabelschau von Kopf bis Fuß
Ist der Goldene Schnitt ein menschliches Maß?

Allgemeines zum Problem:
1854 veröffentlichte der deutsche Philosoph Adolf Zeising sein Buch „Neue Lehre von den Proportionen des menschlichen Körpers“, in dem er den menschlichen Körper bis ins Detail nach dem Goldenen Schnitt proportioniert sieht, siehe Abbildung 1.24. In seinem Buch gibt er der Gesamtlänge des Körpers die Verhältniszahl 1000. Den einzelnen Unterteilungen des Körpers hat er Buchstaben dem Alphabet nach zugeordnet, wobei sich die Vokale „überraschender Weise“ an wichtigen Stellen des Körpers befinden. Später sieht Zeising überall im Tierreich und bei den Planeten unseres Sonnensystems den Goldenen Schnitt.
Der Titel dieses Arbeitsauftrags ist einer Kapitelüberschrift des Buches „De ontstelling van Pythagoras“ [10] entlehnt. In Abschnitt 5.2 dieses Buches erläutert Albert van der Schoot, dass bei Zeising die normative Vorgabe des Goldenen Schnitts und die Beobachtung desselben völlig durcheinander laufen.
Die „Neue Lehre“ hat ihre Spuren in vielen Büchern von Autoren hinterlassen, die kritiklos das gleiche Thema weiterverfolgen. Die Allgegenwärtigkeit des Goldenen Schnitts in der Natur wäre gleichzeitig eine Erklärung für die ästhetischen Vorlieben/Erkennung in der Kunst.
Wie ist es möglich, dass so viele Menschen, von denen viele ein Studium naturwissenschaftlicher Fächer absolviert haben, Behauptungen wie denen von Zeising anhingen?

Erkunden der Problemstellung:
Albert van der Schoot liefert zufrieden stellende, vor allem kulturphilosophische Argumente, die erklären, warum Zeisings Lehre in der Romantik zu einem Kult um den Goldenen Schnitt führte. Trotzdem scheint es doch interessant zu sein, mit Messungen am menschlichen Körper Zeisings Aufteilung desselben nach dem Goldenen Schnitt noch einmal zu überprüfen. Dabei kann man darauf abzielen, seine Erkenntnisse zu widerlegen. Es wäre aber auch denkbar, eine Untersuchung seiner Ergebnisse durchzuführen, mit dem Ziel diese zu untermauern. Wie groß ist der Einfluss einer voreingenommenen Ausgangsposition?

1.3.5 Wahlmöglichkeit 5: Rätseln mit der Fibonacci-Folge
Rätsel aus dem „Vierkant“-Kalender 1999

Allgemeines zum Problem:
In den vorangehenden Kapiteln haben wir gesehen, dass die Fibonacci-Zahlen

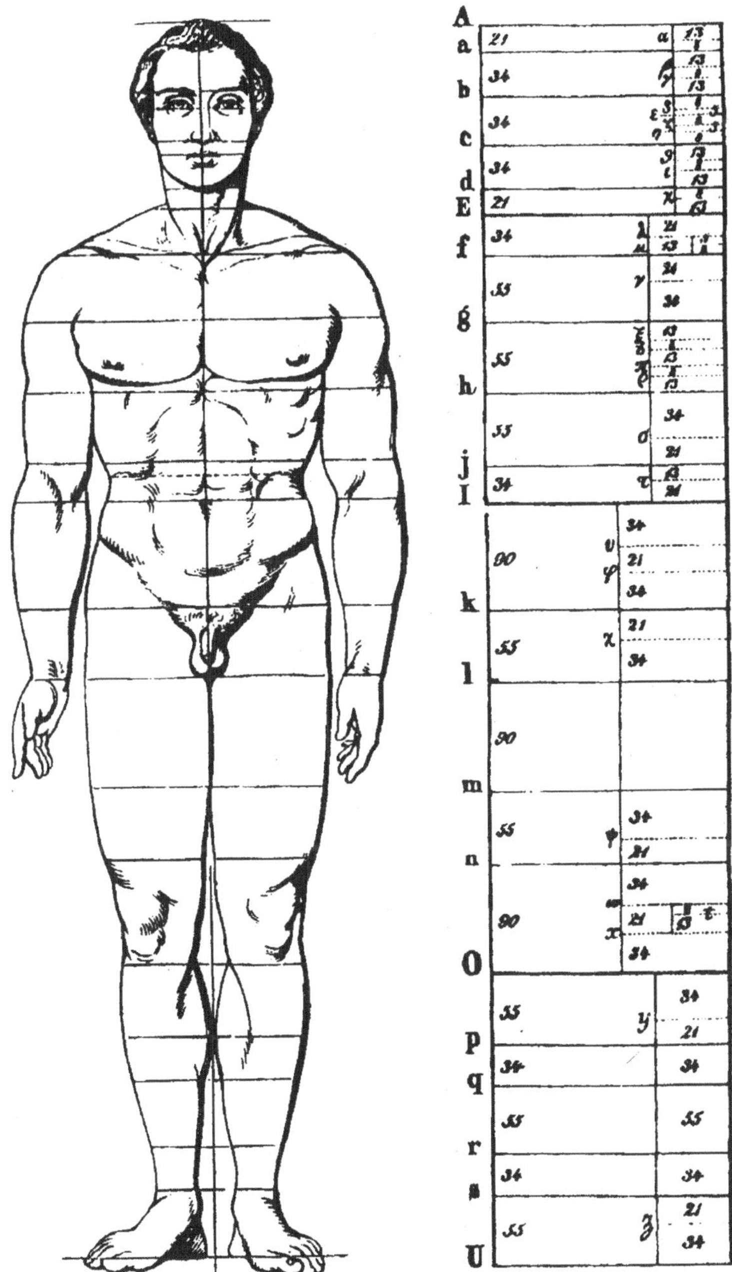

Abb. 1.24: Illustration von Zeising: Die Proportionen beim menschlichen Körper entsprechen dem Goldenen Schnitt.

zahlreiche überraschende Eigenschaften haben. Denen können noch viele weitere hinzugefügt werden. Es gibt sogar eine Zeitschrift „The Fibonacci Quarterly“, in der zahlreiche neue Erkenntnisse präsentiert werden. Welche Eigenschaften gibt es noch, und ist es möglich, selber neue Eigenschaften der Fibonacci-Zahlen zu entdecken?

Abb. 1.25: Titellogo des „Fibonacci Quarterly“.

Erkunden der Problemstellung:
Wenn man aufeinanderfolgende Fibonacci-Zahlen addiert, zum Beispiel

$$1 + 1 + 2 + 3 + 5 + 8 = 20 = 21 - 1$$

scheint die folgende Gleichung zu gelten:

$$F_1 + F_2 + F_3 + \cdots + F_n = F_{n+2} - 1.$$

Das ist auch sehr einfach zu beweisen, unter Benutzung von: $F_n = F_{n-1} + F_{n-2}$.
Die folgende Seite kommt aus dem Kalender, den die Stiftung „Vierkant“ 1999 herausgab [4]. Finde die geforderten Formeln und beweise sie. Versuche dann einige weitere Formeln selbstständig zu finden. Ein Graphikrechner kann Dir bei der Suche oder zur Unterstützung einer Vermutung behilflich sein. Dazu musst Du Dich allerdings zunächst über die Möglichkeiten eines Graphikrechners für das Arbeiten mit rekursiven Folgen und das Addieren von Folgen informieren. Versuche auch die gefundenen Eigenschaften zu beweisen.

1.3.6 Wahlmöglichkeit 6: Die Goldene Spirale

Berührt oder schneidet diese Spirale den Rand der Goldenen Rechteck-Spirale?

Allgemeines zum Problem:
Wenn man von einem Goldenen Rechteck $ABCD$ ein Quadrat $AEFD$ abtrennt, erhält man ein neues Goldenes Rechteck $BCFE$, von dem man wieder ein Quadrat abtrennen kann, und so weiter.
Die aufeinander folgenden Quadrate bilden eine nach innen laufende Spirale. Durch die Punkte $D, E, G, J, \ldots$ kann man eine Spirale zeichnen, welche die

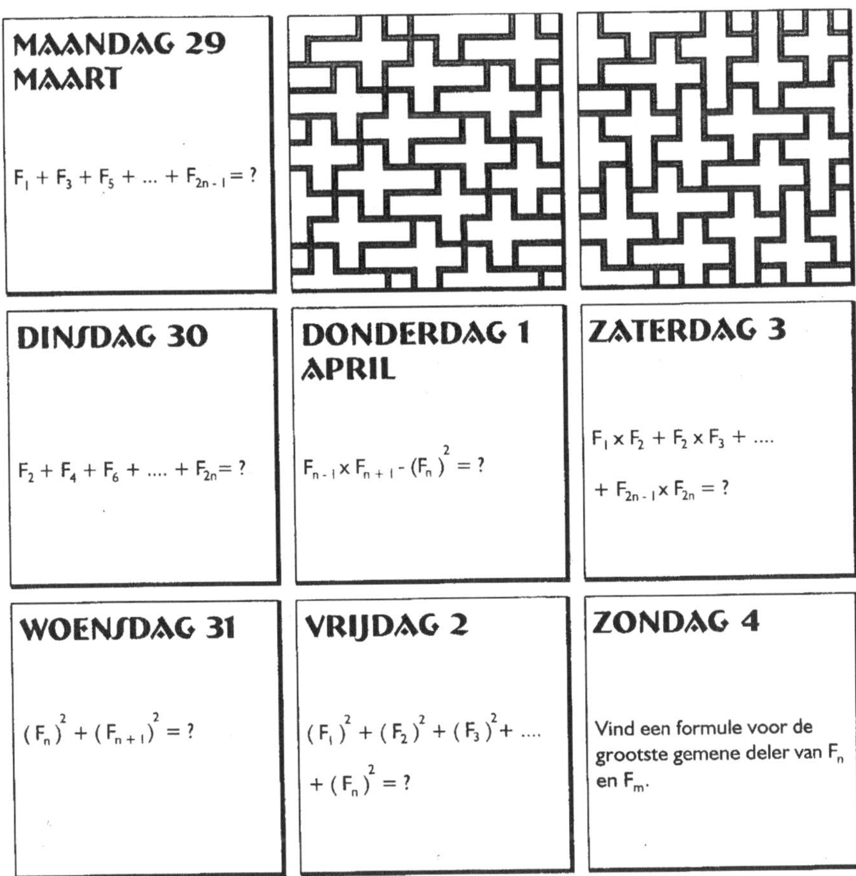

Abb. 1.26: Seite aus dem Vierkant-Kalender 1999.

Goldene Spirale genannt wird. Oft wird diese Spirale, wie in Abbildung 1.26, näherungsweise gezeichnet indem man sie aus Viertelkreisen in den aufeinanderfolgenden Quadraten zusammensetzt. Das Zentrum dieser angenäherten Spirale wechselt bei jedem Schritt. Eine Formel für diese angenäherte Spirale würde in diesem Fall auch aus Formeln für die verschiedenen Teile zusammengesetzt sein.
Die Goldene Spirale ist eine völlig glatte Kurve, die mit einer schönen Formel beschrieben werden kann. Mit welcher Formel? Und berührt die Goldene Spirale dann die Goldenen Rechtecke, oder schneidet sie diese?

Erläuterung der Problemstellung:
Beachte, dass die Diagonalen AC und BF sich senkrecht im Zentrum der Spirale schneiden. Von diesem Zentrum aus, kann man Geraden zu den aufeinan-

der folgenden Punkten $D, E, G, \ldots$ der Spirale zeichnen. Diese Strecken haben dann Längen, die immer um demselben Faktor abnehmen: $1/\varphi = 0,618\ldots$. Man kann die Spirale natürlich auch von innen nach außen betrachten, dann haben diese Strecken vom Zentrum O zu den Punkten $G, E, D, \ldots$ Längen, die sich je um den Streckungsfaktor φ vergrößern.
In Polarkoordinaten (siehe auch 1.3.3) ist die Formel dann:

$$r(\Theta) = r_0 \cdot \varphi^{\Theta/90}$$

wobei Θ der Drehwinkel in Grad und r_0 die Länge der Verbindungsstrecke des Zentrums zu dem Eckpunkt ist, mit dem man beginnt. Die Goldene Spirale gehört zur Menge der logarithmischen Spiralen (wobei exponentielle Spiralen ein besserer Name wäre). Eine allgemeine Formel für logarithmische Spiralen ist: $r(\Theta) = p \cdot g^{\Theta}$, wobei r der Abstand zum Zentrum, p der Startwert, g der Streckungsfaktor und Θ der Drehwinkel ist. Mit der Option „Polarkoordinaten" am Graphikrechner kann man diverse logarithmische Spiralen darstellen. Diese Spiralen kann man auch gleichwinklige Spiralen nennen, da der Winkel α zwischen dem Fahrstrahl (wie z. B. die Strecken OA, OB, OC in Abb. 1.26) und Tangente der Spirale überall gleich ist.

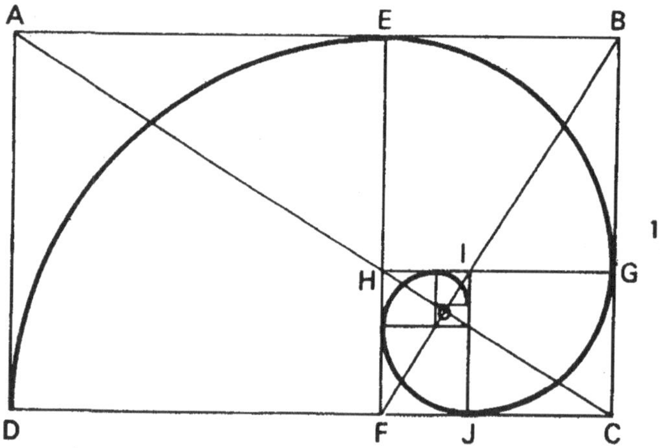

Abb. 1.27: Näherungsweise Konstruktion der Goldenen Spirale.

Das wird auch deutlich, wenn man in Abbildung 1.27 die aufeinander folgenden ähnlichen Dreiecke $OFC, OCB, OBA, \ldots$ betrachtet und darin die Strecken $OJ, OG, OE, \ldots$. Bei der Bestimmung des Winkels α ist Abbildung 1.28 hilfreich: $OP = r(\Theta)$, dr ist die Zunahme von $r(\Theta)$ bei einer Zunahme des Winkels Θ um $d\Theta$. Im Grenzfall gilt, dass $OP = OM = r(\Theta)$ und $MP = r(\Theta) \cdot d\Theta$. Dann gilt im Dreieck QMP, dass $\tan(\alpha) = (r(\Theta) \cdot d\Theta)/dr(\Theta)$, oder $dr(\Theta)/d\Theta = r(\Theta)/\tan(\alpha)$.

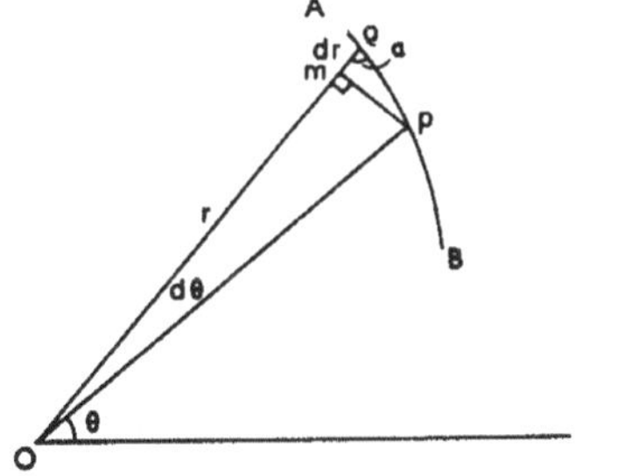

Abb. 1.28: Zur Beziehung zwischen θ und g.

Bestimme nun aus dieser letzten Gleichung zusammen mit den oben genannten Formeln für $r(\Theta)$ Beziehungen zwischen diesem konstanten Winkel (in Grad und/oder Rad), dem Streckungsfaktor g und φ.

Welchen Winkel bilden Tangenten der Goldenen Spirale mit den Strecken, die durch den Mittelpunkt verlaufen? Ist in diesem Winkel auch der Goldene Schnitt versteckt? Und wie sieht es mit der Problemstellung von oben aus?

1.3.7 Wahlmöglichkeit 7: Optimierung eines chemischen Prozesses Wie kann man mit möglichst wenigen Messungen auskommen?

Allgemeines zum Problem:
Bei einem chemischen Prozess in einer größeren Anlage entsteht bei der Produktion eines Stoffes eine bestimmte Menge umweltverschmutzender Nebenprodukte. Dieser Effekt ist von der Temperatur abhängig. Die Beziehung zwischen Temperatur und Menge der Verunreinigungen ist global bekannt: Es gibt genau ein Extremum, ein Minimum zwischen zwei bekannten Temperaturen a und b, siehe Abbildung 1.29. Nur durch das Experimentieren mit dem chemischen Prozess kann man eine gute Näherung für die Temperatur mit der minimalen Menge an Verunreinigungen finden.

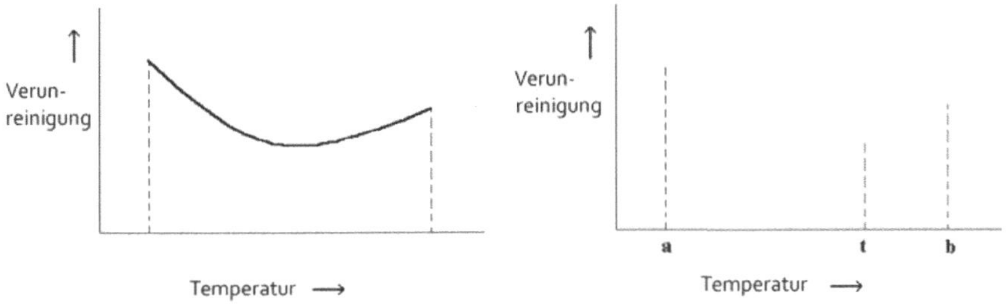

Abb. 1.29: Qualitative Darstellung des Graphen der Funktion, welche den Zusammenhang von Temperatur und Verschmutzung beschreibt, sowie eines Messvorgangs.

Erkunden der Problemstellung: Bezeichne die Funktion, die den Zusammenhang zwischen Temperatur und Stärke der Verunreinigung beschreibt, mit $f(x)$. Nimm an, dass bekannt ist, dass das Minimum zwischen a und b liegt, und dass $f(a)$ und $f(b)$ bekannt sind. Nun erhält man experimentell für die

Temperatur t den Funktionswert $f(t)$, siehe Abbildung 1.29, weiß allerdings noch nicht, ob das Minimum zwischen a und t oder zwischen t und b liegt. Dazu ist noch eine Messung für eine weitere Temperatur u erforderlich.
Sei $u > t$. Wenn $f(u) < f(t)$, dann liegt das Minimum im Intervall (t, b). Falls $f(u) > f(t)$, kann man das Intervall mit dem gesuchten Minimum auf (a, u) reduzieren. Danach wiederholt man dieses Experiment in dem neuen, verkleinerten Intervall, und so weiter. Mit Hilfe von zwei Messungen, durch die das Intervall (a, b) in drei gleiche Teile unterteilt wird kann man dieses Intervall also auf $2/3$ der ursprünglichen Größe reduzieren. Zeige, dass mit einem dritten Experiment entweder ein Drittel oder die Hälfte des ursprünglichen Intervalls (a, b) übrig bleibt. Mit diesem Verfahren ist 50% die bestmögliche Reduktion des Intervalls, die mit drei Messungen garantiert werden kann. Zeige, dass die Wahl aufeinander folgender Temperaturen, die das Intervall (a, b) nach dem Goldenen Schnitt unterteilen, eine konstante Reduktion pro Experiment sichert. Verarbeite diese Idee in einem detaillierten Forschungsplan. Illustriere diesen Plan durch Anwendung dieser Methode auf verschiedene (auch auf weniger regelmäßige) Funktionen mit einem Minimum in (a, b). Welcher Zusammenhang besteht zwischen der Anzahl nötiger Experimente und einer vorab festgelegten Reduktion auf p% des ursprünglichen Intervalls? Ist das also der beste Forschungsplan?

1.4 Bildnachweise

Abbildung 15:	Passen en meten, aanbiedingstekst eindexamen Kunstgeschiedenis vwo 1994, Ministerie van Onderwijs en Wetenschappen, 1993, S. 23
Abbildung 16:	Le Corbusier, The Modulor, Faber and Faber, London,1954
Abbildung 17:	idem, S.89
Abbildung 18:	Blij, F.van der, De meetkunde van de Nachtwacht, in Wiskunst, publicatie bij de Nationale Wiskundedagen, Freudenthal Instituut, Utrecht, 1995, S.27
Abbildung 19:	idem, S.26
Abbildung 20:	Huntley, H.E., The Divine Proportion, Dover, New York, 1970, S.64
Abbildung 21:	Snijders, C.J., De Gulden Snede, De Driehoek, Amsterdam, 1969, S. 53
Abbildung 22:	Stevens, G., Patterns in Nature, Peters, Little, Brown and Company, Boston, 1974, S.157
Abbildung 23:	Schoot, A.van der, De ontstelling van Pythagoras, Kok Agora, Kampen, 1998, S.227
Abbildung 24:	idem, S.183
Abbildung 25:	Göbel, F. en Roelofs, R., Vierkant voor Wiskunde 1999, kalender, Stichting Vierkant, Amsterdam, 1999
Abbildung 26:	Huntley, H.E., The Divine Proportion, Dover, New York, 1970, S.101
Abbildung 27:	idem, S.172

1.5 Websites und Literatur

Neben den folgenden Büchern, findet man auch viele Informationen zum Goldenen Schnitt und zu verwandten Themen im Internet. Auf der Seite der Niederländischen Mathematiklehrer-Vereinigung: http://www.nvvw.nl gibt es einige Links dazu.

Bibliografie

1. Beutelspacher, A., Petri, B.: Der Goldene Schnitt. BI-Wissenschaftsverlag, Mannheim (1989)
2. Blij, F. van der: De meetkunde van de Nachtwacht, in Wiskunst. Veröffentlicht zu den Nationalen Wiskundedagen, Freudenthal Instituut, Utrecht (1995)
3. Coxeter, H.S.H.: Introduction to geometry. John Wiley & Sons, New York (1961)
4. Göbel, F., Roelofs, R.: Vierkant voor Wiskunde 1999, Kalender. Stichting Vierkant, Amsterdam (1999)
5. Huntley, H.E.: The Divine Proportion. Dover, New York (1970)
6. Kuiper, J.: Op een goudschaal. Wolters Noordhoff (1999)
7. Le Corbusier: The Modulor. Faber and Faber, London (1954)
8. Linden, F. van der: De hoek van 137°. NRC, 24. Januar 1991.
9. Poortenaar, J.: De Guldene Snede en Goddelijke Verhouding. Naarden (1941)
10. Schoot, A. van der: De ontstelling van Pythagoras. Kok Agora, Kampen (1998)
11. Snijders, C.J.: De Guldene Snede. De Driehoek, Amsterdam (1969)
12. Stevens, G.: Patterns in Nature. Peters, Little, Brown and Company, Boston (1974)
13. Stevens, G.: The Reasoning Architect. McGraw-Hill Publ. Company, New York (1990)
14. Stewart, I.: Het magisch labyrint. Uitgeverij Nieuwezijds, Amsterdam (1998)
    Englische Ausgabe:
    Stewart, I.: The Magical Maze: Seeing the World Through Mathematical Eyes. Wiley & Sons (1999)

1.6 Lösungen

1.1

Teile die 100 cm in Stücke mit Längen von (ungefähr) $61,8$ und $38,2$ cm. Dann ist das Verhältnis des kleineren Stücks zum größeren $38,2 : 61,8$ oder $1 : 1,618$ und das Verhältnis des größeren Stücks zur Gesamtlänge $61,8 : 100$ oder $1 : 1,618$. Bei einer solchen Konstruktion zur Annäherung des Goldenen Schnitts erhält man für diesen also die Zahl $1,618$.

1.3

a) φ erfüllt die Gleichung $\varphi^2 - \varphi - 1 = 0$, also ist $\varphi^2 = \varphi + 1$.

b) Beginne mit der Gleichung $1 = \varphi^2 - \varphi$. Links und rechts durch φ geteilt liefert diese: $1/\varphi = \varphi - 1$.

c) Aus b) folgt dass $\varphi + 1/\varphi = \varphi + \varphi - 1 = 2 \cdot \varphi - 1 = 2 \cdot \frac{1}{2} \cdot (1 + \sqrt{5}) - 1 = 1 + \sqrt{5} - 1 = \sqrt{5}$.

d) Aus a) und b) folgt $\varphi^2 + \frac{1}{\varphi^2} = \varphi + 1 + (\varphi - 1)^2 = \varphi + 1 + \varphi^2 - 2 \cdot \varphi + 1 = \varphi^2 - \varphi + 2 = (\varphi^2 - \varphi - 1) + 3 = 3$.

1.4

$AB = a$, $BC = \frac{1}{2} \cdot a$, $AC = \sqrt{a^2 + \frac{1}{4}a^2} = \sqrt{\frac{5}{4}} \cdot a = \frac{1}{2} \cdot \sqrt{5} \cdot a$, $AD = AC - DC = \frac{1}{2} \cdot \sqrt{5} \cdot a - \frac{1}{2} \cdot a = a \cdot \frac{1}{2} \cdot (\sqrt{5} - 1) = \frac{1}{\varphi} \cdot a$, $AS = AD = \frac{1}{\varphi}$, also $\frac{AB}{AS} = \frac{a}{a \cdot 1/\varphi} = \varphi$.

1.5

$AB = a$, $AC = \frac{1}{2} \cdot a$, $CB = \frac{1}{2} \cdot \sqrt{5} \cdot a$, $CD = CB = \frac{1}{2} \cdot \sqrt{5} \cdot a$, $AD = CD - CA = \frac{1}{2} \cdot \sqrt{5} \cdot a - \frac{1}{2} \cdot a = a \cdot \frac{1}{2} \cdot (\sqrt{5} - 1) = a \cdot \frac{1}{\varphi}$, $AS_1 = AD = a \cdot \frac{1}{\varphi}$. Also $\frac{AB}{AS_1} = \frac{a}{a \cdot 1/\varphi} = \varphi$.

1.6

$AM = a$, $MB = a$, $MU = \sqrt{5} \cdot a$, $MS_2 = MU = \sqrt{5} \cdot a$, $AS_2 = AM + MS_2 = a + \sqrt{5} \cdot a = a \cdot 2 \cdot \frac{1}{2} \cdot (\sqrt{5} + 1) = a \cdot 2 \cdot \varphi$. Also $\frac{AS_2}{AB} = a \cdot 2 \cdot \frac{\varphi}{2} = \varphi$.

1.7

a) Es ist zu zeigen, dass für jedes n gilt: $\varphi^n = a \cdot \varphi + b$, für gewisse Werte von a und b. Die Gleichung gilt für $n = 0$ (mit $a = 0$ und $b = 1$). Gelte die Gleichung nun für n. Dann ist $\varphi^{n+1} = \varphi \cdot \varphi^n = \varphi \cdot (a \cdot \varphi + b) = a \cdot \varphi^2 + b \cdot \varphi = a \cdot (\varphi + 1) + b \cdot \varphi = (a + b) \cdot \varphi + a$. Diese Gleichung hat die geforderte Form, also ist die Aussage für alle n gezeigt.

b) Aus a) folgt, dass $A(n+1) = A(n) + B(n)$ und $B(n+1) = A(n)$. Diese letzte Gleichung kann man auch als $B(n) = A(n-1)$ schreiben. Einsetzen in die erste Gleichung liefert: $A(n+1) = A(n) + A(n-1)$. Die erste Gleichung kann auch geschrieben werden als: $A(n) = A(n-1) + B(n-1) = B(n) + B(n-1)$. Durch Einsetzen in die zweite Gleichung erhält man $B(n+1) = B(n) + B(n-1)$.

1.9

Im Monat n sind von den $f(n)$ Kaninchenpaaren nur diejenigen geschlechtsreif, die in der vorherigen Generation oder davor geboren wurden. Das sind genau $f(n-1)$. Diese sorgen für den Nachwuchs im Monat $n+1$. Im Monat $n+1$ gibt es also die Paare, die bereits da waren, nämlich $f(n)$, plus die neuen Kaninchenpaare, nämlich $f(n-1)$. Als Gleichung: $f(n+1) = f(n) + f(n-1)$.

1.13

a) Da

$$1 + f + f^2 + f^3 + f^4 + \cdots = 1/(1-f),$$

ist

$$\begin{aligned} f^2 + f^3 + f^4 + \ldots &= 1/(1-f) - (1+f) \\ &= 1/(1-f) - (1+f) \cdot (1-f)/(1-f) \\ &= 1/(1-f) - (1-f^2)/(1-f) = f^2/(1-f). \end{aligned}$$

Die Gleichung $1+f+f^2 = 2 \cdot f^2/(1-f)$ links und rechts mit $(1-f)$ multipliziert liefert: $(1+f+f^2) \cdot (1-f) = 2 \cdot f^2$. Durch Ausmultiplizieren und Vereinfachen erhält man also: $f^3 + 2 \cdot f - 1 = 0$.

2

Vielseitige Kugeln

Martin Kindt, Peter Boon

Vorbemerkung der Herausgeber

Sphären und regelmäßige Polyeder faszinieren die Menschheit seit Tausenden von Jahren. Für die alten Griechen, wie etwa Anaxagoras, war die Kugeloberfläche die vollkommenste Gestalt, und Kepler glaubte zum Beispiel, dass das Universum aus den fünf regelmäßigen (Platonischen) Polyedern aufgebaut sei. Die mathematischen Aspekte solcher und etwas allgemeinerer Flächen, die in diesem Kapitel behandelt werden, bringen einige tiefe Einsichten und Überraschungen, und diese Formen spielen eine wichtige Rolle in Natur, Architektur und industrieller Formgebung.

Man benötigt für dieses Kapitel wenige Vorkenntnisse; etwas Wissen über Vielecke in der Ebene reicht. Es ist aber sehr empfehlenswert, die angebotenen Applets zu bearbeiten; entsprechende Computerausstattung sollte also vorhanden sein.

Vorwort

Eine bekannte Quizfrage lautet: „Wie viele Seiten hat ein Fußball?" Auf der Karte des Moderators steht dann die Antwort: „Zwei, nämlich eine Innenseite und eine Außenseite." Dagegen kann man nichts sagen.
Wenn man einen Fußball allerdings genauer betrachtet, sieht man, dass dieser aus kleinen Lederstücken[1] zusammengesetzt ist. Wenn man diese Stücke als „Seitenflächen" sieht, dann hat der Ball plötzlich sehr viele Seiten, was den Titel dieses Kapitels erklärt. Der Begriff Kugel muss hier also in weiterem Sinne aufgefasst werden. Er kann eine kugelförmige Konstruktion aus Stahlrohren bezeichnen, oder auch eine Kuppel, die aus (fast) ebenen Flächen besteht,

[1] A. d. Ü.: Es handelt sich hier um den „klassischen" Fußball, wie er bis etwa 2000 weithin in Gebrauch war. Seither sind Design und Material von Fußbällen schnellen Wechseln unterworfen.

F. Verhulst, S. Walcher (eds.), *Das Zebra-Buch zur Geometrie*, Springer-Lehrbuch,
DOI 10.1007/978-3-642-05248-4_2,

oder ein kompliziertes Molekül-Modell, in dem die Atome kugelförmig angeordnet sind, oder ...
Mathematisch ausgedrückt: „Kugel“ steht hier auch für kugelförmige Polyeder, inklusive Eckpunkte, Kanten und Seitenflächen.

Der amerikanische Architekt Richard Buckminster Fuller (1895-1983) ist mit seinen gigantischen kugelförmigen Bauwerken berühmt geworden. Eines der bekanntesten ist der Pavillon vor der Weltausstellung in Montreal 1967 (Abbildung 2.36). Dieser Pavillon ist ein Beispiel für eine „geodätische Kuppel“. Diese geodätische Struktur, die bemerkenswerterweise auch im Mikrokosmos zu finden ist, wird in diesem Buch untersucht. Das erfordert einige grundlegende Kenntnisse über Polyeder, besonders über einige klassische Beispiele wie die fünf Platonischen und einige Archimedische Polyeder. Beim Aneignen dieser Kenntnisse kann von einem sehr zeitgemäßen Hilfsmittel Gebrauch gemacht werden, zu diesem Kapitel gibt es nämlich ein *digitales Arbeitsheft*. Über die Adresse **www.fi.uu.nl/wisweb/veelvlakken** hat man Zugang zu einigen *Applets*, die es ermöglichen dreidimensionale Formen auf dem Bildschirm zu bewundern und zu untersuchen. In jedem Abschnitt dieses „realen“ Kapitels findet sich ein Verweis zu den dazugehörigen Computeranimationen mit und ohne Arbeitsaufträge.

Außerhalb dieses Buches findet man auch mit Hilfe einer Suchmaschine im Internet viele Informationen über die Suchwörter: Polyeder, Vielflächner, Vielflach,... Sehr schön ist die Seite des Bildhauers und Mathematikers George Hart, „The Pavilion of Polyhedrality“,
Adresse: http://www.georgehart.com/pavilion.html. Aus den Niederlanden empfehlen wir noch: http://www.science.uva.nl/misc/pythagoras/.

Abb. 2.1: Die „Fußball“-Projektionen von Quist.

2.1 Viele kleine Flächen bilden eine Kugel

Der moderne[2] Fußball besteht aus (meistens schwarzen und weißen) Vielecken. Zu Ehren der Fußball-Europameisterschaft 2000 wurden in Eindhoven Abbildungen von Fußbällen auf die dortigen Wassertürme des Architekten Quist projiziert.
Verglichen mit einem echten Fußball, den man in Abbildung 2.2 abgebildet sieht, sehen die Projektionen etwas merkwürdig aus. Beachte die Formen der schwarzen und weißen Felder. Die schwarzen Felder sind fünfeckig, die weißen sechseckig. Auf dem Foto der Projektionen ist das nicht der Fall, dort sind nur Sechsecke zu sehen. Obwohl... wenn man den Rand näher betrachtet, bekommt man da so seine Zweifel. Diese Zweifel werden sich noch als sehr berechtigt herausstellen, denn es ist schlicht *unmöglich*, eine Kugel nur aus Sechsecken zu konstruieren. Das werden wir später in diesem Kapitel noch beweisen. Die Projektion auf den Wasserturm ist falsch. Es war kein *Ball*, sondern ein *flaches* Muster aus Sechsecken, das von Quist auf die glänzenden Kugeln projiziert wurde. Ein solches sechseckiges Gitter, zum Beispiel bei Kaninchendraht, kann man zu einem Zylinder verbiegen, dieser ist allerdings oben und unten offen. Man erhält eine geschlossene Fläche indem man den Zylinder so verbiegt, dass sich die beiden Enden berühren. Dieses Gitter kann zum Beispiel auf einen Fahrradschlauch oder einen Schlauch für einen Autoreifen gezeichnet werden[3].

Abb. 2.2: Ein „klassischer" Fußball.

Es gelingt allerdings nie, aus einem solchen Sechseck-Gitter eine Kugel zu bilden, auch nicht wenn man dehnbares Material verwendet. Wer das nicht glaubt, kann es gerne selber ausprobieren.
Zur Konstruktion einer Kugeloberfläche werden neben Sechsecken immer weitere *Vielecke* benötigt. In Abb. 2.4 sind zwei Kugeln abgebildet, die viele Sechsecke enthalten, aber nicht ausschließlich aus Sechsecken bestehen. Die erste Kugel ist das Skelett eines mikroskopischen Organismus, der zu den sogenannten Strahlentierchen (Radiolarien) gehört. Das zweite ist ein „Kugel-Netzwerk", in Amerika um 1960 errichtet.

Aufgabe 2.1
Das Skelett in Abb. 2.4 gehört zu dem Strahlentierchen *Aulonia hexagona*. Hexagon ist griechisch für *Sechseck* (hexa = sechs, gon = Ecke). Der Name ist etwas missverständlich, denn mit ein wenig gutem Willen findet man auch einige nicht sechseckige „Zellen". Finde einige dieser nicht sechseckigen Zellen.

[2] A. d. Ü.: „modern" bezieht sich auf ca. das Jahr 2000.
[3] Der mathematische Name für diese „Schlauchform" ist Torus.

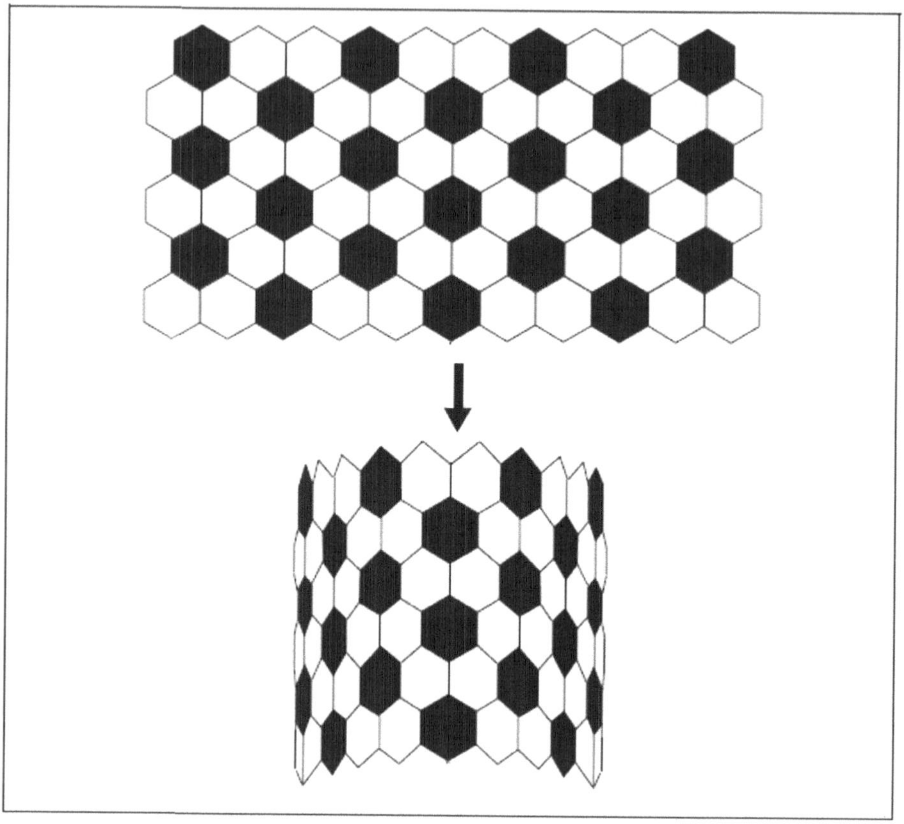

Abb. 2.3: Ein ebenes und ein zylindrisches Sechseck-Gitter.

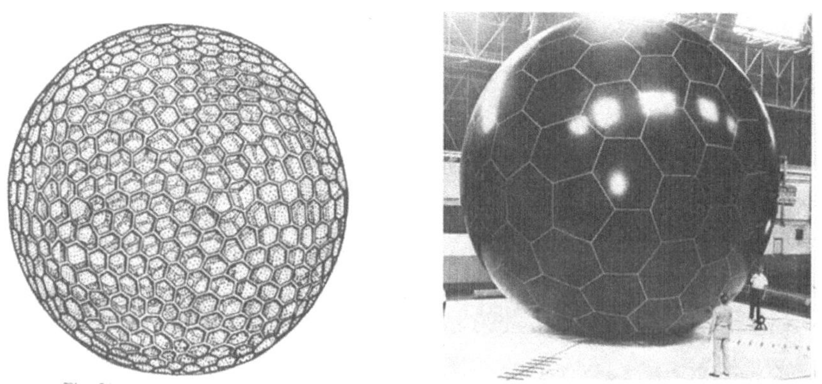

Abb. 2.4: Aulonia hexagona und ein Netzwerk auf einer Kugel.

Aufgabe 2.2
Die zweite Kugel in Abb. 2.4 ist menschliches Werk und ... etwas regelmäßiger. Neben den „Hexagons“ findet man hier auch „Pentagons“ (Fünfecke). Ungefähr in der Mitte fällt ein Fünfeck auf. Von diesem Fünfeck aus kann man senkrecht zu einer Seite des Fünfecks eine Reise über die Kugel machen. Nach wie vielen Sechsecken trifft man so wieder auf ein Fünfeck?

Applets:
Der unten stehende Kasten verweist auf fünf Applets im digitalen Arbeitsheft (Webadresse im Vorwort):

1.1 Der Fußball (De voetbal)
1.2 Sechseckige Gitter (Zeshoekige roosters)
1.3 Vom 5-Eck zum 6-Eck (Van 5-hoek naar 6-hoek)
1.4 Netz eines Fußballs (Bouwplaat van de voetbal)
1.5 Eine andere 5/6-Eck-Kugel (Andere 5/6-hoekbol)

2.2 Über regelmäßige Vielecke

Im letzten Abschnitt sind wir Sechsecken und Fünfecken begegnet. Und bei genauer Betrachtung der *Aulonia hexagona* waren auch ein paar Siebenecke zu entdecken.
Solche Vielecke (auf Englisch „polygons“) kann man erstellen, indem man von der einfachsten Form ausgeht: dem Dreieck. Durch Abschneiden einer Ecke erhält man ein Viereck, Abschneiden einer weiteren Ecke liefert ein Fünfeck, usw.

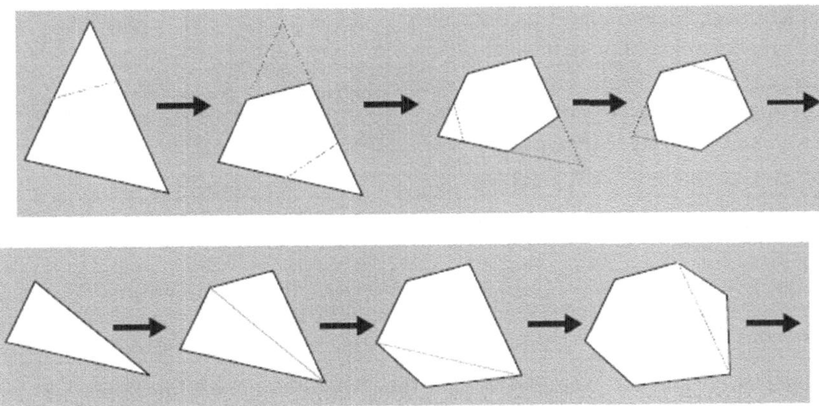

Abb. 2.5: Vielecke entstehen durch Abschneiden oder Ankleben.

Wenn der Schnitt zwei benachbarte Seiten (zwischen den Eckpunkten) trifft, verschwindet beim Abschneiden *eine Ecke*, und es entstehen dafür zwei neue Ecken. Zugleich erhält man eine neue Seite. So kann man also, ausgehend von einem Dreieck, durch „wiederholtes Abschneiden“ einer dreieckigen Spitze im Prinzip ein Vieleck mit beliebig vielen Ecken und Seiten herstellen.

Eine andere Möglichkeit, mit Hilfe eines Dreiecks Vielecke verschiedenster Art zu erstellen, ist „wiederholtes Ankleben“. Jetzt wird in jedem Schritt eine Seite durch zwei neue Seiten ersetzt und gleichzeitig ein neuer Eckpunkt hinzu gefügt.

Die letztere Methode kann auch ein Vieleck mit einer Einbuchtung liefern, so wie Abb. 2.6 zeigt. Vielecke die man mit Hilfe der ersten Methode erstellt, haben keine Einbuchtungen, sie werden auch *konvex* genannt. Ein Vieleck mit Einbuchtung(en) heißt dann *nicht konvex*. Zur Definition von konvexen Vielecken siehe Aufgabe 2.4.

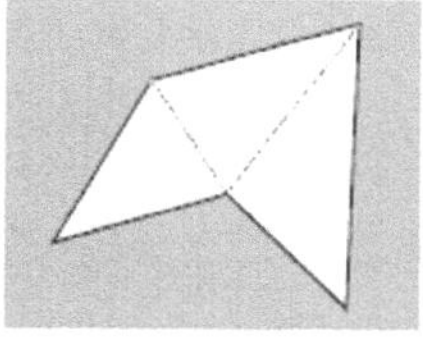

Abb. 2.6: Ein nicht konvexes Viereck.

Wenn man ein Vieleck auf ein Blatt Papier zeichnet, teilt dieses Vieleck die Zeichenfläche in zwei Gebiete: das Innengebiet und das Außengebiet. In den Abbildungen 2.5, 2.6 und 2.7 ist das Innengebiet stets weiß und das Außengebiet grau dargestellt.

Die Schönheitsköniginnen unter den Vielecken sind die *regelmäßigen Vielecke*. Das sind Vielecke, deren Seiten alle gleich lang und deren Winkel alle gleich groß sind. In Abb. 2.7 wird das regelmäßige n-Eck kurz mit $\{n\}$ bezeichnet.
Man kann ein regelmäßiges n-Eck mit Hilfe eines Kreises konstruieren: Teile den Kreis in n gleiche Bogenstücke; die Teilpunkte sind dann die Eckpunkte des n-Ecks. Der Mittelpunkt des Kreises wird auch der Mittelpunkt des regelmäßigen n-Ecks genannt.

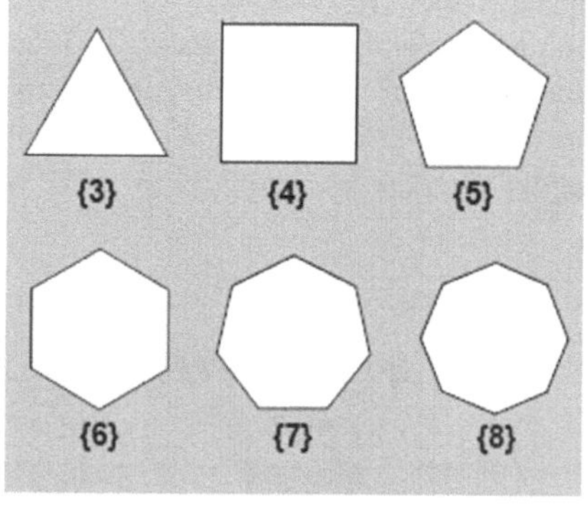

Abb. 2.7: Regelmäßige Vielecke.

Aufgabe 2.3
In Abb. 2.8 sieht man das Gebäude des Verteidigungsministeriums der USA, das sogenannte Pentagon. Es ist ein gigantisches Bauwerk, in dem etwa 23000 Menschen arbeiten. Die Außenwände des Gebäudes bilden ein regelmäßiges Fünfeck. Stell Dir vor, dass ein Jogger um das Gebäude herum läuft. Um wie viel Grad muss er sich an den Eckpunkten drehen um an der Hauswand zu bleiben?

Abb. 2.8: Das Pentagon.

Aufgabe 2.4
Zwei Eckpunkte eines Vielecks heißen *benachbart* wenn ihre Verbindungsstrecke eine Seite des Vielecks ist. Die Verbindungsstrecke zweier Eckpunkte, die nicht benachbart sind, nennt man eine *Diagonale* des Vielecks. Mit Hilfe des Begriffs *Diagonale* kann man nun genau definieren, was ein konvexes Vieleck ist. Versuche eine solche Definition zu formulieren.

Aufgabe 2.5
Du weißt sicher, dass die Winkelsumme in einem Dreieck 180° beträgt. Wie groß ist die Winkelsumme eines konvexen Vierecks, Fünfecks, Sechsecks,...? Finde eine Formel (mit Beweis) für die Winkelsumme eines konvexen n-Ecks.

Aufgabe 2.6
Ein regelmäßiges Dreieck hat drei 60°-Winkel. Wenn man drei Ecken abschneidet, erhält man ein Sechseck. Wo genau muss man die Schnitte ansetzen, um ein regelmäßiges Sechseck zu erhalten?

Aufgabe 2.7
Von einem Würfel werden eine „Spitze“ und sechs gleich dicke „Scheiben“ abgeschnitten; siehe Abb. 2.9. Die sieben Querschnitte werden mit den Zahlen von 1 bis 7 bezeichnet. Alle Schnittflächen sind parallel. Die Querschnitte mit den Nummern 1 bis 4 sind regelmäßige Dreiecke. Welche Formen haben die Querschnitte mit den Nummern 5, 6 und 7? Sind diese auch regelmäßig?

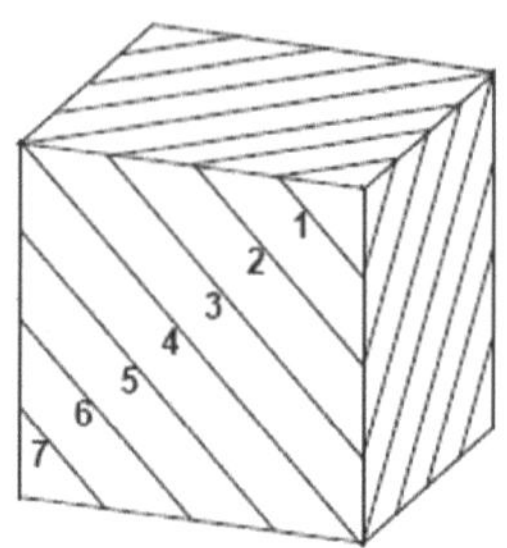

Abb. 2.9: Schnitte durch einen Würfel.

Applets:

2.1 Regelmäßige Vielecke (Regelmatige veelhoeken)
2.2 Diagonalen in Vielecken (Diagonalen in veelhoeken)
2.3 Flächenfüllungen mit regelmäßigen Vielecken (Vlakvullingen met regelmatige veelhoeken)
2.4 Archimedische Flächenfüllung (Archimedische vlakvullingen)
2.5 Selbst Flächenfüllungen konstruieren (Zelf vlakvullingen maken)

2.3 Vier, fünf, sechs... Flächen

Der Turm des KNMI (Königliches Niederländisches Meteorologisches Institut) in De Bilt in den Niederlanden war bis vor einigen Jahren mit einem kugelartigen Polyeder gekrönt. Der untere Teil der „Kugel" ist in Abb. 2.10 nicht zu sehen, da er im Turm liegt. Die Kugel besteht aus Dreiecksflächen: Den *Flächen*[4] des Vielflachs. Die Eckpunkte der Flächen sind auch die *Eckpunkte* oder *Ecken* des Polyeders. Zwei angrenzende Flächen schneiden sich in einer *Kante*.

Abb. 2.10: Turm des KNMI.

[4] Bei einem geschliffenen Diamanten nennt man die Flächen *Facetten*. Beachte, dass sowohl ein Viel*eck* als auch ein Viel*flach* „vielseitig" ist. Im ersten Fall sind die Seiten *Strecken*, im zweiten Fall geht es um *Seitenflächen*.

Im Allgemeinen kann man sagen, dass ein *Polyeder* (oder *Vielflächner*) eine räumliche (dreidimensionale) Figur ist, welche begrenzt ist durch konvexe Vielecke (die *Seitenflächen*). Ein Vielflächner teilt den Raum in einen *Innen*- und einen *Außen*raum (so, wie das auch im Zweidimensionalen bei einem Vieleck und der Ebene der Fall ist).

Eckpunkte, die durch eine Kante verbunden sind, heißen *benachbart*. Eine Strecke, die zwei nicht benachbarte Eckpunkte verbindet, heißt *Diagonale* des Polyeders. Liegt eine Diagonale in einer Seitenfläche, spricht man von einer *Flächendiagonale*, sonst von einer *Raumdiagonale*. Bei der Kuppel oben gibt es nur Raumdiagonalen, aber ein Würfel hat zum Beispiel 12 Flächendiagonalen und 4 Raumdiagonalen.

Ebenso wie bei Vielecken kann man zwischen konvexen und nicht-konvexen Polyedern unterscheiden. Ein Polyeder ist *konvex*, wenn jede Raumdiagonale im Innenraum des Polyeders liegt. In diesem Kapitel werden wir meistens konvexe Polyeder betrachten.

Bei Polyedern macht das Einteilen in verschiedene Arten mehr Mühe als bei Vielecken. Es ist jedoch so, dass man wie bei den Vielecken mit dem einfachsten Typ beginnen kann, dem *Tetraeder* (Vierflächner, siehe Abb. 2.11) um davon ausgehend durch schrittweises Abschneiden Polyeder mit mehr Flächen zu erstellen. In der Abbildung sieht man, wie durch „Abschneiden“ eines Eckpunktes oder einer Kante aus dem Tetraeder ein Pentaeder (Fünfflächner) entsteht.

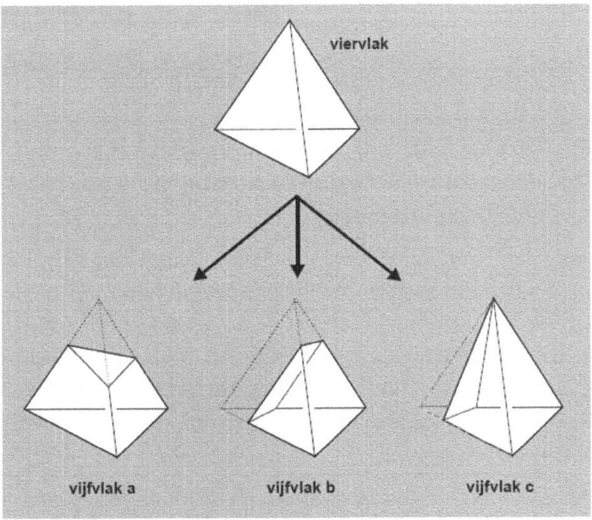

Abb. 2.11: Abschneiden von einem Tetraeder.

Die Pentaeder a und b erscheinen vielleicht auf den ersten Blick unterschiedlich, haben jedoch im Wesentlichen dieselbe „Verbindungsstruktur". Sie besitzen nämlich beide zwei dreieckige Flächen, deren Eckpunkte paarweise miteinander verbunden sind; diese Verbindungsstruktur findet man auch bei einem Dreiecksprisma; siehe Abb. 2.12. Fünfflach c hat dagegen eine andere Struktur: die der bekannten vierseitigen Pyramide. Wenn man nur die Verbindungsstruktur beachtet, gibt es nur zwei Arten von Pentaedern.

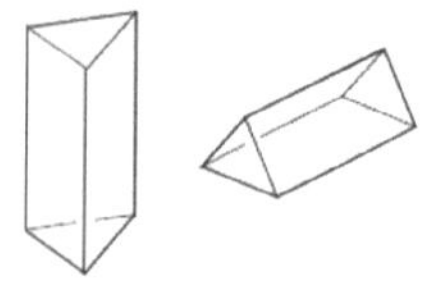

Abb. 2.12: Ein Dreiecksprisma.

Aufgabe 2.8

Unter der **Ordnung** einer **Fläche** eines Polyeders versteht man *die Anzahl der Kanten* (oder auch die Anzahl der Eckpunkte), *welche die Fläche begrenzen.*

Unter der **Ordnung** eines **Eckpunktes** versteht man *die Anzahl der Kanten* (oder auch die Anzahl der Flächen), *die sich in diesem Punkt treffen.*

Betrachte noch einmal die Kugel des KNMI. Alle Flächen haben die Ordnung 3. Welche Ordnungen haben die sichtbaren Eckpunkte?

Abb. 2.13: Die „KNMI-Kugel" aus anderer Perspektive.

Aufgabe 2.9

Die zwei Arten von Pentaedern (siehe letzter Abschnitt) haben natürlich die gleiche Anzahl Flächen. Gilt das auch für die Eckpunkte und die Kanten? Beide Arten haben sowohl Flächen der Ordnung 3 als auch der Ordnung 4. Wie sieht es bei den Eckpunkten aus?

Aufgabe 2.10

Zeichne einen Würfel mit seinen zwölf Flächendiagonalen. Sechs dieser Diagonalen bilden die Kanten eines Tetraeders. Zeichne die Kanten dieses Tetraeders rot. Zeichne das Tetraeder, welches durch die anderen sechs Diagonalen gebildet wird blau. Das rote und das blaue Tetraeder schneiden sich, und der Schnitt dieser beiden Tetraeder ist ein Oktaeder (Achtflächner). Zeichne die Kanten des Oktaeders lila.

Aufgabe 2.11

In Aufgabe 2.10 haben wir ein Oktaeder gefunden. Es gibt auch andersartige achtflächige Polyeder (mit einer anderen Verbindungsstruktur). Finde und zeichne zwei der anderen achtflächigen Polyeder.

Applets

3.1 Flächen, Kanten, Ecken (Zijden, hoekpunten, ribben)
3.2 Diagonalen in Polyedern (Diagonalen in veelvlakken)
3.3 Vom Tetraeder zum Pentaeder (Van viervlak naar vijfvlak)
3.4 Selbst Pentaeder konstruieren (Zelf vijkvlakken maken)
3.5 Vom Pentaeder zum Hexaeder (Van vijf naar zesvlak)

2.4 Prismen, Pyramiden, Antiprismen und noch mehr

Prismen und *Pyramiden* sind vermutlich die bekanntesten Polyeder-Familien. Ein *Prisma* erhält man aus einem Vieleck, indem man es parallel in eine andere Ebene verschiebt und dann die entsprechenden Eckpunkte miteinander verbindet. Die parallelen Vielecke werden *Grund-* und *Deckfläche* genannt, die Kanten, die Grund- und Deckfläche verbinden, nennen wir aufrechte Kanten. Wenn diese Kanten senkrecht zur Grundfläche stehen, sprechen wir von einem *geraden Prisma*. In Abb. 2.14 sieht man so ein gerades Prisma. Wenn die Grundfläche (also auch die Deckfläche) ein regelmäßiges Vieleck ist, spricht man von einem *regelmäßigen Prisma*. Obwohl das hier abgebildete Prisma *acht* Flächen hat, spricht man von einem *sechsflächigen* Prisma, kurz gesagt: *Prisma* {6}. Grund- und Deckfläche werden also in der Bezeichnung nicht mit gezählt!

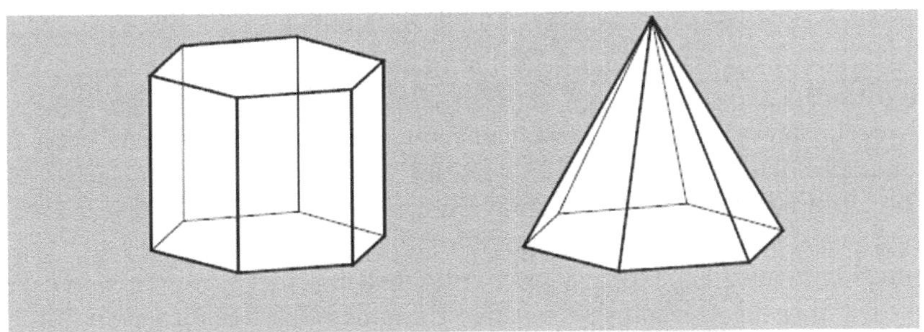

Abb. 2.14: Prisma und Pyramide.

Ebenso heißt die Pyramide {6} daneben eine *sechsflächige* Pyramide, obwohl sie einschließlich Grundfläche sieben Flächen hat. Der Eckpunkt, der zu allen anderen Eckpunkten benachbart ist, heißt *Spitze* und die Kanten, die sich dort treffen, nennen wir aufrechte Kanten.

Eine Pyramide wird *regelmäßig* genannt, wenn die Grundfläche ein regelmäßiges Vieleck ist und sich die Spitze lotrecht über dem Mittelpunkt des Vielecks befindet.

Mit Prismen und Pyramiden kann man sehr einfach weitere Polyeder bauen. In Abb. 2.15 sieht man wie ein Prisma und eine Pyramide zusammen einen *Turm* bilden. Die mittlere Figur zeigt zwei Pyramiden wie Siamesische Zwillinge aneinander geklebt, wir sprechen hier von einer *Doppelpyramide.*

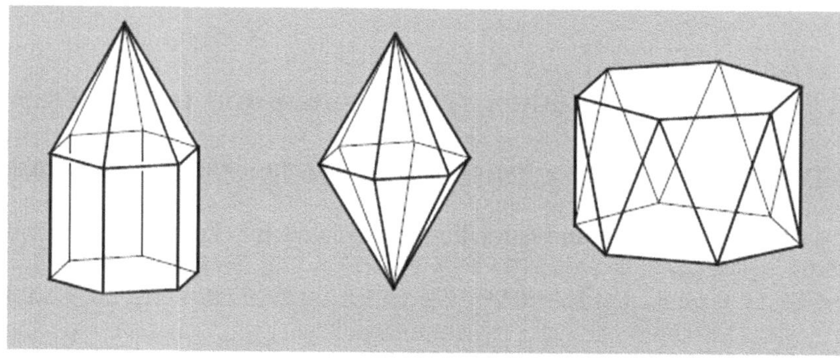

Abb. 2.15: Turm, Doppelpyramide und Anti-Prisma.

Was weniger auf der Hand liegt, ist die dritte Variante: das Antiprisma. Hierbei wird die Deckfläche bezüglich der Grundfläche etwas gedreht. Die Grund- und die Deckfläche werden dann durch eine Zickzacklinie zwischen den Eckpunkten verbunden, ähnlich wie bei einigen Trommeln die Felle an der Ober- und Unterseite miteinander verbunden sind.

Aufgabe 2.12
Ein regelmäßiges Prisma könnte man „superregelmäßig“ nennen, wenn *alle* Kanten gleichlang sind. Das heißt, dass mit Ausnahme der Grund- und Deckfläche alle Flächen quadratisch sind. Für jede natürliche Zahl $n \geq 3$ gibt es ein solches superregelmäßiges Prisma $\{n\}$.
Wann könnte man eine regelmäßige Pyramide „superregelmäßig“ nennen? Was weißt Du über die Flächen einer solchen Pyramide? Gibt es für jede natürliche Zahl $n \geq 3$ eine superregelmäßige Pyramide?

Aufgabe 2.13
Ein Antiprisma heißt regelmäßig, wenn Grund- und Deckfläche regelmäßige Vielecke sind und wenn der Mittelpunkt der Deckfläche genau über dem Mittelpunkt der Grundfläche liegt. In Abb. 2.16 sieht man die Draufsicht eines regelmäßigen Antiprismas.

Abb. 2.16: Regelmäßiges Antiprisma von oben.

a) Wie viele Flächen hat dieses Polyeder insgesamt?
b) Unter welchen Bedingungen könnte man ein Antiprisma „superregelmäßig" nennen?

Aufgabe 2.14
Wie viele Diagonalen hat Prisma $\{6\}$? und Prisma $\{n\}$?

Aufgabe 2.15
In der untenstehenden Tabelle ist n die Anzahl der Kanten ($n \geq 3$) der Grundfläche, durch die ein Prisma, ein Antiprisma, eine Pyramide oder eine Doppelpyramide bestimmt ist. Weiter bezeichnen wir die Anzahl der Eckpunkte mit E, die Anzahl der Kanten mit K und die Anzahl der Flächen mit F.
a) Übernimm diese Tabelle und vervollständige sie:

Polyeder	E	K	F
Prisma $\{n\}$	$2n$	$3n$	$n+2$
Pyramide $\{n\}$			
Doppelpyramide $\{n\}$			
Antiprisma $\{n\}$			
Turm $\{n\}$			

b) Vergleiche die drei Spalten. Man sieht, dass es immer mehr Kanten als Eckpunkte und Flächen gibt. Die Anzahl der Kanten ist sogar beinah so groß wie die *Summe* der Anzahl der Eckpunkte und der Anzahl der Flächen. Was fällt bei dieser Gleichung auf?

Applets

4.1 Prismen (Prisma's)
4.2 Pyramiden (Piramiden)
4.3 Anti-Prismen (Anti-prisma's)
4.4 Vom Prisma zum Antiprisma (Van prisma naar anti-prisma)
4.5 Diagonalen in Antiprismen (Diagonalen in anti-prisma's)

2.5 Die Formel von Euler

Als sich der große Schweizer Mathematiker Euler (1707-1783) mit der systematischen Erforschung konvexer Polyeder beschäftigte, entdeckte er, dass zwei verschiedene Polyeder mit gleich vielen Seitenflächen und Eckpunkten automatisch auch die gleiche Anzahl von Kanten besitzen. Es erwies sich, dass es eine überraschend schöne Formel für den Zusammenhang von E, F und K gibt. Die Formel, die Euler entdeckte, lautet:

$$E + F = K + 2$$

Oft wird sie in diese Form gebracht:

$$E - K + F = 2$$

Diese Eigenschaft gilt für eine große Klasse von Polyedern, darunter alle konvexen Polyeder, wie wir später in diesem Abschnitt noch sehen werden. Dass es Ausnahmen zu dieser Formel gibt, zeigt das Foto von „la Grande Arche" in Paris, siehe Abb. 2.17. Genaues Zählen der Seitenflächen, Kanten und Eckpunkte dieses „Tunnel-Polyeders" führt zu der Gleichung: $E - K + F = 0$. So ein Tunnel-Polyeder ist ein Beispiel für ein „nicht-Eulersches" Polyeder.

Abb. 2.17: La Grande Arche.

In Abschnitt 2.2 haben wir gesehen, wie man aus einem konvexen Polyeder durch Abschneiden von Eckpunkten oder Kanten ein neues konvexes Polyeder (mit mehr Seitenflächen) erhält. Es ist nicht sehr schwer zu beweisen, dass durch so einen „chirurgischen Eingriff" zwar die Werte von E, F und K verändert werden, der Wert von $E - K + F$ allerdings nicht!

Aufgabe 2.16
Betrachte zur Orientierung zunächst drei verschiedene Arten des Abschneidens einer Ecke und/oder Kante bei einem Würfel. Untersuche wie sich die Werte von E, K und F unter den Operationen (1), (2) und (3) verändern und welche Auswirkungen das auf $E - K + F$ hat.

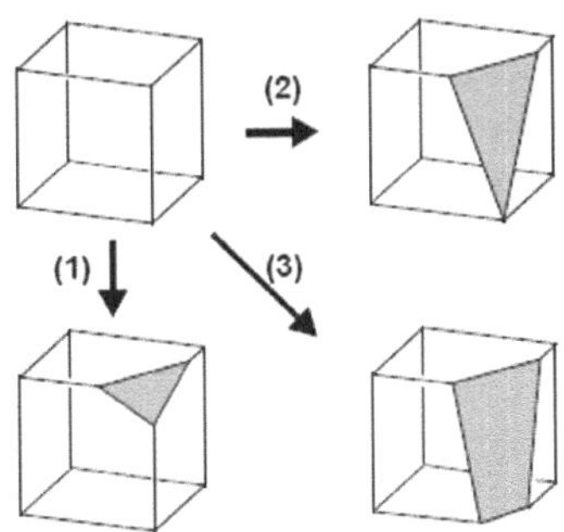

Abb. 2.18: Abstumpfen bei einem Würfel.

Aufgabe 2.17
Das Abschneiden eines Eckpunktes von einem Polyeder, sodass keine einzige Kante verschwindet, wird *Abstumpfen* genannt. Abbildung 2.19 veranschaulicht das Abstumpfen einer Ecke der Ordnung 5, ohne dabei eine Kante zu entfernen. Auf diese Weise wird eine fünfflächige Pyramide abgeschnitten. Die fünf neuen Eckpunkte des Polyeders sind nun alle von der Ordnung 3! Wie verändern sich die Werte von E, F und K wenn ein Eckpunkt der Ordnung 5 abgestumpft wird? Was geschieht, wenn man dasselbe mit einem Eckpunkt der Ordnung k macht? Wie wirkt sich diese Operation auf $E - K + F$ aus?

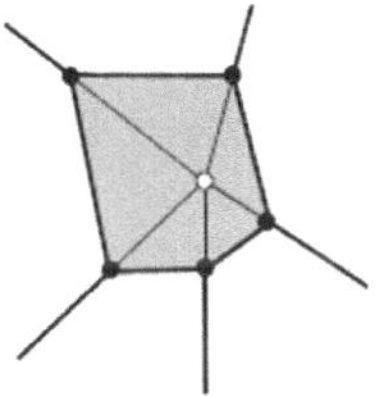

Abb. 2.19: Abstumpfen einer Ecke mit Ordnung 5.

Wenn alle Eckpunkte eines konvexen Polyeders mit einer Ordnung größer als 3 abgestumpft werden, ohne eine Kante zu entfernen, entsteht ein konvexes Polyeder, das ausschließlich Eckpunkte der Ordnung 3 besitzt. Um zu beweisen, dass die Formel von Euler für alle konvexen Polyeder gilt, reicht es also, diese Formel für konvexe Polyeder zu zeigen, deren Eckpunkte alle die Ordnung 3 haben. Denn falls ein Polyeder Eckpunkte besitzt, in denen mehr als 3 Kanten zusammen laufen, kann man diese wie oben beschrieben abschneiden, ohne $E - K + F$ zu verändern!
Sei V ein Polyeder mit ausschließlich Eckpunkten der Ordnung 3. Wir stellen uns vor, dass V mit einem der Eckpunkte auf einer Tischplatte steht, so-

dass keine zwei Eckpunkte in der selben horizontalen Ebene liegen. Dass das möglich ist, wird auf Seite 65 erläutert.

Aufgabe 2.18
Betrachte das Polyeder in Abb. 2.20, dessen Eckpunkte von unten nach oben durchnummeriert sind. Lasse dieses Polyeder in Gedanken langsam mit Wasser volllaufen und achte dabei auf die Anzahl der Eckpunkte, Kanten und Flächen des „Wasser-Polyeders". Wenn der Wasserspiegel zwischen den Punkten 1 und 2 liegt, bildet das Wasser ein Tetraeder und wir erhalten: $E = 4, K = 6, F = 4$ also $E - K + F = 2$. Mit dem Applet zu diesem Abschnitt kannst Du das weitere Volllaufen mit Wasser simulieren. Daneben siehst Du wie sich E, K und F des Wasser-Polyeders dabei verändern. Ermittle nach jeder Veränderung von E, K und F den Wert von $E - K + F$.

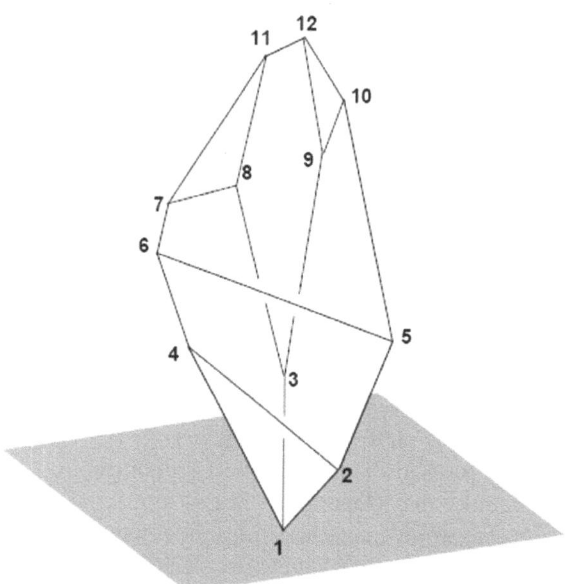

Abb. 2.20: Ein Polyeder mit Eckpunkten nur von Ordnung 3.

Anmerkung: Um Aufgabe 2.18 ohne das Applet zu bearbeiten, sollte zunächst ermittelt werden, was sich verändert, sobald der Wasserspiegel einen neuen Eckpunkt passiert hat. Zu diesem Thema siehe auch Aufgabe 2.5. Die Ergebnisse beider Aufgaben führen zu einem Beweis der Eulerschen Polyederformel für beliebige konvexe Polyeder.

Aufgabe 2.19
Allgemeiner: Wenn der Wasserspiegel einen Eckpunkt (der Ordnung 3) passiert, gibt es zwei Möglichkeiten; siehe Abb. 2.21

(i) Von den drei Kanten, die sich in diesem Eckpunkt treffen, verschwindet genau eine vollständig im Wasser;

(ii) zwei Kanten verschwinden gleichzeitig im Wasser.

a) An welchen Eckpunkten des Polyeders aus Aufgabe 2.18 trifft mit den Kanten Möglichkeit (i) und an welchen Möglichkeit (ii) zu?

b) Wie verändern sich E, K und F bei einem beliebigen Polyeder in Situation (i) und in Situation (ii)?

c) Sobald das Polyeder komplett mit Wasser gefüllt ist, verschwinden drei Kanten gleichzeitig im Wasser. Wie verändern sich E, K und F abschließend?

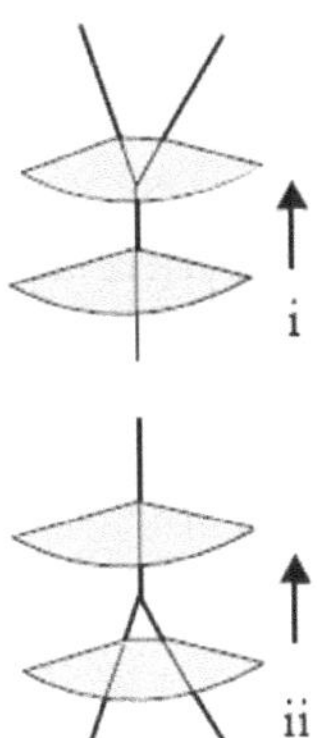

Abb. 2.21: Steigender Wasserspiegel.

d) Wieso folgt aus diesen Beobachtungen und Überlegungen, dass die Eulersche Polyederformel für jedes konvexe Polyeder mit ausschließlich Eckpunkten der Ordnung 3 gilt?

Es fehlt noch ein Glied in der Kette des Beweises. Die Frage ist: „Warum ist es immer möglich ein Polyeder so auf einer horizontalen Fläche zu platzieren, dass keine zwei Eckpunkte auf gleicher Höhe liegen?“ Die Antwort lautet: „Weil es eine Fläche gibt, die zu keiner einzigen Kante oder Diagonale parallel ist“. Denn die Anzahl der Kanten und Diagonalen ist endlich. Diese Strecken kann man alle parallel verschieben, sodass sie sich in einem Punkt O treffen. Es gibt nun sicherlich eine Gerade g durch O, die keine der anderen Strecken enthält. Durch g und jede der nach O verschobenen Strecken kann nun eine Ebene konstruiert werden. So entstehen endlich viele Ebenen, die g enthalten. g ist allerdings in unendlich vielen Ebenen enthalten, sodass es sicher eine Ebene gibt, die g enthält aber nicht in der oben erwähnten (endlichen) Menge von Ebenen durch O enthalten ist. Diese Ebene ist zu keiner der Kanten oder Diagonalen parallel und kann jetzt als horizontale Grundfläche betrachtet werden.

Aufgabe 2.20
Wie groß ist die Summe der Anzahlen der Kanten und Diagonalen, wenn das Polyeder n Eckpunkte besitzt?

Aufgabe 2.21
Nachdem bewiesen ist, dass die Eulersche Polyederformel für alle konvexen Polyeder gilt, kommen wir auf eine Aussage aus Abschnitt 2.1 zurück. Es ging darum, ob es möglich ist eine Kugel nur aus Sechsecken zu erstellen. Nehmen wir an, dass es möglich ist, und wir dafür insgesamt n Sechsecke benötigen.

Es gilt also: $F = n$. Begründe, dass daraus folgt: $K = 3n$ und $E = 2n$, was im Widerspruch zur Formel von Euler steht!

2.6 Die fünf regulären Polyeder

> „Pythagoras, wissend, dass es fünf **regelmäßige Polyeder** gibt, sagt dass die Erde aus dem Würfel, Feuer aus der Pyramide, Luft aus dem Oktaeder, Wasser aus dem Ikosaeder und das Weltall aus dem Dodekaeder entstanden ist.“

Obiger Text von Plato stellt eine Verbindung zwischen dem Universum, den vier (griechischen) Urelementen einerseits und fünf sehr besonderen Polyedern andererseits her. Diese Polyeder, auch Platonische Körper genannt, verbargen bereits im Altertum nur wenige Geheimnisse vor Mathematikern.
Die fünf regulären (regelmäßigen) Polyeder haben die folgenden gemeinsamen Eigenschaften:
(1)*Die Flächen sind kongruente regelmäßige Vielecke.*
(2)*Jeder Eckpunkt ist von derselben Ordnung.*

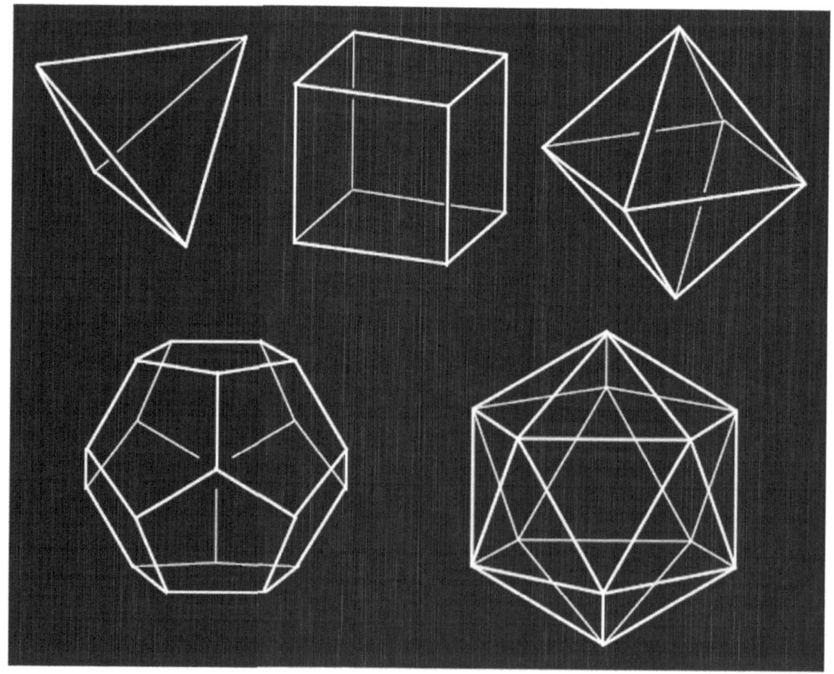

Abb. 2.22: Die Platonischen Körper.

Die Polyeder „Feuer“, „Luft“ und „Wasser“ bestehen aus 4, 8 und 20 regelmäßigen Dreiecken; die Eckpunkte sind jeweils von der Ordnung 3, 4 und 5. Das Polyeder „Erde“ besteht aus 6 regelmäßigen Quadraten und die Ordnung jedes Eckpunktes ist 3. Das Polyeder „Weltall“ besteht schließlich aus 12 regelmäßigen Fünfecken und auch hier ist jeder Eckpunkt von der Ordnung 3.
Die der griechischen Sprache entlehnten Namen, die in den meisten Sprachen gebräuchlich sind, lauten: *Tetraeder* (Vierflächner), *Hexaeder* (Sechsflächner), *Oktaeder* (Achtflächner), *Dodekaeder* (Zwölfflächner), *Ikosaeder* (Zwanzigflächner). Der Astronom Johannes Kepler entwickelte im 17. Jahrhundert ein Modell des Sonnensystems, das auf den fünf Platonischen Körpern basierte. Er behauptete, dass sich die Längen der Planetenbahnen verhalten wie die Radien der Kugeln, welche regelmäßigen Polyedern einbeschrieben bzw. umschrieben sind. So sollten die Umlaufbahnen des Jupiter und des Saturn sich wie die Radien der In- und Umkugel eines geeigneten Würfels verhalten, die Bahnen der Venus und der Erde, wie die Radien der In- und Umkugel eines geeigneten Ikosaeders. Seine Theorie erwies sich jedoch bei genauerer Beobachtung und Berechnung als nicht haltbar.
Die Platonischen Polyeder sind in der toten und lebendigen Natur allgegenwärtig, als Kristalle und als Mikroorganismen. Auch in der bildenden Kunst und der Architektur spielen sie eine wichtige Rolle.

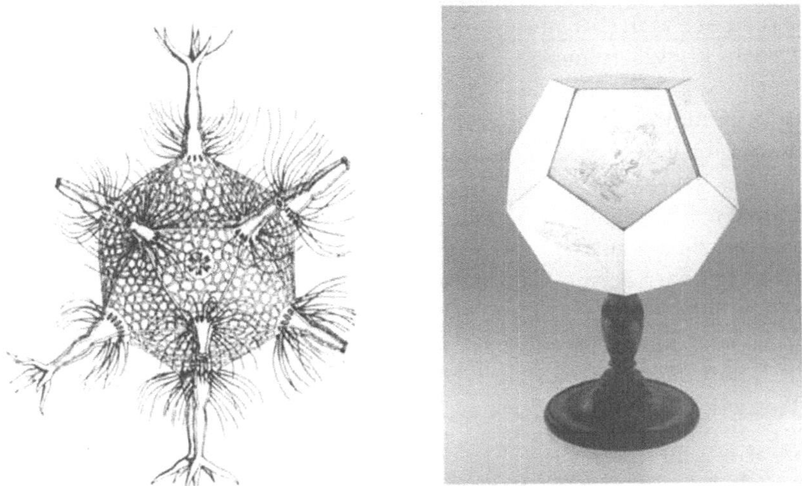

Abb. 2.23: Ein Mikroorganismus (Circogonia icosahedra) und eine von Salvador Dali entworfene Stehlampe.

Wir betrachten zunächst den Aufbau der regulären Polyeder, die aus Dreiecksflächen bestehen.

- Reguläres Tetraeder = superregelmäßige Pyramide $\{3\}$

- Reguläres Oktaeder = superregelmäßige Doppelpyramide {4}
- Reguläres Ikosaeder = superregelmäßiges Antiprisma {5} mit einer superregelmäßigen Pyramide {5} an der Grund- und Deckfläche

Für Netze dieser und der zwei anderen regelmäßigen Polyeder siehe die Applets zu diesem Abschnitt.

Aufgabe 2.22
Ein reguläres Oktaeder kann auch als superregelmäßiges Antiprisma aufgefasst werden. Betrachte ein reguläres Oktaeder und überlege ob Du dieser Behauptung zustimmst.

Aufgabe 2.23
Die Ordnung eines Eckpunktes eines Tetraeders, Oktaeders bzw. eines Ikosaeders ist jeweils 3, 4 bzw. 5. Warum gibt es kein reguläres Polyeder mit Dreiecken als Seitenflächen und mit einem Eckpunkt der Ordnung 6?

Aufgabe 2.24
In dieser Aufgabe soll gezeigt werden, dass es keine weiteren regulären Polyeder aus Dreiecken mit Eckpunkten der Ordnungen 3, 4 und 5 gibt, als die hier beschriebenen. Wenn man versucht, solche Polyeder zu konstruieren, wird schnell deutlich, dass es tatsächlich keine anderen Möglichkeiten gibt (die Forderung, dass jeder Eckpunkt von der gleichen Ordnung sein soll, ist ziemlich stark). Man kann diese Aussage auch mit Hilfe der Eulerschen Polyederformel (und ein wenig Algebra) beweisen, ohne dass man sich die Struktur des Polyeders vorstellen muss.
Betrachte den Fall, dass die Ordnung jedes Eckpunktes 5 ist und setze $F = n$. Man kann nun K und E durch n ausdrücken: Jede der n Flächen wird durch 3 Kanten begrenzt, aber jede Kante ist in 2 Flächen enthalten, sodass gilt: $K = \frac{3n}{2} = \frac{3}{2}n$
Jede der n Flächen hat 3 Eckpunkte, aber jeder Eckpunkt ist in 5 Flächen enthalten, sodass gilt: $E = \frac{3n}{5} = \frac{3}{5}n$
a) Ersetze in der Formel aus dem Eulerschen Polyedersatz F, K und E durch die eben hergeleiteten Ausdrücke und zeige, dass daraus folgt: $n = 20$.
b) Zeige auf diese Weise auch, dass man für die Ordnung 4 und für die Ordnung 3 notwendiger Weise ein Oktaeder und ein Tetraeder erhält.
c) Was geschieht in der Gleichung, wenn man als Ordnung 6 annimmt?

Aufgabe 2.25
Wie viele Kanten und wie viele Ecken hat ein reguläres Ikosaeder?

Aufgabe 2.26
Zeichne ein reguläres Tetraeder und markiere die Mitten der sechs Kanten. Das sind die Eckpunkte eines regulären Oktaeders! Überprüfe dies. Wie groß ist das Volumen des Oktaeders im Vergleich zum Volumen des ursprünglichen Tetraeders?

Von den übrigen zwei Platonischen Polyedern ist das Dodekaeder interessanter. Dieser Körper hat eine sehr lange Geschichte: 1885 wurde in der Gegend von Padua ein Dodekaeder etruskischen Ursprungs gefunden (aus der ersten Hälfte des ersten Jahrtausends vor Chr.). Die Pythagoreer (500 vor Chr.), die das Pentagramm (den regelmäßigen Fünfeck-Stern) als eine Art Logo verwendeten, kannten laut Plato das Dodekaeder und bewunderten es.

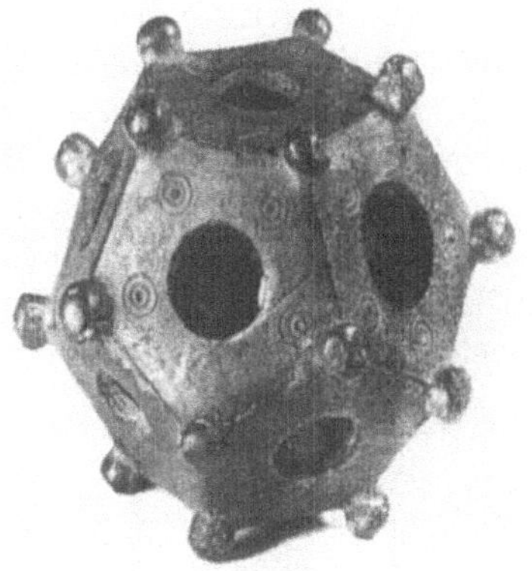

Abb. 2.24: Römisches Dodekaeder, Fundort Elst (Gelderland).

Für den bekannten spanischen Maler Dali war das Dodekaeder die liebste Form. Im Gebäude der Zweiten Kammer (Unterhaus des Parlaments der Niederlande) hängt ein offenes Dodekaeder als Kunstobjekt. Zur Abschlusszeremonie der Olympischen Spiele 2000 (in Sydney) wurde ein Podium in der Form eines Dodekaeders gebaut.

Aufgabe 2.27
In Aufgabe 2.24 haben wir gesehen, wie aus dem Eulerschen Polyedersatz folgt, dass nur drei Möglichkeiten für reguläre Polyeder mit ausschließlich Dreiecksflächen gibt. Zeige auf ähnliche Weise, dass es nur eine Art reguläres Polyeder aus Quadraten und eine Art reguläres Polyeder aus Fünfecken gibt.

Applets

6.1 Platonische Körper (Platonische veelvlakken)
6.2 Baupläne (Bouwplaten)
6.3 Tetraeder im Würfel (Tetraëder in kubus)
6.4 Zeichnen von Polyedern (Tekenen in veelvlakken)
6.5 Vom Würfel zum Oktaeder (Van kubus naar octaeder)
6.6 Zeichnen des Oktaeders (Teken de oktader)
6.7 Vom Oktaeder zum Würfel (Van oktaëder naar kubus)
6.8 Beziehung von Dodekaeder und Ikosaeder (Relatie dodecaëder en icosaëder)

2.7 Halbreguläre Polyeder

Man kann ein reguläres Polyeder mit einem Faden an einer Ecke an der Decke aufhängen und es langsam um seine eigene Achse drehen. Es macht keinen

Unterschied, an welcher Ecke man den Faden befestigt, das hängende Polyeder bietet stets das gleiche Bild. Darum nennt man so ein Polyeder auch *uniform*, das heißt, dass sich an jedem Eckpunkt die gleiche Anordnung von Vielecken befindet. Wenn ein uniformes Polyeder ausschließlich regelmäßige Flächen hat, und wenn die Flächen mindestens zwei verschiedene Vielecke beinhalten, spricht man von einem *halbregulären* Polyeder. Superregelmäßige (Anti-)Prismen erfüllen diese Bedingung (Überprüfe das!), also gibt es unendlich viele verschiedene halbreguläre Polyeder.

Abb. 2.25: Superregelmäßige (Anti-) Prismen sind halbreguläre Polyeder.

Archimedes, der um 250 v. Chr. lebte entdeckte noch 13 weitere halbreguläre Polyeder, die sogenannten *archimedischen Körper*. In der Renaissance wurden sie durch Mathematiker und Künstler wieder entdeckt und später von Kepler vollständig klassifiziert und benannt. Die Nummer 4 in der Zeichnung von Kepler (siehe Abb. 2.26) kommt Dir vielleicht bekannt vor.

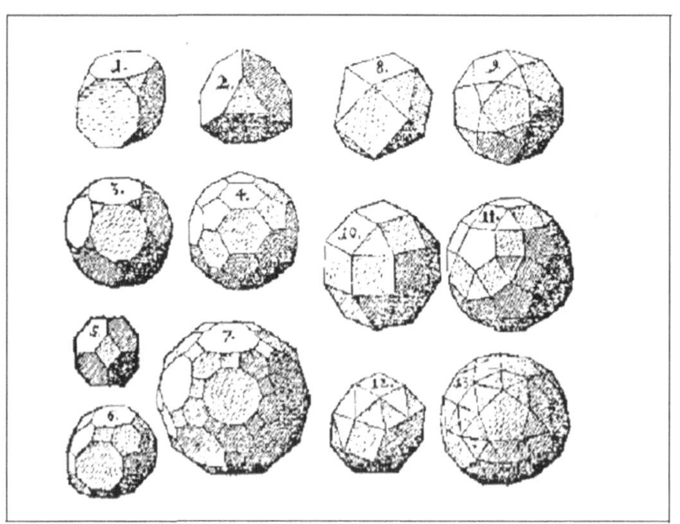

Abb. 2.26: Keplers Zeichnung der Archimedischen Körper.

Das Polyeder besteht aus Fünf- und Sechsecken die genau wie bei einem Fußball angeordnet sind. Kepler nannte diesen Körper einen *Ikosaederstumpf*. In Abb. 2.27 sieht man auch warum. An jeder Ecke des Ikosaeders werden gleich große Pyramiden abgeschnitten, sodass wir an den Seiten des ursprünglichen Ikosaeders regelmäßige Sechsecke erhalten. Dass das resultierende Polyeder uniform ist, ist leicht zu überprüfen. Du kannst außerdem überprüfen, dass das Polyeder ein 32-Flach ist, bestehend aus 20 Sechsecken (für jedes Dreieck des Ikosaeders eines) und 12 Fünfecken (für jede Ecke des Ikosaeders eines).

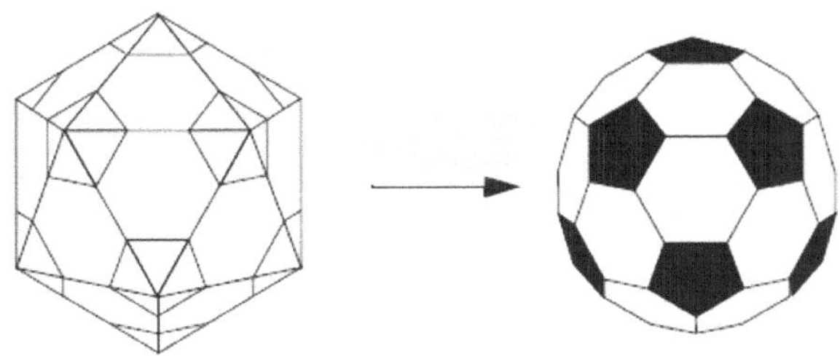

Abb. 2.27: Der „klassische" Fußball als abgestumpftes Ikosaeder.

Aufgabe 2.28

Der Maler Albrecht Dürer (1471-1528) hat in *Underweysung der Messung*, einem Handbuch für Zeichner und Maler, die Netze von einigen archimedischen Körpern gezeichnet. Das einfachste Netz aus dieser Serie ist hier abgebildet. Zeichne dieses Netz ab und bastele daraus den „kleinsten" archimedischen Körper. Aus welchem regulären Polyeder ist dieses halbreguläre Polyeder durch Abschneiden der Ecken entstanden? Wie viele Ecken, Kanten und Flächen hat es?

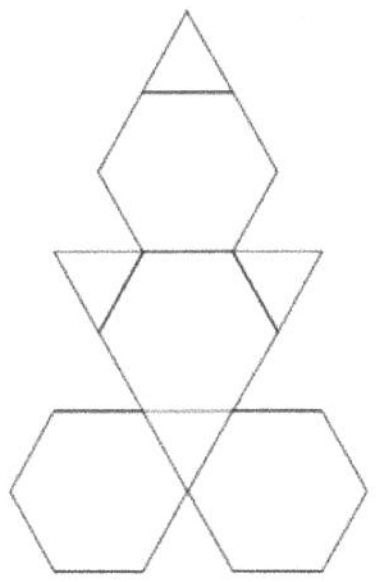

Abb. 2.28: Netz des „kleinsten" Archimedischen Körpers.

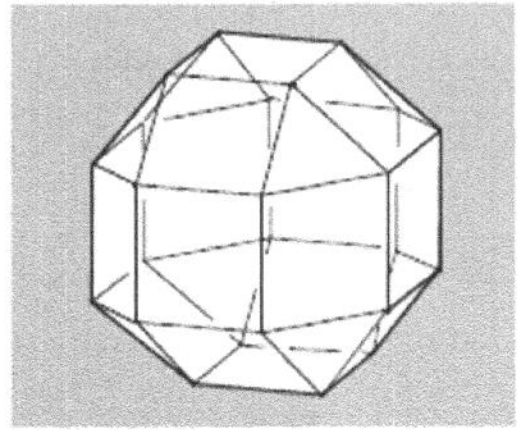

Abb. 2.29: Keplers Nummer 10.

Aufgabe 2.29
Nummer 10 aus Keplers Zeichnung ist in Abb. 2.29 noch einmal abgebildet. Dieses Polyeder ist aus einem superregelmäßigen Prisma {8} und zwei Kappen, bestehend aus 5 Quadraten und 4 gleichseitigen Dreiecken zusammen gesetzt. Dieses Polyeder passt genau sowohl in einen Würfel als auch in ein reguläres Oktaeder; siehe Abb. 2.30. Der offizielle Name dieses Polyeders ist Rhombenkuboktaeder.

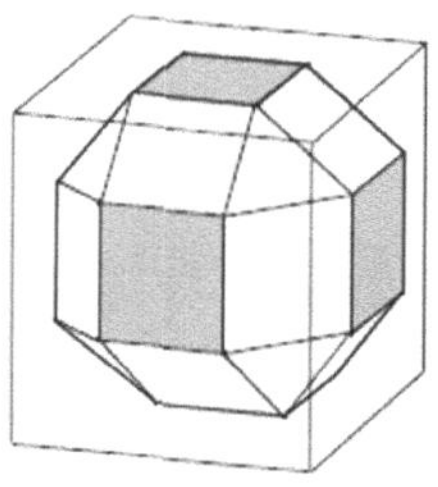

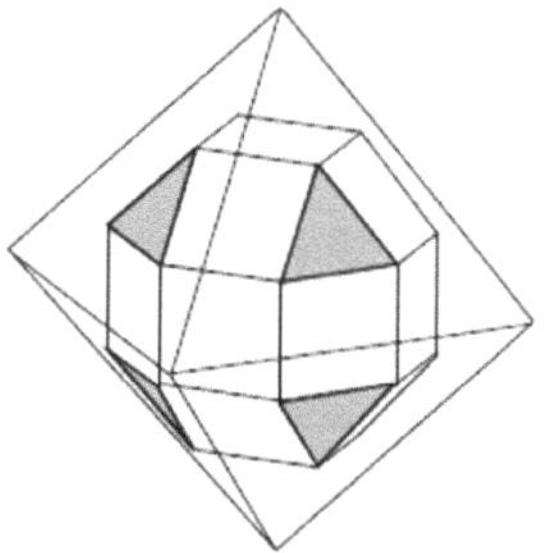

Abb. 2.30: Das Rhombenkuboktaeder passt in Würfel und Oktaeder.

a) Wie viele Ecken, Kanten und Seiten hat dieses Polyeder?
b) Man kann eine der beiden oben beschriebenen Kappen um 45° drehen. So entsteht ein neues Polyeder: ein Pseudo-Rhombenkuboktaeder. Dieses wurde durch J.C.P Miller 1930 beschrieben. Was ist der Unterschied zum Rhombenkuboktaeder? Überprüfe ob dieses Polyeder auch die Bedingungen für ein halbreguläres Polyeder erfüllt.

Wir werden die archimedischen Körper hier nicht erschöpfend behandeln. In Aufgabe 2.34 werden wir ihnen noch einmal begegnen. Außer den vorher genannten superregelmäßigen (Anti-)Prismen und den 13 archimedischen Körpern gibt es keine anderen Polyeder, die sich halbregulär nennen dürfen. Das kann man unter anderem mit dem Eulerschen Polyedersatz beweisen, worauf wir aber in diesem Kapitel nicht weiter eingehen werden.

Applets

7.1 Archimedische Körper (Archimedische veelvlakken)
7.2 Abstumpfen regulärer Polyeder (Afknotten van regelmatige veelvlakken)
7.3 Ausstülpen regulärer Polyeder (Uitstulpen van regelmatige veelvlakken)

2.8 Dualität

Wir kehren noch einmal zu den Platonischen Polyedern zurück. In Abb. 2.31 ist eine Tabelle abgebildet mit der Anzahl der Flächen, Kanten und Ecken sowie der Ordnung der Flächen und der Eckpunkte.

veelvlak	Z	R	H	orde zijde	orde hoekp.
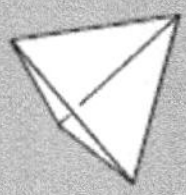	4	6	4	3	3
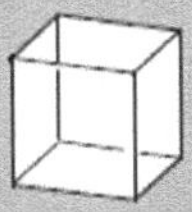	6	12	8	4	3
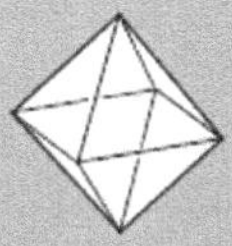	8	12	6	3	4
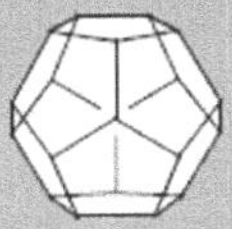	12	30	20	5	3
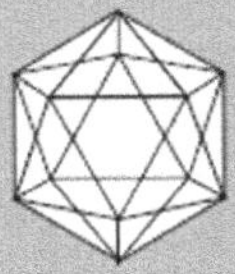	20	30	12	3	5

Abb. 2.31: Tabelle der regulären Polyeder.

Wenn man die Zahlenfolgen des Würfels und des Oktaeders vergleicht, fällt sofort etwas auf. Die Zahlen, die sich beim Würfel auf die Flächen beziehen (6 und 4) sind genau die Zahlen, die beim Oktaeder bei den Eckpunkten stehen. Ebenso sind die „Eckpunkt-Zahlen“ des Würfels (8 und 3) gerade die „Flächen-Zahlen“ des Oktaeders. Außerdem haben Würfel und Oktaeder genau gleich viele Kanten. Ähnliches gilt für Dodekaeder und Ikosaeder.
Wir sagen dazu, dass Würfel und Oktaeder „Geschwister“ sind, oder wissenschaftlich ausgedrückt, dass sie *dual* zueinander sind.

Wir meinen damit, dass durch eine Art Vertauschen der *Flächen* und *Eckpunkte* das eine Polyeder in das andere übergeht. In Applet Nr. 5 zu Abschnitt 2.6 ist zu sehen wie Würfel und Oktaeder ineinander passen:

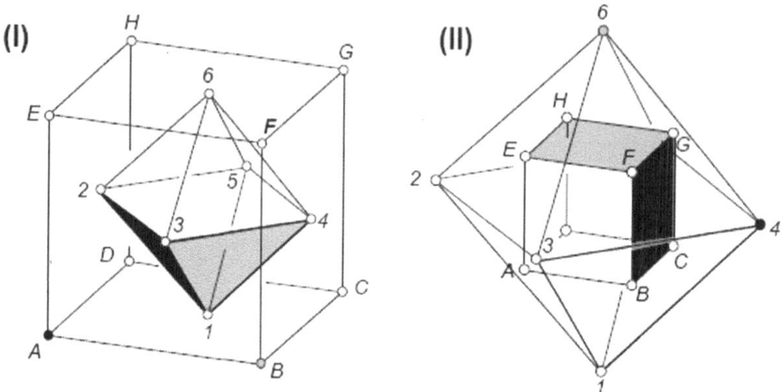

Abb. 2.32: Dualität von Würfel und Oktaeder.

Betrachte Abbildung 2.32, I. Hier kann man sehen, wie jede Fläche des Würfels mit einer Ecke des Oktaeders korrespondiert: Fläche $ABCD \to$ Eckpunkt 1, $ADHE \to 2, ABFE \to 3$ usw. Die Anzahl der Flächen des Würfels muss also gleich der Anzahl Eckpunkte des Oktaeders sein.

Die Kante (des Würfels) an der sich $ABCD$ und $ADHE$ *schneiden* (also die Strecke AD) korrespondiert mit der Kante (des Oktaeders) die 1 und 2 *verbindet* (also Kante 12). Also: Kante $AD \to$ Kante 12.
So korrespondiert jede Kante des Würfels mit einer Kante des Oktaeders (und umgekehrt); Würfel und Oktaeder haben also die gleiche Anzahl an Kanten.

Der (schwarze) Eckpunkt A des Würfels gehört zu den drei Flächen $ABCD$, $ADHE$ und $ABFE$ des Würfels, die mit den Eckpunkten $1, 2$ und 3 des Oktaeders korrespondieren. Diese drei Eckpunkte bestimmen die (schwarze) Fläche 123 des Oktaeders, daher: Eckpunkt $A \to$ Fläche 123. Jedem Eckpunkt des Würfels in Abb. 2.32, I ist auf diese Weise eine Fläche des Oktaeders zugeordnet (zum Beispiel auch: $B \to$ Fläche 134). Also gilt: Die Anzahl der Ecken des Würfels ist gleich der Anzahl der Flächen des Oktaeders.

Wenn man Abbildung 2.32, I „von Innen nach Außen kehrt“, entsteht Abbildung 2.32, II, die auf die gleiche Weise die Korrespondenz zwischen den einzelnen Bestandteilen der beiden Polyeder darstellt.

Im letzten Applet zu Abschnitt 2.6 haben wir gesehen, wie reguläre Dodekaeder und Ikosaeder in einander passen. Man kann sich also leicht vorstellen, dass für diese beiden eine ähnlicher Überlegung wie hier für Würfel und Oktaeder gemacht werden kann.

Aufgabe 2.30
Betrachte Abbildung 2.32. Auf beiden Bildern sieht man, dass der Eckpunkt F des Würfels mit der Fläche 346 des Oktaeders korrespondiert. Mit welcher Fläche des Oktaeders korrespondiert Eckpunkt G? Mit welcher Kante des Oktaeders korrespondiert Kante FG Und mit welchem Eckpunkt des Oktaeders korrespondiert Fläche $DCGH$?

Aufgabe 2.31
Ein reguläres Dodekaeder in einem regulären Ikosaeder:
a) Wie viele sichtbare Eckpunkte des Ikosaeders korrespondieren mit den sichtbaren Flächen des Dodekaeders?
b) Gib mindestens sechs Paare korrespondierender Kanten an.

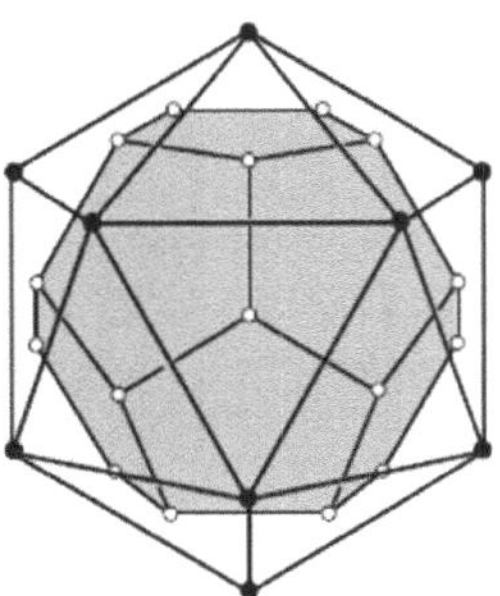

Abb. 2.33: Dualität von Dodekaeder und Ikosaeder.

Aufgabe 2.32
Wir haben bereits gesehen, dass Ikosaeder und Dodekaeder „Geschwister" sind, ebenso wie Oktaeder und Würfel. Wie sieht es nun mit dem einsamen Tetraeder aus?
a) Welches Polyeder entsteht, wenn man die Schwerpunkte der Flächen des Tetraeders als Eckpunkte nimmt?
b) Jetzt ist wahrscheinlich schon deutlich geworden, warum man ein Tetraeder „selbst-dual" nennt. Die Zahlen aus der Tabelle auf Seite 73 unterstreichen die Selbst-Dualität. Wieso?

In Abschnitt 2.5 haben wir bereits gesehen wie man aus einem Polyeder ein neues Polyeder erhält, indem man eine Pyramide an einem Eckpunkt abstumpft. In einem Applet zu Abschnitt 2.6 haben wir neben dieser Methode auch das „Ausstülpen" (Ankleben einer Pyramide an eine Fläche) verwendet um Polyeder zu verändern. Wenn man diese beiden Operationen auf duale Polyeder anwendet, das heißt, dass man bei einem Polyeder einige Ecken abstumpft und die dazu korrespondierenden Flächen des anderen Polyeders ausstülpt, entstehen wieder zwei duale Polyeder.
Abbildung 2.34 macht das deutlich. Links ist ein Eckpunkt (A) eines Polyeders und die korrespondierende Fläche (α) eines dualen Polyeders zu sehen. Auf dem rechten Bild wurde die Ecke A des ersten Polyeders abgeschnitten und die Fläche α des zweiten Polyeders ausgestülpt. Daher sagt man auch, dass die Operationen „Abstumpfen" und „Ausstülpen" duale Operationen sind.

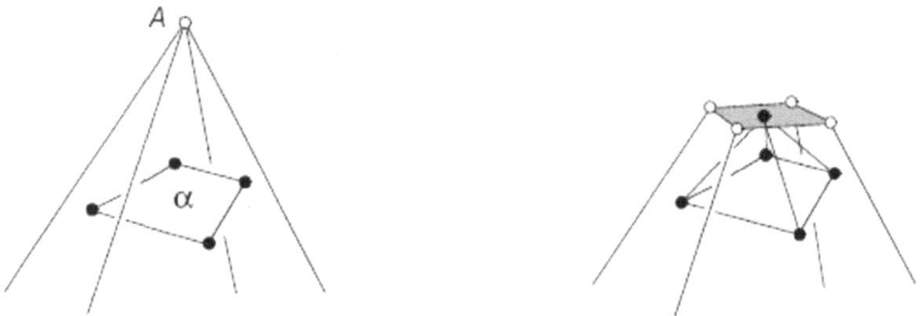

Abb. 2.34: Abstumpfen und Ausstülpen sind dual zueinander.

Aufgabe 2.33
Da Würfel und Oktaeder zueinander dual sind, sind auch Würfel mit einer abgeschnittenen Ecke und an einer Fläche ausgestülpte Oktaeder dual zueinander. Bestimme E, K und F beider Polyeder.

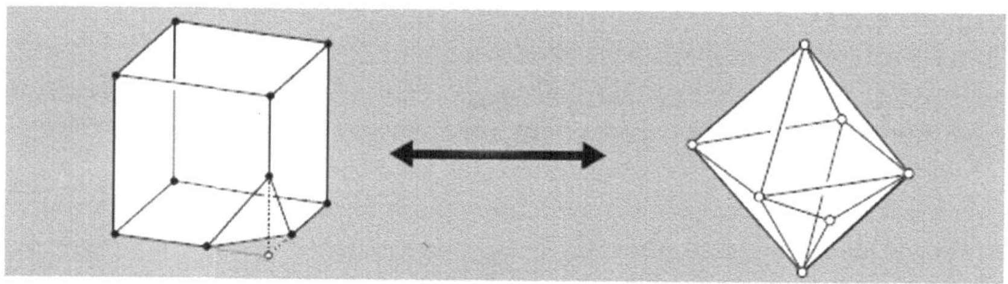

Abb. 2.35: Duale Operationen bei Würfel und Oktaeder.

Aufgabe 2.34
Betrachte Polyeder Nr. 8 in der Zeichnung von Kepler (Abb. 2.26). Es handelt sich dabei sowohl um einen Würfel mit abgeschnittenen Ecken als auch um ein Oktaeder, an dessen Ecken pyramidenförmige Stücke entfernt wurden. Wie viele Flächen hat das dazu duale Polyeder und wie erhält man es aus einem Würfel?

Applets

8.1 Was ist Dualität? (Wat is dualiteit?)
8.2 Duale platonische Körper (De platonische dualen)
8.3 Das Dual eines Prismas (De duale van een prisma)
8.4 Das Dual eines Rautenzwölfflächners (De duale vah het ruitentwaalfvlak)
8.5 Das Dual eines abgestumpften Polyeders (De duale van een afgeknot veelvlak)
8.6 Ausstülpen ist dual zu Abstumpfen (Uitstulpen is duale van afknotten)

2.9 Geodätische Kuppeln

Abb. 2.36: Geodätische Kuppel in Montreal.

Abbildung 2.36 zeigt ein Foto einer beeindruckenden kugelförmigen Konstruktion. Diese Konstruktion steht in Montreal und wurde für die Weltausstellung von 1967 gebaut. Das Bauwerk wurde von dem berühmten Architekten Richard Buckminster Fuller (1895-1983) entworfen. Eine solche kugelförmige Kuppel, die aus vielen Dreiecken konstruiert ist nennt man eine *geodätische Kuppel.* Auch die Kugel von De Bilt (Abschnitt 2.2) ist ein Beispiel für eine geodätische Kuppel. Dort haben wir bereits festgestellt, dass die Ordnung der Eckpunkte entweder 5 oder 6 ist. In diesem Abschnitt wollen wir nun eine Methode kennen lernen, geodätische Kuppeln zu konstruieren. So wie bei der Kugel von De Bilt lassen wir nur Eckpunkte der Ordnung 5 oder 6 zu. Für den Anfang solltest Du nun zunächst Applet 9.1 ansehen.

Die einfachste geodätische Kuppel ist das reguläre Ikosaeder. Die Eckpunkte dieses Polyeders liegen auf einer Kugel. Man könnte das Ikosaeder das Skelett der Kugel nennen. Wenn man das Ikosaeder noch kugelförmiger aussehen lassen möchte, kann man die Kanten vom Mittelpunkt aus auf die Kugeloberfläche projizieren. So entsteht ein Skelett aus 32 gebogenen Kanten. Diese Bögen sind dann sogenannte geodätische Linien oder Geodäten[5] auf der Kugeloberfläche, daher kommt der Name geodätische Kuppel. Im Weiteren werden wir keinen Unterschied mehr zwischen Kugel-Skeletten aus geraden oder gebogenen Kanten machen.

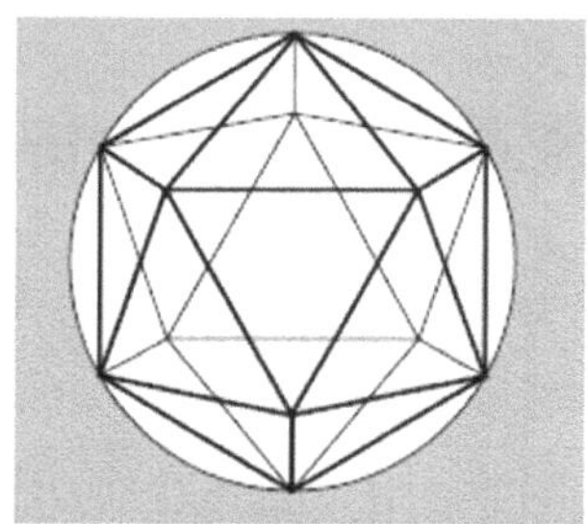

Abb. 2.37: Reguläres Ikosaeder als geodätische Kuppel.

Ausgehend von einem regulären Ikosaeder kann man sehr einfach geodätische Kuppeln mit mehr als zwanzig Dreiecken konstruieren. Zunächst wird jede Fläche des Ikosaeders in gleich viele regelmäßige Dreiecke unterteilt. In Abbildung 2.38 sind hierzu zwei Beispiele dargestellt:

In Abbildung 2.38 **a** sind auf diese Weise $20 \cdot 4 = 80$ Dreiecke entstanden. Eine solche immer feinere Unterteilung der Flächen eines Ikosaeders in Dreiecke wird auch *Triangulation* genannt. Mit Ausnahme der 12 Eckpunkte des ursprünglichen Ikosaeders, liegen die Eckpunkte der kleinen Dreiecke innerhalb der Umkugel des Ikosaeders. Diese Eckpunkte können jedoch vom Mittelpunkt des Ikosaeders aus auf die Umkugel projiziert und dann durch geodätische Linien verbunden werden. So entsteht eine neue geodätische Kuppel. In Applet 9.2 ist dieser „Rundungs-Prozess“ zu sehen.

[5] Eine Geodäte auf einer Kugel ist ein Großkreisbogen auf der Kugel, das heißt, Bogen eines Kreises, dessen Mittelpunkt mit dem der Kugel zusammen fällt.

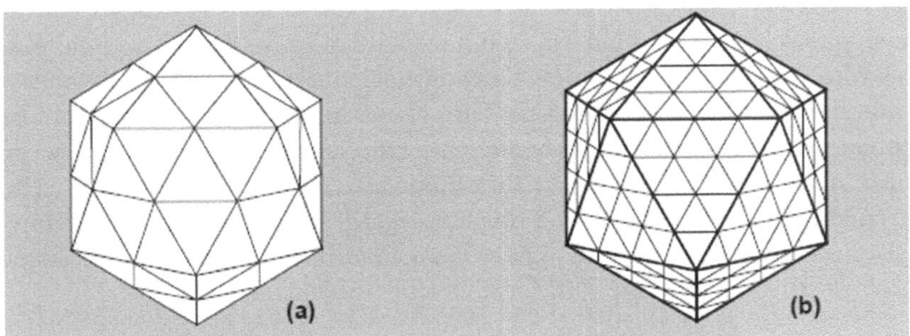

Abb. 2.38: Konstruktion weiterer geodätischer Kuppeln aus dem Ikosaeder durch Triangulation.

Aufgabe 2.35

Bestimme die Anzahl der Eckpunkte der geodätischen Kuppeln, die aus den triangulierten Polyedern in Abbildung 2.38 **a** und **b** entstehen. Gib für beide geodätische Kuppeln an, wie viele Eckpunkte die Ordnung 5 und wie viele die Ordnung 6 haben. Berechne auch die Anzahl der Kanten beider geodätischer Kuppeln.

Aufgabe 2.36

Warum kann man sicher sein, dass die im letzten Auftrag erwähnten geodätischen Kuppeln **nicht** nur aus gleichseitigen Dreiecken bestehen?

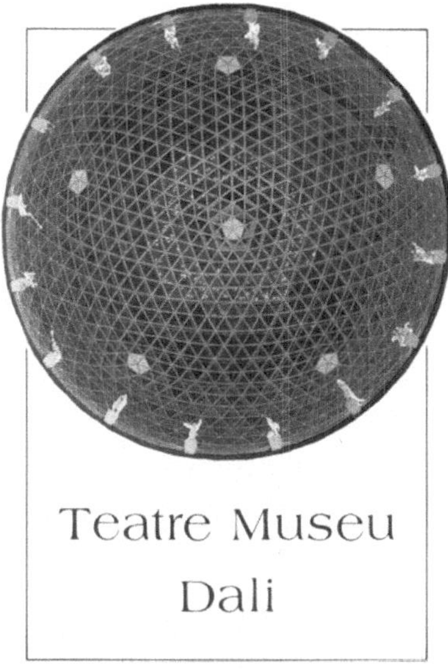

Abb. 2.39: Geodätische Kuppel des Dali-Museums.

Aufgabe 2.37

In der spanischen Stadt Figueras befindet sich ein Museum, das ausschließlich Werke des surrealistischen Malers Salvador Dali ausstellt. Dieses Dali-Museum ist mit einer schönen geodätischen Kuppel geschmückt. Auf der in Abb. 2.39 abgebildeten Ansichtskarte sieht man eine Draufsicht dieser Kuppel. Die Eckpunkte mit der Ordnung 5 sind durch ein helleres Fünfeck markiert. Diese Eckpunkte sind genau die Ecken des ursprünglichen Ikosaeders. Aus wie vielen Dreiecken besteht diese Kuppel, wenn man davon ausgeht, dass sie eine komplette Kugel formt (in Wirklichkeit fehlt die untere Hälfte)?

Aufgabe 2.38

In Abbildung 2.40 sieht man einen Entwurf von 1954 von Buckminster Fuller, der sich als Erfinder der geodätischen Kuppel bezeichnete. Hier wurde eine etwas andere Triangulation als bei der Dali-Kuppel verwendet. Wenn man das Dreiecks-Muster auf den Flächen des ursprünglichen Ikosaeders betrachtet, sieht man, dass dies relativ zum großen Dreieck mit einem Winkel von 30° gedreht ist. An den Kanten des Ikosaeders befinden sich auf beiden Seiten halbe Dreiecke. Indem man das Netz aus Dreiecken auf die Umkugel projiziert und die ursprünglichen Kanten des Ikosaeders weglässt, entsteht wieder eine geodätische Kuppel. Versuche durch geschicktes Zählen die Anzahl der Flächen der geodätischen Kuppel zu bestimmen.

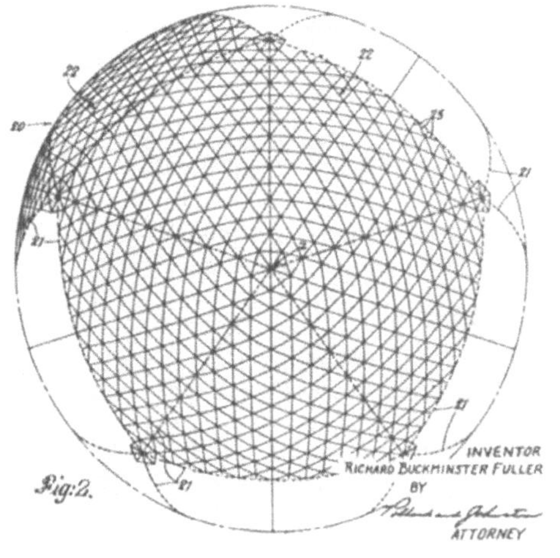

Abb. 2.40: Entwurf einer geodätischen Kuppel von R. Buckminster Fuller.

Anstatt ein Dreiecksnetz auf die Flächen des Ikosaeders zu zeichnen, können wir es auch umgekehrt machen. Das heißt wir zeichnen ein großes regelmäßiges Dreieck auf ein Netz regelmäßiger Dreiecke („isometrisches Gitternetz"). In Abb. 2.41 sind drei Beispiele abgebildet.

Im ersten Fall (mit $[3,0]$ bezeichnet) passt das große Dreieck, eine Fläche des Ikosaeders nahtlos auf das Gitternetz. Dies entspricht der Situation bei der Dali-Kuppel.

Im zweiten Fall (mit $[2,2]$ bezeichnet) erhalten wir die Situation wie beim Entwurf von Buckminster Fuller in Abbildung 2.40.

Im dritten Fall ($[1,2]$) ist das Dreieck mit einer anderen Drehung im Gitternetz platziert. Aus diesem gedrehten Dreieck kann man ein Netz für ein Ikosaeder zeichnen; siehe Abbildung 2.42:

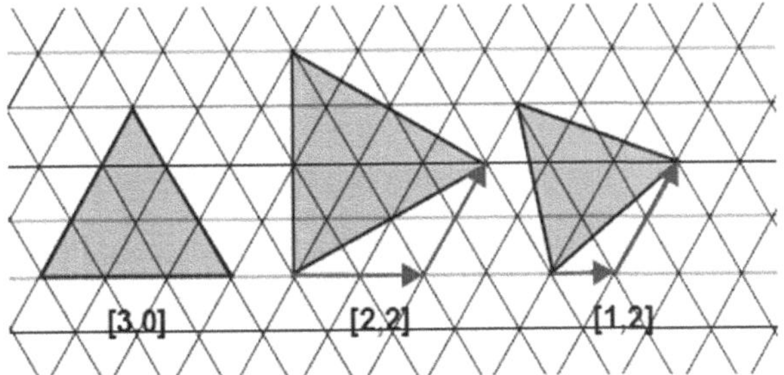

Abb. 2.41: Isometrisches Gitternetz.

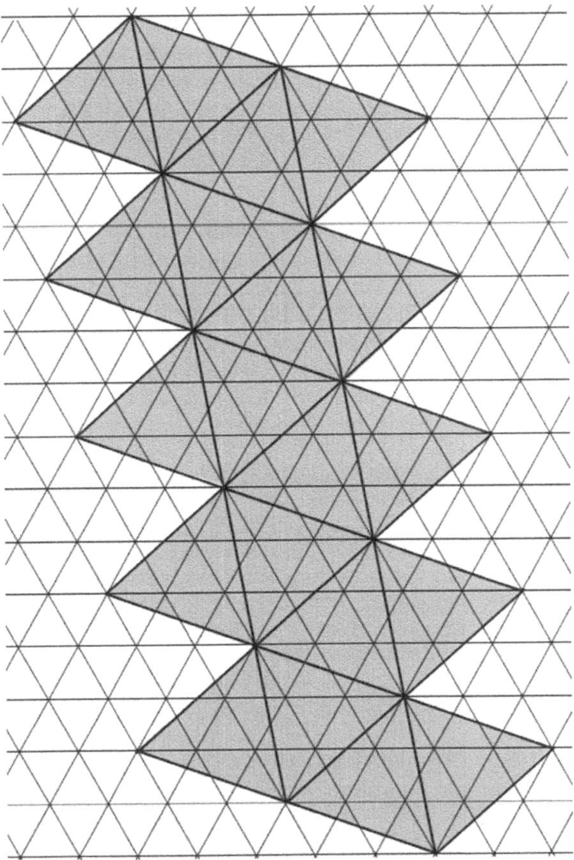

Abb. 2.42: Netz für ein Ikosaeder.

Wenn man aus diesem Netz ein Ikosaeder erstellt, sodass auf jeder Fläche ein Stück des Gitternetzes zu sehen ist, und dann diese Gitternetzlinien auf die Umkugel projiziert (und die Kanten des Ikosaeders weglässt) entsteht eine geodätische Kuppel, und zwar die Kuppel von De Bilt! (Siehe auch Applet 9.3)

Aufgabe 2.39
In Abbildung 2.41 geben die Pfeile zwei Richtungen im isometrischen Gitternetz an. Die horizontale Richtung (nach rechts) nennen wir die (positive) *x-Richtung* und die andere Richtung (die man durch eine Drehung um $60°$ erhält) die (positive) *y-Richtung*. Erkläre mit Hilfe dieser Richtungen die Bezeichnungen $[3,0]$, $[2,2]$ und $[1,2]$ der drei grauen Dreiecke.

Aufgabe 2.40
Zeige, dass der Flächeninhalt des Dreiecks $[2,2]$ genau 12 mal so groß ist wie der Flächeninhalt eines Gitterfeldes. Wie viele Seiten hat eine geodätische Kuppel, die aus einem Dodekaeder aus $[2,2]$-Dreiecken konstruiert wird? Diese nennen wir auch die „geodätische Kuppel $[2,2]$“, kurz „$G[2,2]$“.

Aufgabe 2.41
$G[1,2]$ hat 140 Seiten. Begründe dies. Stimmt das in etwa mit der Anzahl Flächen überein, die man anhand des Fotos von der Kuppel von De Bilt schätzen kann?

Es gibt eine schöne allgemeine Formel für die Bestimmung der Anzahl der Flächen von $G[x,y]$ (x und y sind natürliche Zahlen).
Die Seite eines Dreiecks $[x,y]$ sei r mal so lang wie die Seite eines Dreiecks des Gitternetzes; siehe Abbildung 2.43. In dem Dreieck mit den Seiten x, y und r ist der stumpfe Winkel gleich $120°$. Nach dem Cosinus-Satz gilt also:

$$r^2 = x^2 + y^2 - 2xy\cos(120°)$$

und da $\cos(120°) = \frac{1}{2}$, folgt:

$$r^2 = x^2 + xy + y^2$$

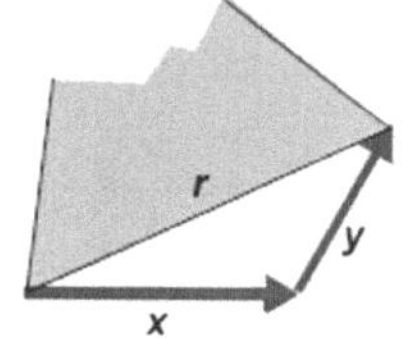

Abb. 2.43: Zur Herleitung der Formel für die Flächenzahl.

Der Flächeninhalt eines gleichseitigen Dreiecks mit Seitenlänge r ist gleich r^2 multipliziert mit dem Flächeninhalt eines gleichseitigen Dreiecks mit Seitenlänge 1.
Daraus folgt, dass die Anzahl Flächen von $G[x,y]$ gleich $20r^2$ oder auch $20(x^2 + xy + y^2)$ sein muss.

Aufgabe 2.42
Begründe, dass für jede geodätische Kuppel $3F = 2K$ gilt.
In der letzten Aufgabe haben wir gesehen, dass für $G[x,y]$

$$F = 20(x^2 + xy + y^2)$$

gilt. Drücke auch K und E in Abhängigkeit von x und y aus.

Aufgabe 2.43
Wir haben gesehen, wie das reguläre Ikosaeder eine Art „Mutterrolle" für die geodätischen Kuppeln übernimmt. Die 12 Ecken des Ikosaeders werden zu Eckpunkten der geodätischen Kuppel von Ordnung 5, alle anderen Eckpunkte haben Ordnung 6. Es gibt auch noch weitere Möglichkeiten geodätische Kuppeln zu konstruieren, die nicht von einem Ikosaeder ausgehen. Wenn man jedoch fordert, dass es nur Eckpunkte mit Ordnung 5 und 6 geben soll, so müssen es genau 12 Eckpunkte mit Ordnung 5 sein. Das folgt aus der Formel von Euler! In dieser Aufgabe soll das gezeigt werden.
Die Anzahl der Eckpunkte mit Ordnung 5 sei E_5 und die der Eckpunkte mit Ordnung 6 sei E_6. Also $E = E_5 + E_6$.
a) Begründe, dass folgende Gleichung gilt: $3F = 2K = 5E_5 + 6E_6$.
b) Zeige, dass aus der Eulerschen Formel bereits $E_5 = 12$ folgt.

Anmerkung:
Bei einer regelmäßigen Anordnung der Eckpunkte von der Ordnung 5 auf der Oberfläche der geodätischen Kuppel, erhalten wir wieder das Ikosaeder als „Mutterstruktur"!

Applets

9.1 Was ist eine geodätische Kuppel? (Wat is een geode?)
9.2 Konstruktion geodätischer Kuppeln. (Geodes maken)
9.3 Eine andere Triangulierung. (Andere triangulatie)
9.4 Übersicht über geodätische Kuppeln. (Een overzicht van geodes)

2.10 Fullerene

In Abschnitt 2.7 haben wir gesehen, dass das „Fußball-Polyeder" ein Archimedischer Körper ist. Dieses „Fußball-Polyeder" wird nach R. Buckminster Fuller auch „Bucky Ball" genannt. Das ist wiederum ein spezielles Exemplar einer Familie von Polyedern, die in der Chemie *Fullerene* (eine weitere Ehrung von B.F.) genannt werden und die zur Entdeckung vieler neuer Kohlenstoffstrukturen führten.

Das abgestumpfte Ikosaeder mag zwar klassisch sein, er ist jedoch auch modern, und das nicht nur in der Welt des Fußballs. Die Niederländer Frank und Bert Schapers (Flugzeugbauer und Graphikdesigner) verwenden in ihrem Projekt „Flat Globe" das Modell des Bucky Ball, um die Erde so genau wie möglich in der Ebene abzubilden, sodass zum Beispiel Flugzeugstrecken direkt auf dem ausgebreiteten Globus gemessen werden können (siehe Abbildung 2.44).

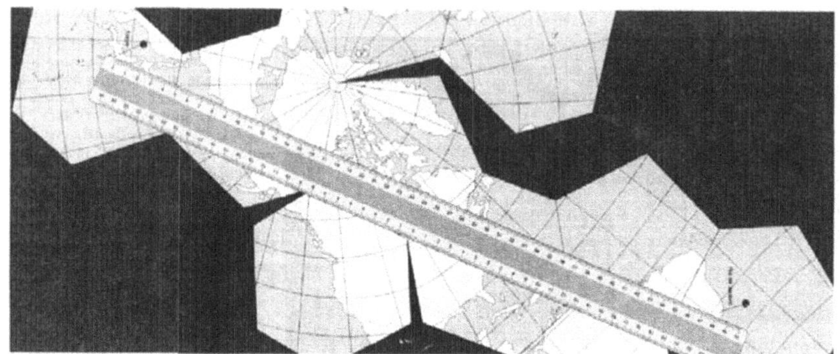

Abb. 2.44: „Flat Globe“; Illustration aus dem NRC Handelsblad, 13.7.1995.

In der Chemie führte der Bucky Ball zur Entdeckung von C_{60}, einem Molekül, das aus 60 Kohlenstoffatomen mit einer Verbindungsstruktur gleich jener der $60 = 12 \cdot 5$ Eckpunkte des Bucky Ball besteht. Diese Entdeckung war der Anlass für die Verleihung des Chemie-Nobelpreises im Jahr 1996 an Curl, Kroto und Smalley.

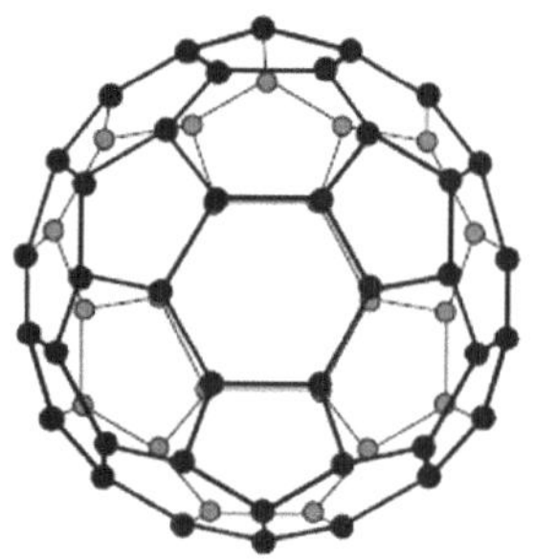

Abb. 2.45: Das C_{60}-Molekül.

Aufgabe 2.44
Abbildung 2.44 gehört zu einem Artikel aus dem NRC Handelsblad. Der Titel dieses Artikels lautet: *90 Schnitte in der Erde.* Erkläre diesen Titel.

Aufgabe 2.45
Da der Bucky Ball ein abgestumpftes Ikosaeder ist, erhält man den dualen Körper durch Ausstülpen des Dodekaeders. In Abb. 2.46 wurde damit an zwei Seitenflächen begonnen. Durch die Projektion auf die Umkugel des Dodekaeders entsteht eine geodätische Kuppel. Welche? (Siehe auch Applet 10.2)

Aufgabe 2.46
Abbildung 2.47 zeigt ein Gitternetz aus Dreiecken auf dem Bucky Ball. Dieses Gitternetz kann auf eine Kugel projiziert werden, sodass wieder eine geodätische Kuppel entsteht. Welche geodätische Kuppel ist das?

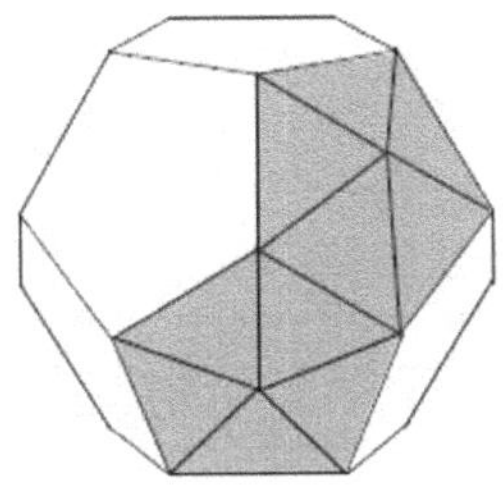

Abb. 2.46: Ausstülpen des Dodekaeders.

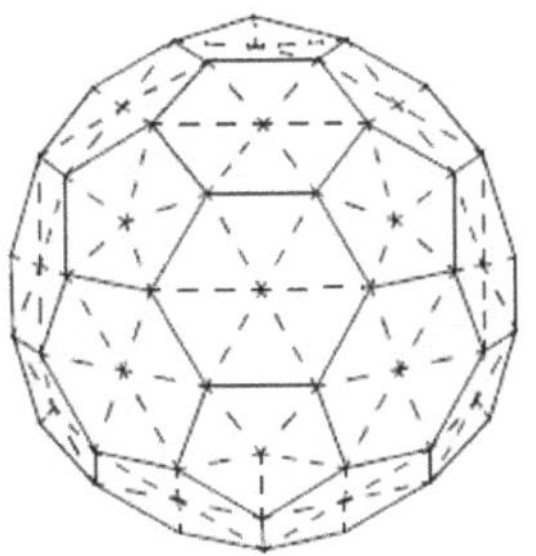

Abb. 2.47: Gitternetz auf dem Bucky Ball.

Aufgabe 2.47
Betrachte das „Kugel-Netzwerk“ in Abb. 2.4. Das Netz enthält genau 12 Fünfecke, deren Mittelpunkte ein regelmäßiges Ikosaeder bilden. Um jeden Eckpunkt des Ikosaeders liegen 5 Sechsecke, an jeder Kante liegen 3 Sechsecke und *innerhalb* jedes Dreiecks liegen wieder 3 Sechsecke. Berechne, wie viele Sechsecke dieses Netz insgesamt enthält. Vergleiche Dein Ergebnis mit der Aufgabe zu Applet 1.5.

Das kugelförmige Gitternetz, das in Aufgabe 2.47 erwähnt wird, ist ebenso wie der Bucky Ball ein Beispiel für ein *Fulleren*. Und genau wie beim Bucky Ball ist der duale Körper dieses Netzes eine geodätische Kuppel.
Umgekehrt hat der duale Körper einer beliebigen geodätischen Kuppel ausschließlich fünf- und sechseckige Flächen. Die Definition eines Fullerens lautet nun wie folgt:
Ein Fulleren ist ein Polyeder, dessen Eckpunkte auf einer Kugel liegen und das dual zu einer geodätischen Kuppel ist.
Den dualen Körper von $G[x, y]$ bezeichnen wir mit „Fulleren $[x, y]$“, kurz $F[x, y]$.

Aufgabe 2.48
Am Anfang dieses Abschnitts haben wir festgestellt, dass ein Fußball, oder $F[1, 1]$ die Struktur des Moleküls C_{60} beschreibt. In Abbildung 2.48 sind andere mögliche Molekülstrukturen mit den Namen C_{240}, C_{540} und C_{960} zu erkennen. Wie kann man anhand der Abbildungen die Anzahl der C-Atome bestimmen?

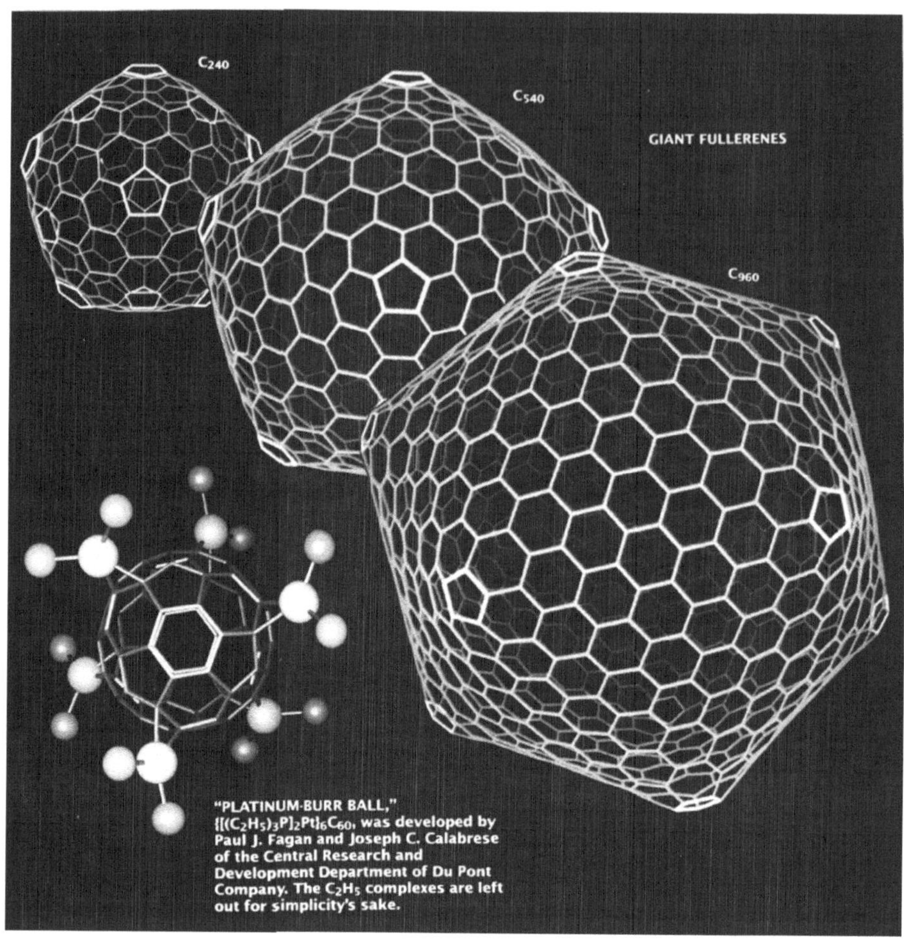

Abb. 2.48: Kohlenstoffmoleküle (aus *Scientific American*).

Applets

10.1 Zwei Fullerene (Twee fullerenen)
10.2 Der duale Fußball (De duale voetbal)
10.3 Fulleren: Duale geodätische Kuppel (Fullereen: duale geode)
10.4 Überblick: Fullerene und geodätische Kuppeln (Overzicht fullerenen en geodes)

2.11 Übersicht: Geodätische Kuppeln und Fullerene

Geodätische Kuppel		**Fulleren**
$G[x,y]$		$F[x,y]$
12 Eckpunkte der Ordnung 5	$\leftarrow r^2 = x^2 + xy + y^2 \rightarrow$	12 Fünfecke
$F = 20r^2$		$F = 10r^2 + 2$
$K = 30r^2$		$K = 30r^2$
$E = 10r^2 + 2$		$E = 20r^2$

Tabelle 2.1: Einige Beispiele für geodätische Kuppeln:

Arctic Institute Baffin Island (USA)	$G[1,1]$
Ehemalige Kuppel des KNMI, De Bilt	$G[1,2]$
Kuppel des Museo Dali, Figueras	$G[12,0]$
Pavillon der USA Expo 1967, Montreal	$G[16,0]$
La Géode, Paris	$G[18,0]$

Einige Beispiele für Viren mit der Struktur einer geodätischen Kuppel:

Bakteriophage ΦR	$G[2,0]$
menschliche Warze	$G[1,2]$
Herpes	$G[4,0]$
Adenovirus Typ 12	$G[5,0]$

Fullerene in der organischen Chemie:

Kohlenstoff $60n^2 = C_{60n^2}$	$F[n,n]$

2.12 Abschließender Arbeitsauftrag: Entwirf Deine eigene Kugel

Geodätische Kuppeln und Fullerene kann man sehr schön mit farbigen Mustern verzieren. Das Ziel dieses Arbeitsauftrags ist, dass Du ein solches Muster selber entwirfst. Das kannst Du einfach mit Hilfe der Applets und einem Farbdrucker tun. Wenn Du gerne bastelst, kannst Du aber auch mit farbigen Stöckchen oder Vielecken aus Pappe ans Werk gehen.

Abb. 2.49: Beispiele.

Applets

12.1 Entwirf Deine eigene Kugel (Ontwerp je eigen bol)
12.2 Beispiel 1 (Vororbeeld 1)
12.3 Beispiel 2 (Vororbeeld 2)
12.4 Beispiel 3 (Vororbeeld 3)
12.5 Beispiel 4 (Vororbeeld 4)
12.6 Selbst entwerfen (Zelf ontwerpen)

2.13 Lösungen zu den Aufgaben

Aufgabe 2.2
Nach drei Sechsecken.

Aufgabe 2.3
Nach einer Runde hat er sich insgesamt um 360° gedreht, bei jeder Ecke dreht sich die Laufrichtung also um $360°/5 = 72°$.

Aufgabe 2.4
Ein konvexes Vieleck ist ein Vieleck, in dem alle Diagonalen *im Innengebiet* des Vielecks liegen.

Aufgabe 2.5
Viereck: 360°, Fünfeck: 540°, Sechseck: 720°,... für jede zusätzliche Ecke erhöht sich die Winkelsumme um 180°.
Allgemein: Winkelsumme eines n-Ecks: $(n-2) \cdot 180°$ oder $n \cdot 180° - 360°$.
Beweis: Man kann ein konvexes n-Eck mit Hilfe von $n-3$ Diagonalen von einem Eckpunkt aus in $n-2$ Dreiecke unterteilen.
Anderer Beweis: Wähle einen Startpunkt P innerhalb des Vielecks und verbinde diesen mit allen Eckpunkten. So entstehen n Dreiecke mit einer Gesamtwinkelsumme von $n \cdot 180°$. Wenn man davon alle Winkel um den Punkt P (zusammen 360°) abzieht, erhält man die Winkelsumme des n-Ecks.
Dritter Beweis: Wenn man eine Seite des n-Ecks an einem Eckpunkt verlängert, dann bildet die Verlängerung mit der anderen Seite am betreffenden Eckpunkt einen „Außenwinkel“. So ein Außenwinkel gibt die Richtungsänderung bei einem Rundgang um das n-Eck an. Nach einem kompletten Umlauf des Vielecks ist die gesamte Richtungsänderung 360°. Da an jedem Eckpunkt ein Innenwinkel und ein Außenwinkel zusammen einen 180°-Winkel bilden, wissen wir:
Winkelsumme $= n \cdot 180° -$ Summe der Außenwinkel $= n \cdot 180° - 360°$.

Aufgabe 2.6
Teile die drei Seiten in drei gleiche Teile und verbinde die Teilpunkte wie in Abb. 2.50. So erhält man die Schnittlinien.

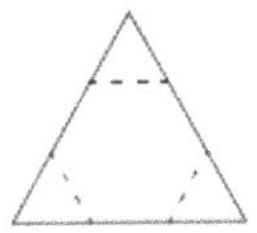

Abb. 2.50: Schnittlinien.

Aufgabe 2.7
Es sind Sechsecke mit 120°-Winkeln, deren gegenüber liegende Seiten je gleichlang sind. Nur Nr. 6 ist regelmäßig.

Aufgabe 2.3
5 oder 6.

Aufgabe 2.9
Bei Vielecken bedeutet gleich viele Seiten auch automatisch gleich viele Eck-

punkte, bei Polyedern ist das anders! Fünfflächner a hat 6 Eckpunkte und 9 Kanten, Fünfflächner c hat 5 Eckpunkte und 8 Kanten.
Bei Fünfflächner a sind alle sechs Eckpunkte von der Ordnung 3; in Fünflächner c ist ein Eckpunkt von der Ordnung 4 und die anderen von der Ordnung 3.

Aufgabe 2.10
Siehe Abbildung 2.51.

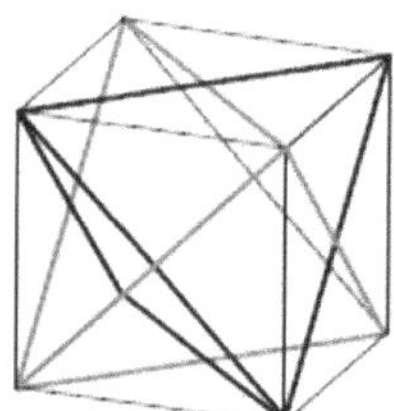
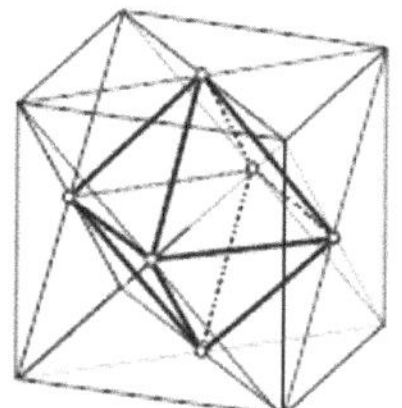

Abb. 2.51: Tetraeder und Oktaeder im Würfel.

Aufgabe 2.11
Zum Beispiel: eine Pyramide deren Grundfläche ein Siebeneck ist und ein Prisma dessen Grund- und Deckfläche Sechsecke sind (zum Beispiel ein sechseckiger Bleistift, von dem noch keine Seite angespitzt ist).
Andere Beispiele: Teile den untersten und obersten Eckpunkt des Oktaeders aus Aufgabe 2.10 in zwei Eckpunkte, die durch eine Kante verbunden sind:

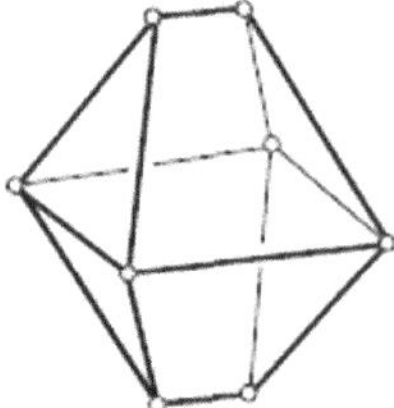
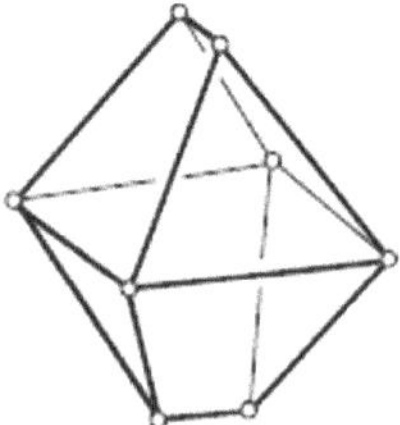

Abb. 2.52: Beispiele zu Aufgabe 2.11.

Aufgabe 2.12
Wenn alle Kanten gleichlang sind. Die entstandenen Flächen sind dann regelmäßige Dreiecke. Das klappt jedoch nur für $n = 3, 4$ und 5. Für $n = 6$

wäre die Spitze der superregelmäßigen Pyramide flach. Für $n > 6$ ist der Radius des Umkreises des n-Ecks größer als die Kantenlänge der betrachteten Grundfläche, und bei Anhebung dieses Mittelpunkts über die Grundfläche wird der Abstand zu einem Eckpunkt des n-Ecks noch größer. Es gibt also keine superregelmäßigen Pyramiden für $n \geq 6$.

Aufgabe 2.13
a) $2 + 10 = 12$
b) Wenn alle Kanten (in Wirklichkeit) gleichlang sind. Die Seitenflächen sind dann regelmäßige Dreiecke.

Aufgabe 2.14
Prisma$\{6\}$ hat 12 Eckpunkte, jeder Eckpunkt hat 3 benachbarte Eckpunkte. Eine Diagonale ist eine Strecke, die einen Eckpunkt mit einem nicht benachbarten Eckpunkt verbindet. Von jedem Eckpunkt aus gibt es also $12-1-3 = 8$ Diagonalen. Das Produkt $12 \cdot 8$ zählt jede Diagonale zweimal (jede Diagonale wird für zwei Eckpunkte mitgezählt). Schlussfolgerung: Die Anzahl der Diagonalen = die Hälfte von $12 \cdot 8$, also 48. Beachte, dass $30 (= 9+6\cdot 2+9)$ davon Flächendiagonalen sind und die anderen 18 Raumdiagonalen. Für Prisma$\{n\}$ gilt die gleiche Argumentation: Die Anzahl der Diagonalen ist die Hälfte von $2n \cdot (2n-4)$ oder $2n(n-2)$.

Aufgabe 2.15
a)

Polyeder	E	K	F
Prisma $\{n\}$	$2n$	$3n$	$n+2$
Pyramide $\{n\}$	$n+1$	$2n$	$n+1$
Doppelpyramide $\{n\}$	$n+2$	$3n$	$2n$
Antiprisma $\{n\}$	$2n$	$4n$	$2n+2$
Turm $\{n\}$	$2n+1$	$4n$	$2n+1$

b) K ist immer um 2 kleiner als $E + F$.

Aufgabe 2.16
Nenne in jedem der drei Fälle die neuen Anzahlen der Eckpunkte, der Kanten und der Flächen E^*, K^* und F^*.
(1): $E^* = E+2, K^* = K+3, F^* = F+1$
(2): $E^* = E+1, K^* = K+2, F^* = F+1$
(3): $E^* = E+2, K^* = K+3, F^* = F+1$
In jedem der drei Fälle gilt: $E^* - K^* + F^* = E - K + F$

Aufgabe 2.17
Abstumpfen bei Eckpunkt mit Ordnung 5: $E^* = E+5-1 = E+4, K^* = K+5, F^* = F+1$

Abstumpfen bei Eckpunkt mit Ordnung k: $E^* = E + k - 1, K^* = K + k, F^* = F + 1$
Es gilt: $E^* - K^* + F^* = E - K + F$

Aufgabe 2.18

Wasserstand	E	K	F
zwischen 1 und 2	4	6	4
zwischen 2 und 3	6	9	5
zwischen 3 und 4	8	12	6
zwischen 4 und 5	8	12	6
zwischen 5 und 6	10	15	7
zwischen 6 und 7	10	15	7
zwischen 7 und 8	12	18	8
zwischen 8 und 9	12	18	8
zwischen 9 und 10	14	21	9
zwischen 10 und 11	14	21	9
zwischen 11 und 12	14	21	9
bei 12	12	18	8

Aufgabe 2.19
a) Möglichkeit (i) tritt ein beim Passieren der Punkte $2, 3, 5, 7, 8, 9$;
Möglichkeit (ii) bei den Punkten $4, 6, 10, 11$.
b) Möglichkeit (i): $E \to E + 2, K \to K + 3, F \to F + 1$
Möglichkeit (ii): $E \to E, K \to K, F \to F$
c) Beim Erreichen des höchsten Punktes wird die Anzahl der Eckpunkte um 2 verringert (3 werden abgezogen und 1 neuer kommt hinzu), es verschwinden 3 Kanten und 1 Fläche.
d) Bei keiner der in b) und c) untersuchten Veränderungen ändert sich der Wert $E - K + F$.

Aufgabe 2.20
Die Gesamtzahl der Kanten und Diagonalen = die Anzahl Verbindungsstrecken zwischen n Punkten $= \frac{1}{2}n(n-1)$.

Aufgabe 2.21
Jedes der n Sechsecke hat 6 Kanten. Das Produkt $6 \cdot n$ zählt jede Kante doppelt (an jeder Kante treffen sich zwei Flächen!), also $K = 3 \cdot n$.
Jedes Sechseck hat 6 Eckpunkte. Das Produkt $6 \cdot n$ zählt jeden Eckpunkt dreifach (an jeder Ecke treffen sich drei Flächen!), also $E = 2 \cdot n$.
$E - K + F = 2n - 3n + n = 0$ was der Eulerschen Formel widerspricht.
Anmerkung: Für ein „Tunnelpolyeder" (siehe Seite 62) gilt eine andere Relation zwischen E, K und F, nämlich $E - K + F = 0$.

Das erklärt warum auf Seite 51 das gebogene Sechseck-Gitter erwähnt wird: Man kann daraus keine Kugel, aber ein rundes „Tunnelpolyeder“ biegen.

Aufgabe 2.23
Wenn man sechs regelmäßige Dreiecke um einen Punkt aneinander setzt, liegen sie in einer Ebene ($6 \cdot 60° = 360°$).

Aufgabe 2.24
a) $E - K + F = \frac{3}{5}n - \frac{3}{2}n + n = 2$ zusammengefasst: $\frac{1}{10}n = 2$ also folgt $n = 20$.
b) Wenn die Ordnung jedes Eckpunktes 4 ist, verändert sich der Ausdruck für E und wird zu $E = \frac{3}{4}n$. Also wird die Gleichung zu: $\frac{3}{4}n - \frac{3}{2}n + n = 2$ also $\frac{1}{4}n = 2$ also folgt $n = 8$.
Ist die Ordnung jedes Eckpunktes 3 erhalten wir $E = n$ also: $n - \frac{3}{2}n + n = 2$ also $n = 4$.
c) Die Ordnung jedes Eckpunktes sei 6: das liefert $E = \frac{1}{2}n$ also weiter: $\frac{1}{2}n - \frac{3}{2}n + n = 2$ was zu $0n = 2$ umgeformt werden kann. Widerspruch!

Aufgabe 2.25
30 Kanten und 12 Eckpunkte (folgt direkt aus 2.24 mit $n = 20$).

Aufgabe 2.26
Siehe Abbildung 2.53. Das große Tetraeder ist in ein Oktaeder und vier kleine Tetraeder aufgeteilt. Die Kanten der kleinen Tetraeder sind halb so lang wie die Kanten des großen Tetraeders. Da der Streckungsfaktor vom großen zu einem der kleinen Tetraeder $\frac{1}{2}$ ist, beträgt das Volumen eines kleinen Tetraeders $(\frac{1}{2})^3 = \frac{1}{8}$ des Volumens des großen Tetraeders. Alle vier kleinen Tetraeder zusammen haben dann also genau die Hälfte des Volumens des großen Tetraeders. Für das Oktaeder bleibt also auch genau die Hälfte des Volumens. Kurz: Volumen des Oktaeders $= \frac{1}{2} \cdot$ Volumen des umbeschriebenen Tetraeders.

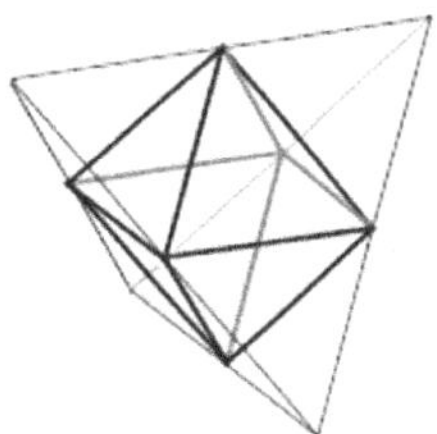

Abb. 2.53: Zu Aufgabe 2.26.

Aufgabe 2.27
Es seien alle Seitenflächen quadratisch und $F = n$.
Es gilt also $K = \frac{4n}{2} = 2n$. Wenn die Ordnung jedes Eckpunktes 3 ist, gilt außerdem: $E = \frac{4}{3}n$. Nach Euler muss dann weiter $\frac{4}{3}n - 2n + n = 2$ gelten. Also folgt $n = 6$.
Dass die Ordnung eines Eckpunktes nicht 4 sein kann, lässt sich leicht geometrisch begründen: 4 Quadrate um einen Punkt liegen in einer Ebene. Algebraisch führt die Voraussetzung, dass die Ordnung aller Eckpunkte 4 ist zu der Gleichung $n - 2n + n = 2$, was ein Widerspruch ist.
Eine größere Ordnung als 4 ist ebenfalls nicht möglich, da wir für die Ordnung k die Gleichung $\frac{4}{k}n - 2n + n = 2$, die $(\frac{4}{k} - 1)n = 2$ entspricht erhalten. Der Faktor, mit dem n multipliziert wird, ist für $k > 4$ negativ. Die Gleichung

kann dann also keine positive Lösung für n liefern.
Nun noch für Fünfecke:
Wir gehen wieder von der Ordnung 3 für jeden Eckpunkt aus. Wir erhalten also $F = n$, $K = \frac{5}{2}n$ sowie $E = \frac{5}{3}n$, woraus folgt: $\frac{5}{3}n - \frac{5}{2}n + n = 2$, also $n = 12$.
Für die Ordnung $k > 3$ kann man die gleiche Argumentation wie oben durchführen. Das liefert $(\frac{5}{k} - \frac{3}{2})n = 2$ und der Faktor $(\frac{5}{k} - \frac{3}{2})$ wird für $k = 4, 5, 6, \ldots$ negativ.

Aufgabe 2.28
Es ist ein abgestumpftes reguläres Tetraeder mit 12 Ecken, 18 Kanten und 8 Flächen.

Aufgabe 2.29
a) $E = 24$, $K = 48$ und $F = 26$
b) Im „normalen" Rhombokuboktaeder gibt es drei regelmäßige Prismen $\{8\}$, im Pseudo-Rhombokuboktaeder nur eins.

Aufgabe 2.30
$G \to 456; FG \to 46; DCGH \to 5$

Aufgabe 2.31
a) Die sechs sichtbaren Flächen des Dodekaeders korrespondieren mit den nummerierten Eckpunkten; siehe Abb. 2.54.
b) Die doppelten Pfeile in Abb. 2.54 zeigen je auf zwei korrespondierende Kanten.

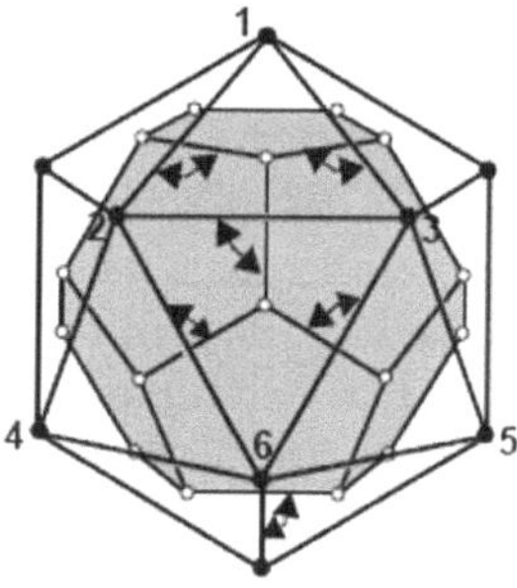

Abb. 2.54: Zu Aufgabe 2.31.

Aufgabe 2.32
a) Regelmäßiges Tetraeder.
b) $E = F$

Aufgabe 2.33
Abgestumpfter Würfel: $E = 10, K = 15, F = 7$
Oktaeder mit ausgestülpten Flächen:
$E = 7, K = 15, F = 10$

Aufgabe 2.34
Das duale Polyeder hat 12 Flächen. Indem man an einen Würfel an jeder Seite eine regelmäßige Pyramide anklebt, sodass zwei an einer Kante des Würfels aneinandergrenzende Dreiecksflächen der Pyramide in derselben Ebene liegen, erreicht man, dass die Kanten des Würfels keine Kanten des neuen Polyeders werden. So entstehen also 12 *rauten*förmige, oder *rhomben*förmige Flächen, daher wird dieses Polyeder auch *Rhombendodekaeder* genannt.

Aufgabe 2.35
Die 80-flächige geodätische Kuppel hat 120 Kanten und 42 Eckpunkte (12 von

der Ordnung 5 und 30 mit Ordnung 6)
Die 320-flächige geodätische Kuppel hat 480 Kanten und 162 Eckpunkte (12 von der Ordnung 5 und 150 mit Ordnung 6)

Aufgabe 2.36
An einem Eckpunkt der Ordnung 6 treffen sich sechs Dreiecke. Wenn diese sechs Dreiecke alle regelmäßig wären, würden also sechs 60°-Winkel aufeinander treffen. Also würden die Dreiecke eine Fläche oder zwei aufeinandertreffende Flächen formen (siehe Abbildung 2.38). Es müssen also Dreiecke darunter sein, die nicht gleichseitig sind, damit der Eckpunkt erhalten bleibt. Dass einige der Dreiecke nicht gleichseitig sind, kommt durch das „Aufblasen“ oder Projezieren auf die Umkugel des ursprünglichen Ikosaeders.

Aufgabe 2.37
Betrachte die unteren drei Fünfecke. Diese bilden ein Dreieck aus 12^2 dreieckigen „Zellen“. Insgesamt gibt es auf der gesamten Kugel $20 \cdot 144 = 2880$ solcher kleinen Dreiecke.

Aufgabe 2.38
Der Flächeninhalt einer Fläche des ursprünglichen Ikosaeders = 192 kleine Dreiecksflächen. Man erkennt das zum Beispiel, indem man zunächst eine vergleichbare Situation mit einem kleineren Dreieck betrachtet: Teile ein Dreieck um den Schwerpunkt herum in drei gleich große Dreiecke. Aus zwei der drei Teile kann man eine Raute konstruieren. In diese Raute passen $2^2 \cdot 2$ kleine Dreiecke. Das ganze (große) Dreieck ist $1\frac{1}{2}$ mal so groß, also ist der Flächeninhalt $2^2 \cdot 3$ kleine Dreiecke. In der Entwurfszeichnung erhält man analog einen Flächeninhalt von $8^2 \cdot 3 (= 192)$ Dreiecken. Die Anzahl der Flächen der geodätischen Kuppel ist also $3840 = 20 \cdot 192$.

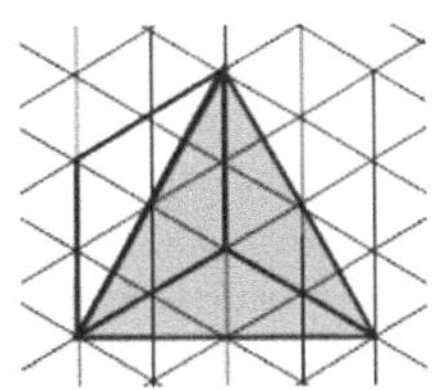

Abb. 2.55: Zu Aufgabe 2.38.

Aufgabe 2.39
Betrachte zum Beispiel das dritte Dreieck in Abb. 2.41. Wenn man vom unteren Eckpunkt aus 1 Schritt in die (positive) x-Richtung und 2 in die (positive) y-Richtung macht, erreicht man den nächsten Eckpunkt, daher die Bezeichnung $[1, 2]$. Ebenso geht es mit den anderen beiden Beispielen. Anmerkung: Die Dreiecke werden vervollständigt, indem man weiter linksherum (in positive Drehrichtung) geht.

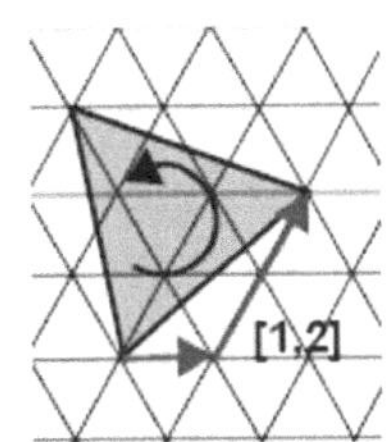

Abb. 2.56: Zu Aufgaben 2.39 und 2.41.

Aufgabe 2.40
Siehe Lösung von Aufgabe 2.9.
Die Anzahl der Flächen von $G[2, 2]$ ist 240.

Aufgabe 2.41
Das Dreieck [1, 2] in Abb. 2.56 hat einen Flächeninhalt, der 7 mal so groß ist wie der Flächeninhalt eines Gitternetz-Dreiecks. Man erkennt das durch Ausschneiden und Aufkleben. Eine etwas allgemeinere Methode ist jedoch, eine Seite r des Dreiecks in Seitenlängen der Gitternetz-Dreiecke auszudrücken.
In diesem Fall gilt (Cosinussatz): $r^2 = 1^2 + 2^2 - 1 \cdot 2 \cdot \cos(120°) = 5 + 2 = 7$.
Da sich die Flächeninhalte zweier regelmäßiger Dreiecke wie die Quadrate der Seitenlängen verhalten, folgt bereits, dass das graue Dreieck einen Flächeninhalt hat, der 7 mal so groß ist wie ein Gitternetz-Dreieck.
Die Anzahl der Flächen von $G[1, 2]$ ist also $20 \cdot 7 = 140$.

Aufgabe 2.42
Jede Fläche enthält 3 Kanten. F Flächen enthalten also $3F$ Kanten. Da jede Kante zu genau zwei Flächen gehört, wird auf diese Weise jede Kante doppelt gezählt, das heißt $3F = 2K$.
Daraus folgt: $K = \frac{3}{2} \cdot F = 30(x^2 + xy + y^2)$.
Mit der Eulerschen Formel erhält man $E = 10(x^2 + xy + y^2) + 2$.

Aufgabe 2.43
a) Der erste Teil der Gleichung wird in 2.42 erklärt.
Nun zum zweiten Teil: jede Fläche enthält 3 Eckpunkte. F Flächen enthalten also $3F$ Eckpunkte. Hierbei werden nun allerdings die Eckpunkte der Ordnung 5 fünfmal gezählt und die der Ordnung 6 sechsmal. Also gilt: $3F = 5E_5 + 6E_6$
b) Um sich Rechenarbeit mit vielen Brüchen zu sparen, kann man die Formel von Euler umschreiben: $6E - 6K + 6F = 12$. Mit a) folgt dann:

$$6(E_5 + E_6) - 3(5E_5 + 6E_6) + 2(5E_5 + 6E_6) = 12$$

woraus folgt: $E_5 = 12$

Aufgabe 2.44
Der Fußball-Polyeder hat $90 (= \frac{12 \cdot 5 + 20 \cdot 6}{2})$ Kanten.

Aufgabe 2.45
$G[1, 1]$

Aufgabe 2.46
$G[3, 0]$

Aufgabe 2.47
150: Um jeden der 12 Eckpunkte des Ikosaeders liegen fünf Sechsecke (insgesamt 60), auf jeder der 30 Kanten liegt ein Sechseck, das nicht an ein Fünfeck grenzt (insgesamt 30) und auf jeder der 20 Flächen gibt es 3 Sechsecke, die nicht an ein Fünfeck grenzen (insgesamt 60).

Aufgabe 2.48
Die Struktur von C_{240} ist die gleiche wie die Struktur von $F[2, 2]$, die Struktur

von C_{540} ist die von $F[3,3]$ und C_{960} hat die Struktur von $F[4,4]$. Die Anzahl der Eckpunkte von $F[n,n]$ ist gleich der Anzahl Flächen von $G[n,n]$ und diese entspricht $20 \cdot 3n^2 = 60n^2$. Für $n = 2, 3$ und 4 liefert das respektive $240, 540$ und 960, was genau der Anzahl der C-Atome entspricht.

2.14 Lösungen zu den Applets

1.1
a) 12 schwarze und 20 weiße Flächen.
b) Begründung: Um jede schwarze Fläche ist ein Ring aus 5 weißen Flächen. Das würde $12 \cdot 5 = 60$ weiße Flächen liefern. Jede weiße Fläche grenzt jedoch an 3 schwarze Flächen, wird also dreimal gezählt. Also ist die Anzahl der weißen Flächen $60/3 = 20$.

1.5
b) 12 Fünfecke.
c) 90 Sechsecke (letzteres ist sehr aufwendig, es sei denn, man geht die Sache geschickt an. In Abschnitt 2.10 ist mehr dazu zu lesen).

2.1
Aus der Lösung von Aufgabe 2.5 folgt, dass der Winkel eines regelmäßigen n-Ecks gleich $180° - \frac{360°}{n}$ ist.

2.2
Von jedem Eckpunkt eines n-Ecks gehen $n - 3$ Diagonalen aus. Da jede Diagonale 2 Eckpunkte miteinander verbindet ist $n(n-3)$ die doppelte Anzahl der Diagonalen. Also ist die Anzahl der Diagonalen in einem n-Eck $\frac{1}{2}n(n-3)$
Andere Lösungsmöglichkeit: n Punkte haben $\binom{n}{2}$ oder $\frac{1}{2}n(n-1)$ mögliche Verbindungen. Wenn wir davon die Anzahl der Seiten n abziehen, bleibt die Anzahl der Diagonalen übrig, das heißt: $\frac{1}{2}n(n-1) - n = \frac{1}{2}n(n-3)$.

zu Applet 3:
Nur noch mit regelmäßigen Dreiecken und mit Quadraten. Erklärung: Die Winkel eines regelmäßigen Fünfecks betragen 108° , was kein Teiler von 360° ist.
Für $n = 7, 8, 9, \ldots$ gilt $120° < 180° - \frac{360°}{n} < 180°$. Daher kann der Winkel des regelmäßigen n-Ecks kein Teiler von 360° sein.

3.1
a) 140 Flächen, 210 Kanten.
b) 12 Eckpunkte der Ordnung 5, 60 der Ordnung 6.

3.2
4 Raumdiagonalen, 12 Flächendiagonalen.

3.5

Es gibt 7 Hexaeder (Sechsflächner) mit unterschiedlicher Verbindungsstruktur; siehe Abb. 2.57.

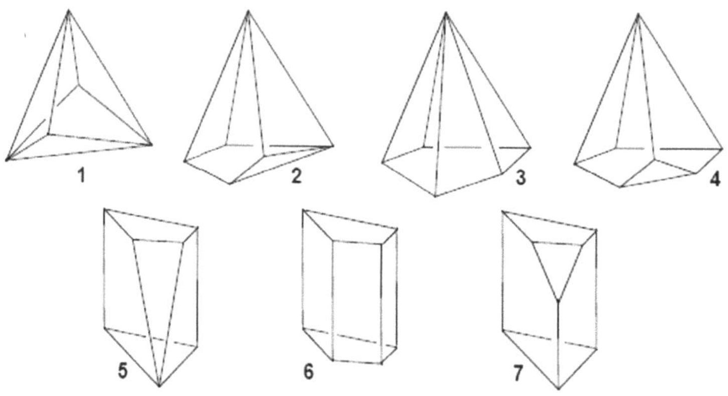

Abb. 2.57: Alle möglichen Verbindungsstrukturen von Hexaedern.

Tabelle 2.2: Tabelle zur Anzahl der Kanten (K), zur Anzahl der Eckpunkte der Ordnung 3 (E_3), 4 (E_4) und 5 (E_5), und zur Anzahl der Flächen der Ordnung 3 (F_3) 4 (F_4) und 5 (F_5)

K	E_3	E_4	E_5	F_3	F_4	F_5
9	2	3	0	6	0	0
10	5	1	0	4	2	0
10	5	0	1	5	0	1
11	6	1	0	3	2	1
11	6	1	0	2	4	0
12	8	0	0	0	6	0
12	8	0	0	2	2	2

Anmerkung: Verschiedene Zahlenfolgen in der Tabelle gehören zu verschiedenen Polyedern, das versteht sich von selbst. Umgekehrt gilt nicht, dass für zwei Polyeder mit unterschiedlichen Verbindungsstrukturen die zugehörigen Zahlenfolgen automatisch auch unterschiedlich sind. Betrachte zum Beispiel die beiden Oktaeder in Abb. 2.52. Für beide gilt: $K = 14, E_3 = 4, E_4 = 4, F_3 = 4, F_4 = 4$, dennoch sind sie verschieden. Im linken Oktaeder umgeben zwei Vierecke und ein Dreieck ein Dreieck, beim rechten Exemplar umgeben drei Vierecke ein Dreieck.

4.3

$16(= 2 + 7 \cdot 2)$ Flächen

4.4
n ist gerade und $n \geq 6$.

4.5
n ist Vielfaches von 3 und $n \geq 9$.

6.1

Polyeder	F	K	E
Tetraeder	4	6	4
Würfel	6	12	8
Oktaeder	8	12	6
Dodekaeder	12	30	20
Ikosaeder	20	30	12

7.2
Betrachte die Liste von Kepler (Seite 70). Die Nummern $1, 2, 3, 4, 5, 8, 9$ sind abgestumpfte Platonische Körper. **7.3**

Maximale Ausstülpung bei einem Tetraeder liefert einen Rhomben-*Sechs*flächner (= Würfel), bei einem Würfel oder Oktaeder einen Rhomben-*Zwölf*flächner (Rhombendodekaeder), bei Dodekaeder oder Ikosaeder einen Rhomben-*Dreißig*flächner (Rhombentriakontaeder). Das Rhombododekaeder hat 12 Flächen, $24(= 6 \cdot 4)$ Kanten und $14(= 8 + 6)$ Ecken. Das Rhombentriakontaeder hat 30 Flächen, $60(= 12 \cdot 5)$ Kanten und $32(= 20 + 12)$ Ecken.

8.3
Der duale Körper eines Prismas ist eine Doppelpyramide.

9.1
a) 16 kleine Dreiecke
b) 320 kleine Dreiecke

9.4
Für die Erklärung der Bezeichnungen siehe Aufgabe 2.39.
Geodätische Kuppel $[1, 2]$ und $[2, 1]$ sind Spiegelbilder voneinander.

3

Perspektive - wie muss man das sehen?

Analysieren perspektivischer Zeichnungen mit Hilfe der Geometrie

Agnes Verweij, Martin Kindt

Vorbemerkung der Herausgeber

Zum Zeichnen dreidimensionaler Objekte in einer Ebene benötigt man ein Verständnis von Perspektive, der künstlerischen Inkarnation einer mathematischen Disziplin, der projektiven Geometrie. Die ersten Erkenntnisse zur Perspektive stammen aus einer ziemlich späten Epoche, dem 15. Jahrhundert. In diesem Kapitel kann man viel über Perspektive und ihre mathematischen Grundlagen lernen. Vermittelt wird diese Thematik anhand einer Analyse von klassischen Bildern und Architekturzeichnungen.

Zum Verständnis dieses Kapitels sind nur elementare Kenntnisse über Punkte und Geraden notwendig; alle weiteren nötigen Fakten werden vorgestellt. Trotzdem ist der Text anspruchsvoll. Es ist sinnvoll, die Übungen, Zeichnungen etc. sehr gründlich durchzuarbeiten; so wird die Verbindung von Theorie und Praxis bewusst.

Einleitung

Im „Großen Wörterbuch der niederländischen Sprache“ liest man über die Bedeutung von Perspektive: *Die Kunst, Gegenstände so in einer Ebene abzubilden, dass sie auf das Auge den gleichen Eindruck machen wie der Gegenstand selber von einem bestimmten Standpunkt aus.* Maler und Zeichner haben sich bereits sehr früh in der Geschichte mit dieser Kunst beschäftigt. Anfangs taten sie dies vor allem mit Hilfe von Intuition und Beobachtung. Im 15. Jahrhundert sahen italienische Künstler wie Leone Battista Alberti und Piero della Francesca ein, dass geometrische Konstruktionen ein Hilfsmittel zum besseren Verständnis und zur effektiven Verwendung der Perspektive sein können. Von da an kann die Lehre von der Perspektive als eine „Tochter der Wissenschaft und der Kunst“ bezeichnet werden. Mit Wissenschaft ist hier die *Geometrie* und mit Kunst die *Malerei* gemeint.

F. Verhulst, S. Walcher (eds.), *Das Zebra-Buch zur Geometrie*, Springer-Lehrbuch, DOI 10.1007/978-3-642-05248-4_3,

Welche geometrischen Kenntnisse benötigt man, um dieses Kapitel durcharbeiten zu können? In den Anfangsklassen der Sekundarstufe hast Du wahrscheinlich bereits „Sehstrahlen" und „Blickwinkel" kennengelernt. Diese Wörter zeigen, dass „Geometrie" und „Sehen" etwas miteinander zu tun haben. In diesem Kapitel werden diese Begriffe vielfach verwendet. Außerdem werden wir auf Kenntnisse einiger Sätze aus dem Bereich der klassischen Geometrie zurückgreifen, insbesondere auf den Satz von Thales[1]. Du wirst eine ebenso schöne wie unerwartete Anwendung dieses klassischen Satzes sehen!

Es ist schwer einzuschätzen, wie viele Arbeitsstunden man benötigt, um dieses Kapitel durchzuarbeiten. Unsere (grobe) Schätzung ist etwa zwanzig Stunden. Die genaue Zeit hängt allerdings stark davon ab, wie intensiv Du Dich mit dem abschließenden Arbeitsauftrag beschäftigst. Wenn Du Gelegenheit hast, im Rahmen des abschließenden Arbeitsauftrags ein oder zwei Museen zu besuchen, wäre das ein gelungener Abschluss dieses Kapitels. Im Text sind gelegentlich einige Vorschläge für weitere Untersuchungen anhand einiger Original-Gemälde zu finden.

Zum Schluss dieser Einleitung möchten wir uns bei Aad Goddijn vom Freudenthal Institut für seine wertvollen Ratschläge und seine fachkundige Hilfe bei den Illustrationen bedanken.

3.1 Die Anfangsgründe der Perspektive

Den in Abb. 3.1 abgebildeten Holzschnitt fertigte Albrecht Dürer (1471-1528) an, für seine *Underweysung der Messung* (1525), ein Handbuch für Maler und Zeichner aus geometrischer Sicht. Die Abbildung zeigt, dass (lineare) Perspektive auf der Bestimmung von Schnittpunkten von Geraden, die auch oft *Sehstrahlen* genannt werden, mit der Zeichenfläche bzw. der Bildebene beruht. Das abzubildende Objekt ist auf einer horizontalen *Grundebene* platziert, während die Bildebene vertikal gehalten wird.
Dürer kannte außerdem bereits einige Eigenschaften der Perspektive, die man für das perspektivische Zeichnen von Abbildungen gut gebrauchen kann. Illustrationen dazu sind auch in der ältesten niederländisch-sprachigen Literatur über Perspektive zu finden, die zu einem großen Teil den Werken von Dürer entlehnt ist. Siehe zum Beispiel Abbildung 3.2 mit einer Zeichnung von Hendrick Hondius (1573-1649).

Die Zeichnung von Hondius suggeriert, dass vier Sehstrahlen ausreichen, um die perspektivische Darstellung eines Vierecks zu bestimmen. Die *geraden* Seiten des Vierecks erscheinen auch in der Perspektive als *gerade* Strecken. Es

[1] Die Aussage und der Beweis des Satzes sind im Anhang am Schluss des Kapitels zu finden.

Abb. 3.1: Aus: Albrecht Dürer, *Underweysung der Messung*, 1525.

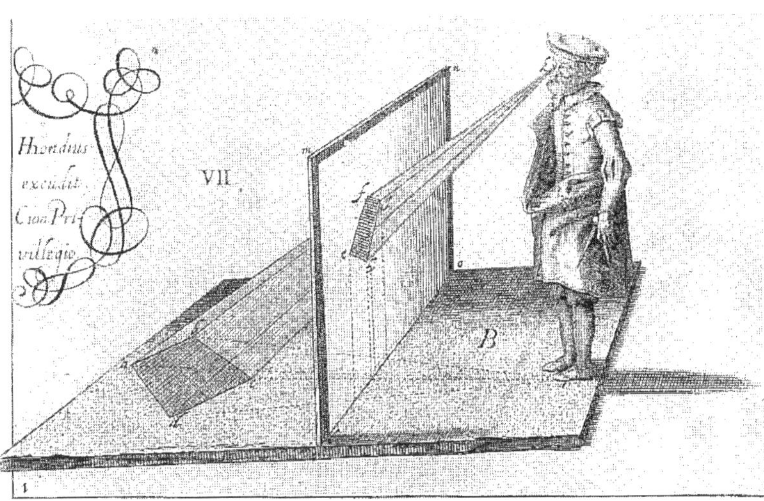

Abb. 3.2: Aus: Hendrick Hondius, *Grondige onderrichtinge in de optica ofte perspective konste*, 1647.

ist also ausreichend, von jedem der vier Eckpunkte das perspektivische Bild über einen Sehstrahl zu bestimmen.

Aufgabe 3.1
Eine Gerade erscheint in der perspektivischen Darstellung meistens wieder als Gerade. Diese Erfahrungstatsache kann wie folgt verifiziert werden: Sieh durch ein Fenster und suche ein Objekt, von dem Du zu wissen glaubst, dass es gerade Kanten hat. Lege ein Lineal auf das Glas, sodass es genau entlang einer Kante des Objekts verläuft.

Aufgabe 3.2
Fällt Dir eine Ausnahme für die Regel der „Erhaltung der Geradlinigkeit“ ein?

Aufgabe 3.3
Die Erhaltung der Geradlinigkeit in der Perspektive kann durch folgende geometrische Regeln erklärt werden:

- *Alle Geraden, die die Gerade ℓ mit einem festen Punkt (der nicht auf ℓ liegt) verbinden, liegen in einer Ebene.*
- *Wenn zwei Ebenen einander schneiden, ist der Schnitt eine Gerade.*

Betrachte nun Abbildung 3.3.

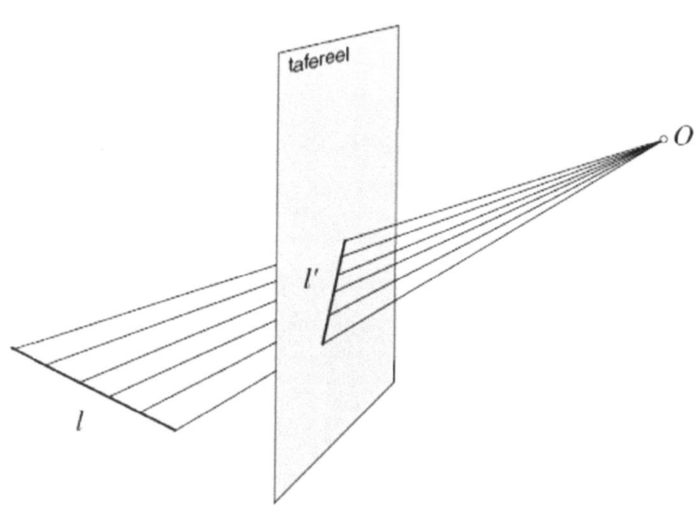

Abb. 3.3: Sehstrahlen, die eine Sichtebene bilden.

Nimm als festen Punkt „das Auge“ (O). Die Sehstrahlen zu den Punkten der Gerade ℓ bilden eine *Sichtebene* (vorausgesetzt, ℓ verläuft nicht durch O!).

Das perspektivische Bild ℓ' von ℓ ist also eine Gerade. Wie kann dies aus den beiden geometrischen Regeln gefolgert werden?

Aufgabe 3.4
Das perspektivische Bild einer gekrümmten Linie ist im Allgemeinen auch eine gekrümmte Linie. Manchmal ist das perspektivische Bild von „gekrümmt" jedoch auch „gerade". Gib an, wann dies der Fall sein könnte.

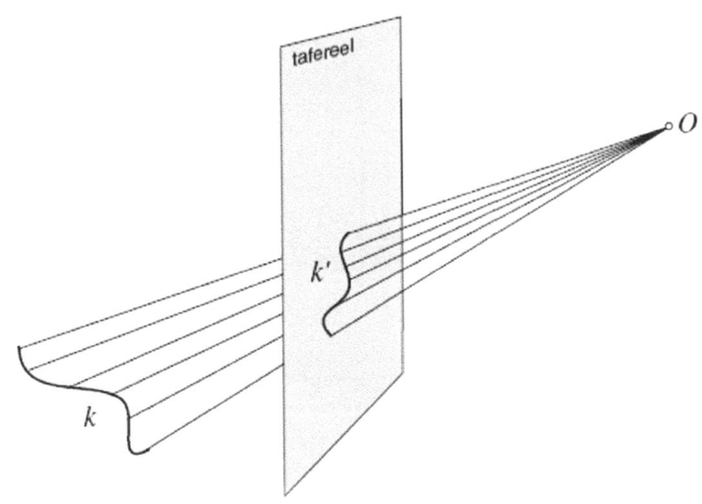

Abb. 3.4: Sehstrahlen zu einer gekrümmten Linie.

3.2 Perspektivische Verzerrung

In Abbildung 3.5 ist eine perspektivische Darstellung eines Würfels zu sehen. Der Würfel weist eine starke Verzerrung auf. Wenn man ein Auge zu hält und das andere Auge auf die Abbildung zu bewegt, wobei der Blick auf die obere Fläche des Würfels gerichtet bleiben soll, erhält man ein besseres Bild. Probiere dies aus.

Dürer und Hondius verwendeten für ihre Erklärungen der Grundsätze der Perspektive Figuren, die selbst perspektivisch gezeichnet sind. Sie versuchen also einen Begriff mit Hilfe seiner selbst zu erklären. Sie gingen davon aus, dass

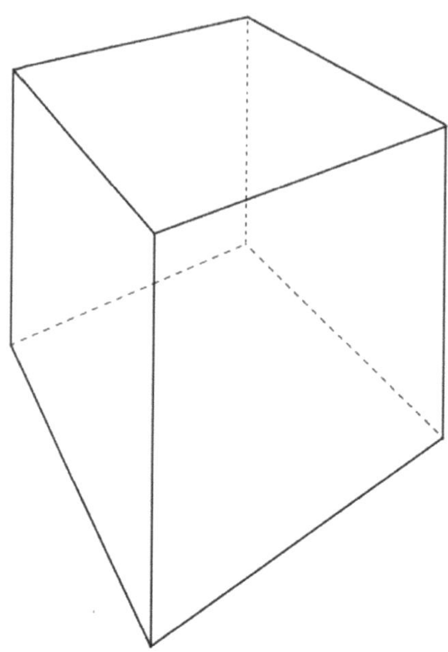

Abb. 3.5: Würfel in perspektivischer Darstellung.

die Leser ihrer Lehrbücher etwas über perspektivisches Zeichnen und Malen lernen wollten, jedoch bereits ausreichend Erfahrung im Betrachten und Interpretieren von Perspektive hatten. Auffallend ist hierbei, dass Hondius es seinen Lesern, was Letzteres betrifft, weniger leicht machte als Dürer. Die Illustrationen von Hondius weisen nämlich starke *perspektivische Verzerrungen* auf. Das heißt, dass einige Teile unnatürlich aussehen, wie bei dem hier abgebildeten Würfel. In der Zeichnung von Hondius in Abb. 3.2 gilt dies vor allem für den linken unteren Teil des Bildes, in welchem das Viereck auf der Grundebene liegt.

Dass dieses Viereck ein Rechteck darstellt, dessen Seitenlängen das Verhältnis 1 : 2 haben, erkennt man absolut nicht, ... wenn man nicht auf die richtige Art hinschaut.

Die richtige Art ist hier: *mit einem Auge hinsehen, sodass die eigenen Sehstrahlen die gleichen Winkel mit dem Papier bilden wie die entsprechenden Sehstrahlen des Zeichners mit seiner Bildebene.*
Für Abbildung 3.2 bedeutet das: Betrachte die Zeichnung aus etwa 11 cm Abstand mit einem Auge über dem Punkt, der etwa $1,5\,\text{cm}$ nach oben und $1\,\text{cm}$ nach rechts von der rechten oberen Bildecke liegt (also schräg von oben). Das ist ganz anders, als man normalerweise eine Abbildung betrachtet! Meistens

hält man ein Bild auf Leseabstand (für die meisten liegt dieser bei etwa 35 cm) und am liebsten so, dass die Sehstrahlen im Zentrum der Abbildung senkrecht zum Papier sind. Am besten ist es, wenn Abbildungen perspektivisch so gezeichnet sind, dass die „richtige“ Art das Bild zu betrachten, nicht sehr von der „natürlichen“ Art abweicht. Würde der in Abbildung 3.2 abgebildete Zeichner an einer Buchillustration arbeiten, würde er diese ideale Darstellung sicher nicht erreichen. Das Bild wäre allerdings ideal für den Fall, dass es für eine Anbringung auf ca. 75 cm unterhalb der Augenhöhe an einer Wand gedacht ist, die man aus etwa einem Meter Entfernung betrachtet.

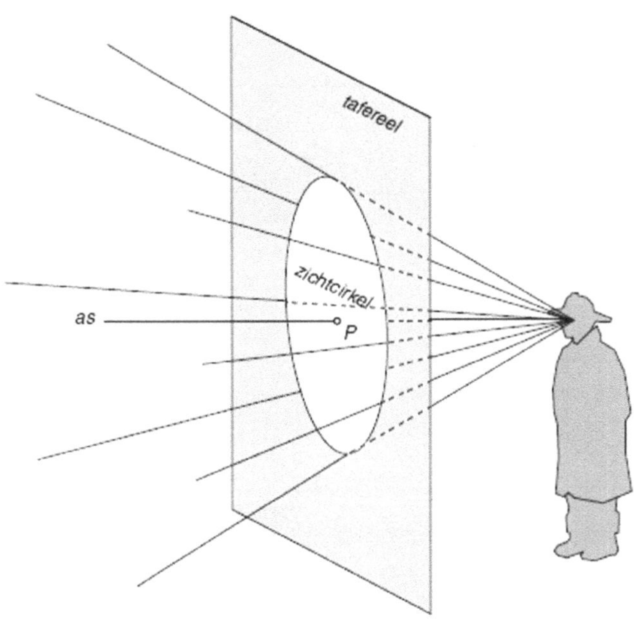

Abb. 3.6: Sehkreis (zichtcirkel) in der Bildebene (tafereel).

Verzerrung in perspektivischen Zeichnungen hängt mit der Beschränktheit des Blickfeldes zusammen. Betrachte Abbildung 3.6: Die Sehstrahlen aus dem Auge, das sich *nicht bewegt*, bilden einen Kegel, auch *Sehkegel* genannt.

Die Lotgerade vom Auge auf die Bildebene ist die *Achse* des Sehkegels. Diese Achse schneidet die Bildebene im *Hauptpunkt* (P), dem Mittelpunkt des Kreises, der den Schnitt zwischen der Bildebene und dem Sehkegel bildet (der sogenannte *Sehkreis*).

Weiß ein Zeichner nicht, wie seine Abbildung später betrachtet wird, sollte er starke perspektivische Verzerrungen vermeiden. In modernen Büchern über Perspektive wird als Faustregel hierfür angegeben, dass ein Gegenstand am besten innerhalb des Sehkreises (grau in Abbildung 3.7), und auf jeden Fall innerhalb des *Distanzkreises* des Zeichners liegen sollte.

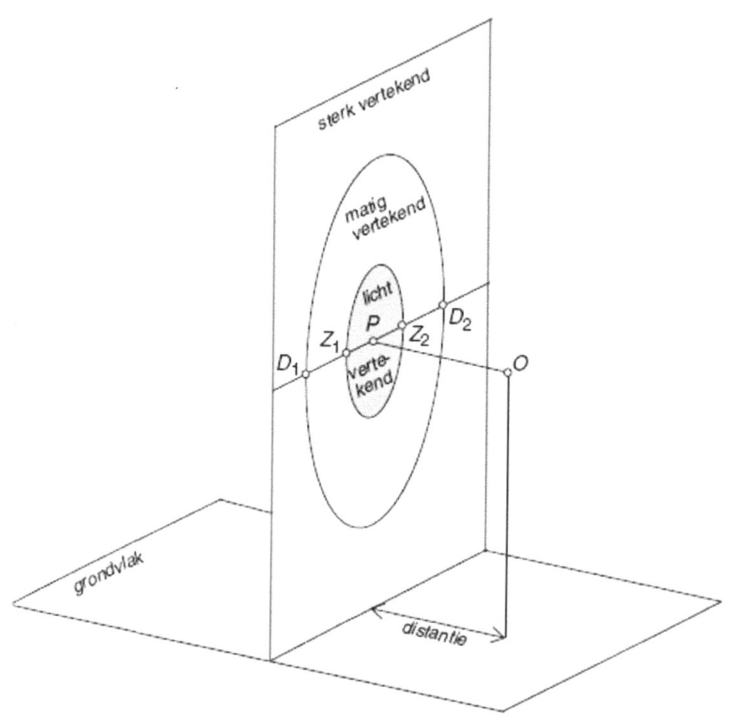

Abb. 3.7: Auge O, horizontale Grundebene und vertikale Bildebene mit Hauptpunkt P, Distanzkreis und Sehkreis (grau). (Begriffe: licht/matig/sterk vertekend = leicht/mäßig/stark verzerrt.)

Der Distanzkreis hat, genau wie der Sehkreis den Hauptpunkt P als Mittelpunkt. Der Radius des Distanzkreises ist gleich der *Distanz*, also dem Abstand vom Auge des Zeichners zur Bildebene.

Als Radius des Sehkreises wird oft zwei Fünftel der Distanz genommen (manchmal nimmt man auch die Hälfte oder sogar drei Fünftel).
Innerhalb des Sehkreises ist die perspektivische Verzerrung so klein, dass es sich kaum lohnt, die genaue Lage des Auges zu suchen. Zwischen dem Sehkreis und dem Distanzkreis wird die Verzerrung im Allgemeinen noch als akzeptabel

empfunden. Erst außerhalb des Distanzkreises wird die Verzerrung als störend wahrgenommen.

Die Sehstrahlen von einem Auge aus bilden einen Kegel mit einem Winkel von ungefähr 90° an der Spitze. Scharf sieht man dabei nur, was sich nicht zu nahe am Auge befindet und außerdem innerhalb des kleineren Sehkegels liegt.

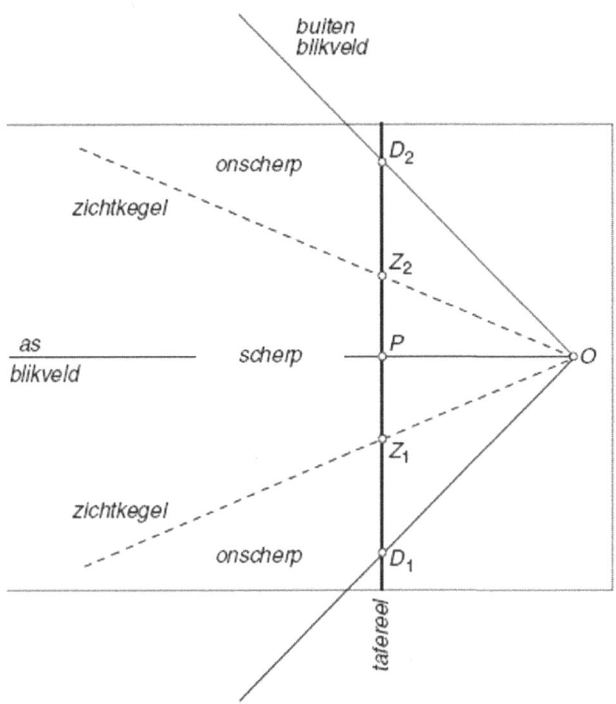

Abb. 3.8: Draufsicht der Situation aus Abbildung 3.7, mit Sehstrahlen, die das Sichtfeld — und den Sehkegel - - - - begrenzen. (Begriffe: blikveld = Sichtfeld, zichtkegel = Sehkegel, buiten = außerhalb, onscherp/scherp = unscharf/scharf.)

Anmerkung: Die Abbildungen 3.6 und 3.7 sind nicht perspektivisch, sondern als „Parallelprojektion" gezeichnet, das gilt auch für die Draufsicht in Abbildung 3.8. Diese Zeichenmethode wird im Folgenden öfter verwendet um Fakten zur Perspektive zu erklären.

Aufgabe 3.5

Für den halben Öffnungswinkel an der Spitze des Sehkegels nehmen wir eine Größe von etwa 22.5° an (es wird auch oft 26° oder 30° angenommen).

a) Rechne nach, dass für einen halben Öffnungswinkel von 22.5° der Radius

des Sehkreises circa zwei Fünftel des Radius des Distanzkreises misst. Überprüfe, ob auch die anderen Verhältnisse ($\frac{1}{2}, \frac{3}{5}$) mit den oben genannten Winkeln übereinstimmen.
b) Wie groß ist der halbe Öffnungswinkel an der Spitze des „Distanzkegels" (der Kegel, der durch die Verbindungsstrecken von O mit dem Distanzkreis gebildet wird)?

Ein Zeichner, der bei fester Distanz das (eine) Auge die ganze Zeit auf den Hauptpunkt seines Zeichenfensters gerichtet hält, kann sicher keine Bildpunkte außerhalb des Distanzkreises auf der Bildebene bestimmen.
Beim Arbeiten an den Teilen der Zeichnung zwischen dem Distanzkreis und dem Sehkreis muss der Zeichner, um gut sehen zu können sein Auge etwas drehen, im äußersten Fall bis die Achse seines Blickfeldes den Sehkreis schneidet. Hält sich der Zeichner an diese Faustregel, bedeutet dies für den Betrachter des Bildes, dass die Verzerrung leicht bis mäßig sein wird. Außerdem kann der Betrachter in diesem Fall die gesamte Abbildung sehen, wenn er den richtigen Ausgangspunkt zur Betrachtung des Bildes wählt und dabei das (eine) Auge auf den Hauptpunkt der Abbildung richtet. Um alle Teile des Bildes scharf sehen zu können muss dann höchstens das Auge etwas bewegt werden, nicht aber der ganze Kopf.

Diese Art des Betrachtens reicht jedoch nicht für alle Werke niederländischer Maler des 17. Jahrhundert aus. Vor allem die Architekturmaler unter ihnen beschränkten sich nicht immer auf den Bereich innerhalb des Distanzkreises. Sie wollten oftmals viel mehr von den Bauwerken zeigen, als von einem „natürlichen" Standpunkt aus in einem Blickfeld dargestellt werden kann. In solchen Fällen weisen die Malereien am Rand eine sehr starke perspektivische Verzerrung auf. Es ergibt hier ein schöneres Betrachtungserlebnis, wenn man bezüglich des Bildes den perspektivisch richtigen Standpunkt einnimmt und so umherschaut, wie der Maler es in seiner Fantasie oder in Wirklichkeit getan haben muss, inklusive der nötigen Drehungen von Kopf und Augen.

Betrachte zum Beispiel Abbildung 3.9 mit einer stark verkleinerten Schwarz-Weiß-Kopie des Bildes, das Gerard Houckgeest (ca.1600-1661) im Jahre 1651 vom Chorumgang der Neuen Kirche in Delft erstellte. Darin haben wir den Hauptpunkt P, den Distanzkreis und den Sehkreis eingezeichnet. Vor allem die Verzerrung des gefliesten Fußbodens außerhalb des Sehkreises ist auffällig.

Um sich hiervon nicht irritieren zu lassen, muss man mit einem Auge die Zeichnung vom Punkt O, der auf der Lotgeraden durch P auf die Bildebene liegt aus betrachten, sodass $|OP|$ gleich der Distanz ist. Im Maßstab der hier abgedruckten Kopie ist die Distanz gleich 4.2 cm, was zu klein ist um irgend einen Teil der Abbildung scharf sehen zu können. Dieses Problem kann gelöst werden, indem man die Abbildung vergrößert, oder noch besser durch Betrachtung des Originals im Mauritshuis in Den Haag. Im Maßstab des Originals - 65.5 cm hoch und 77.5 cm breit - ist die Distanz circa 29.5 cm. Mit den

Augen etwa 30 cm vom Hauptpunkt entfernt den Blick stets wieder auf einen anderen Teil des Bildes richtend, kann die dargestellte Kirche „zum Leben“ erweckt werden.

Abb. 3.9: Gerard Houckgeest, *Chorumgang der Neuen Kirche zu Delft*, 1651 (Den Haag, Mauritshuis). Hauptpunkt P, Distanzkreis und Sehkreis (innen) hinzugefügt.

3.3 Das Triptychon der Perspektive

Im weiteren Verlauf dieses Kapitels wird erörtert, wie man in solchen Fällen den Hauptpunkt und die Distanz - und damit auch den richtigen Ausgangspunkt für die Betrachtung - aus dem perspektivisch dargestellten Gegenstand bestimmen kann. Dazu benötigt man zunächst etwas Erfahrung mit der Konstruktion perspektivischer Darstellungen. Dabei werden wir schon einige wichtige Eigenschaften der Perspektive kennen lernen.

Einige Eigenschaften der Perspektive können bei Zeichnungen verwendet werden, die mit einem Zeichenfenster angefertigt wurden. Sie sind jedoch von viel größerer Bedeutung für die Erstellung einer perspektivischen Zeichnung eines Objekts, das nicht durch ein solches Zeichenfenster betrachtet werden kann, etwa wenn es sich um ein (noch) nicht existierendes Objekt handelt. Es ist deshalb wenig verwunderlich, dass die Beispiele, die Hondius in seinem Lehrbuch verwendet, ebenso wie die Beispiele im zuvor von Hondius herausgegebenen, zweiteiligen Handbuch *Perspective* (1604/1605) von Hans Vredeman de Vries (1527-1606), ausschließlich Fantasie-Objekte darstellen. Siehe hierzu zum Beispiel eine Abbildung aus dem ersten Teil von *Perspective* in Abbildung 3.10.

Abb. 3.10: Aus: Hans Vredeman de Vries, *Perspective*, 1604/1605.

Eigenschaften, die Dürer, Vredeman de Vries und Hondius kannten und anhand von Beispielen in ihren Büchern begründeten, sind unter anderem die folgenden:

- Geraden die parallel zur Bildebene verlaufen, werden parallel zueinander abgebildet.
- Die Perspektive erhält Verhältnisse, die für solche Geraden gelten.
- Für Geraden, welche die Bildebene schneiden, ist dies nicht der Fall.
- Geraden, die nicht parallel zur Bildebene verlaufen haben in der perspektivischen Darstellung **Fluchtpunkte** und die Fluchtpunkte zueinander paralleler Geraden fallen zusammen.

Aufgabe 3.6
Suche in Abbildung 3.10 einige Beispiele, an denen die vier genannten Eigenschaften deutlich werden.

Wir werden uns nun vor allem mit der vierten Eigenschaft beschäftigen, also mit Geraden, die nicht parallel zur Bildebene verlaufen. In Abbildung 3.11 sind die *Grundebene* oder *Bodenebene* (horizontal), die *Bildebene* (vertikal), das *Auge* (O), die *Augenebene* (durch O und parallel zur Grundebene) sowie der *Horizont* (Schnittgerade der Augenebene mit der Bildebene) abgebildet.

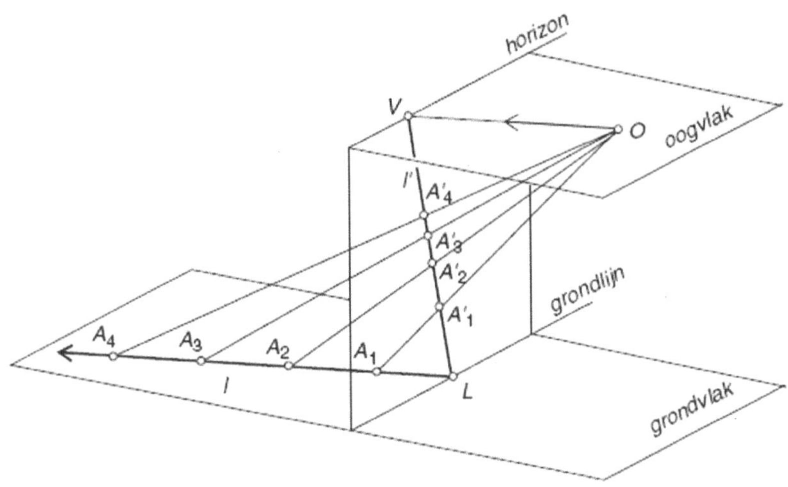

Abb. 3.11: Der Fluchtpunkt einer Geraden. (Begriffe: grondvlak = Grundebene, oogvlak = Augenebene, grondlijn = Standlinie, horizon = Horizont.)

Wir beschränken uns vorläufig auf Geraden in der Grundebene.
Auf einer solchen Geraden (ℓ) kann eine Folge von Punkten $A_1, A_2, A_3, \ldots$ gewählt werden, sodass der Abstand zwischen zwei aufeinander folgenden Punkten konstant ist. Diese Folge von Punkten erscheint in der perspektivischen Darstellung als Folge $A'_1, A'_2, A'_3, \ldots$, bei der der Abstand zweier aufeinander folgender Punkte stets kleiner wird.
Die Punkte $A_1, A_2, A_3, \ldots$ entfernen sich bis ins „Unendliche“, die Punkte $A'_1, A'_2, A'_3, \ldots$ dagegen nähern sich einem Punkt V. Dieser Punkt V, der Schnittpunkt des Bildes mit der Geraden durch den Punkt O, die parallel zu ℓ verläuft, wird *Fluchtpunkt* der Geraden ℓ genannt.
Zeichnen wir nun eine zweite Gerade m parallel zu ℓ in der Grundebene, so hat diese Gerade denselben Fluchtpunkt wie ℓ (siehe Abbildung 3.12).
Diesem Phänomen begegnet man in der Realität wenn man mit dem Blick Eisenbahngleisen folgt: die Folge der Punkte auf den parallelen Geraden entspricht den Schwellen der Schienen. So sieht man, dass der Abstand zwischen

je zwei Punkten immer kleiner wird, je weiter sich die Punkte entfernen (die Länge der Schwellen übrigens auch). In der Ferne scheinen sich die Schienen zu treffen.

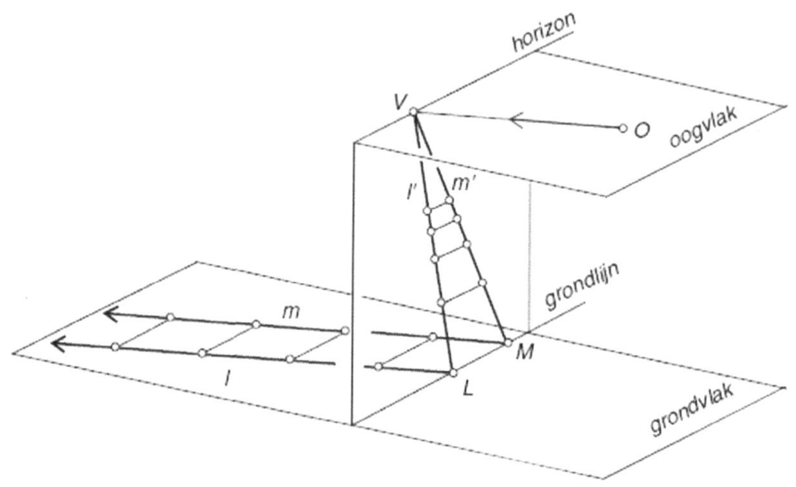

Abb. 3.12: Parallele Geraden in perspektivischer Darstellung.

Beachte, dass sich ℓ und ℓ' an der Standlinie (Schnittgerade zwischen Grundebene und Bildebene) schneiden. Dasselbe gilt natürlich für m und m'.

Aufgabe 3.7
Eine Regel in der räumlichen Geometrie lautet: *Wenn zwei Geraden beide parallel zu einer dritten Geraden sind, so sind sie auch zueinander parallel.* Erkläre mit dieser Regel der räumlichen Geometrie, dass die parallelen Geraden ℓ und m den selben Fluchtpunkt haben.

Beim Erstellen perspektivischer Darstellungen wird oft eine Art Triptychon[2] verwendet: Die Grundebene und die Augenebene werden um 90° um die Grundgerade und den Horizont gedreht, sodass sie sich mit der Bildebene in einer Ebene befinden.

[2] Anmerkung der Übersetzer: Ein Triptychon ist in der Malerei ein dreigeteiltes Bild, dessen Teile manchmal durch Scharniere beweglich verbunden sind. In diesem Kapitel denken wir uns Grundebene, Bildebene und Augenebene als Triptychon, und Horizont sowie Standlinie als Scharniere.

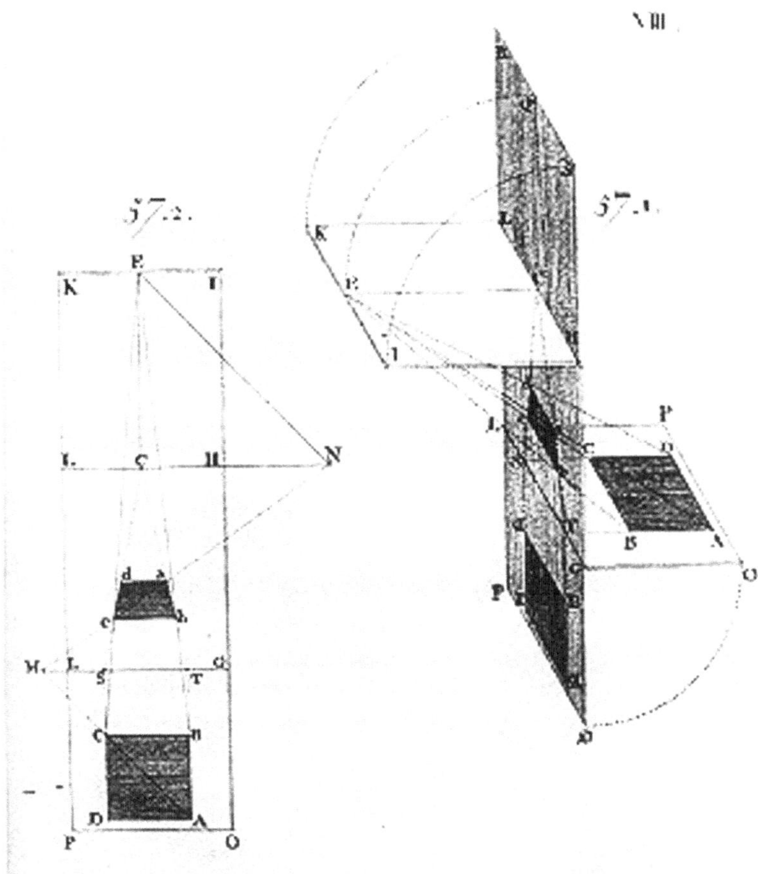

Abb. 3.13: Darstellung der Drehung der Augenebene und der Grundebene in die Zeichenfläche (aus Dr. Brook Taylors *Method of Perspective Made Easy, 1754*).

Die Zeichnung mit der Nummer 57.1 in Abb. 3.13 zeigt, wie diese Drehung gedacht ist. In 57.2 sieht man das Triptychon mit der perspektivischen Darstellung in der Mitte. Im unteren Teil (auf der nach unten geklappten Grundebene) können Figuren in Originalgröße gezeichnet werden. In der Abbildung handelt es sich hierbei um das Quadrat $ABCD$. Im oberen Teil wird die Position des Auges festgelegt, in der Zeichnung mit E (eye) angedeutet. Der Punkt, den wir als Hauptpunkt bezeichnen, wird hier C genannt. Der Abstand von E und C (oder in unserer Notation zwischen O und P) ist die Distanz.

Aufgabe 3.8
Ein DIN A4 Papier kann man mit Faltkanten parallel zur kürzeren Seite so falten, dass drei Flächen entstehen, wie in Abbildung 3.14 abgebildet. Lege die Position des Auges in der Augenebene fest.

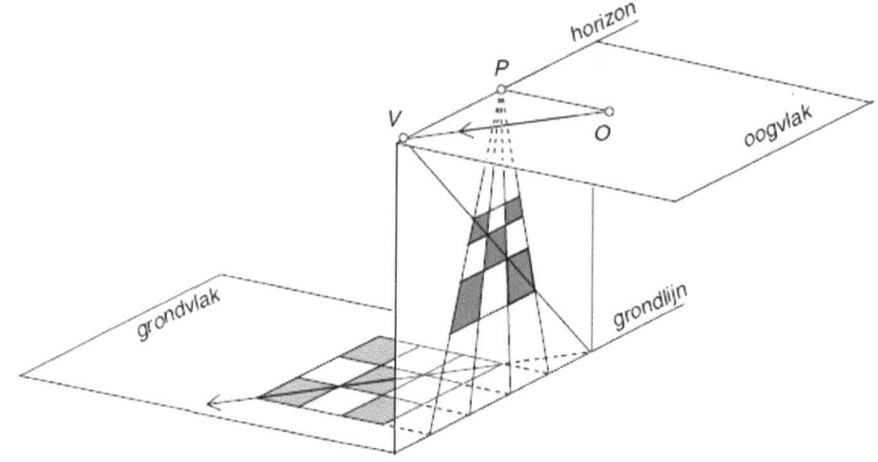

Abb. 3.14: Perspektivische Konstruktion eines Fliesenbodens.

a) Zeichne in die Grundebene drei parallele Geraden, die nicht senkrecht oder parallel zur Standlinie sind. Bestimme nun zunächst den Fluchtpunkt und zeichne dann das perspektivische Bild der drei Geraden in die mittlere Fläche. Wenn das Papier ausreichend durchsichtig ist, kann die Zeichnung überprüft werden, indem man mit dem Auge die vorgesehene Position einnimmt.
b) Zeichne in die Grundebene eine Gerade senkrecht zu den drei parallelen Geraden. Bestimme den Fluchtpunkt und das perspektivische Bild dieser Geraden. Bestätige, dass der Winkel zwischen dieser und den drei anderen Geraden in der perspektivischen Darstellung kein rechter Winkel ist.

Aufgabe 3.9
Welchen besonderen Fluchtpunkt hat eine Gerade, die in der Grundebene liegt und senkrecht auf der Standlinie steht?

Aufgabe 3.10
Betrachte Abbildung 3.13. Bei Zeichnung 57.2 erkennt man, wie eine Diagonale des Quadrats verwendet wurde. Der Fluchtpunkt dieser Diagonalen ist N. Dieser Punkt wurde gezeichnet, bevor die perspektivische Abbildung des Quadrats konstruiert wurde. Wie kann N bestimmt werden?

Aufgabe 3.11
In Abbildung 3.14 ist zu sehen, wie die perspektivische Darstellung eines Fliesenbodens konstruiert wird.
So wie in Abbildung 3.13 spielt die Diagonale hier eine wichtige Rolle. Um einzusehen, wie wichtig diese Rolle ist, soll das in Abb. 3.15 abgebildete Triptychon abgezeichnet werden und im mittleren Teil die perspektivische Darstellung des Fliesenbodens konstruiert werden. Du kannst natürlich in Abbildung 3.14 „spicken“.

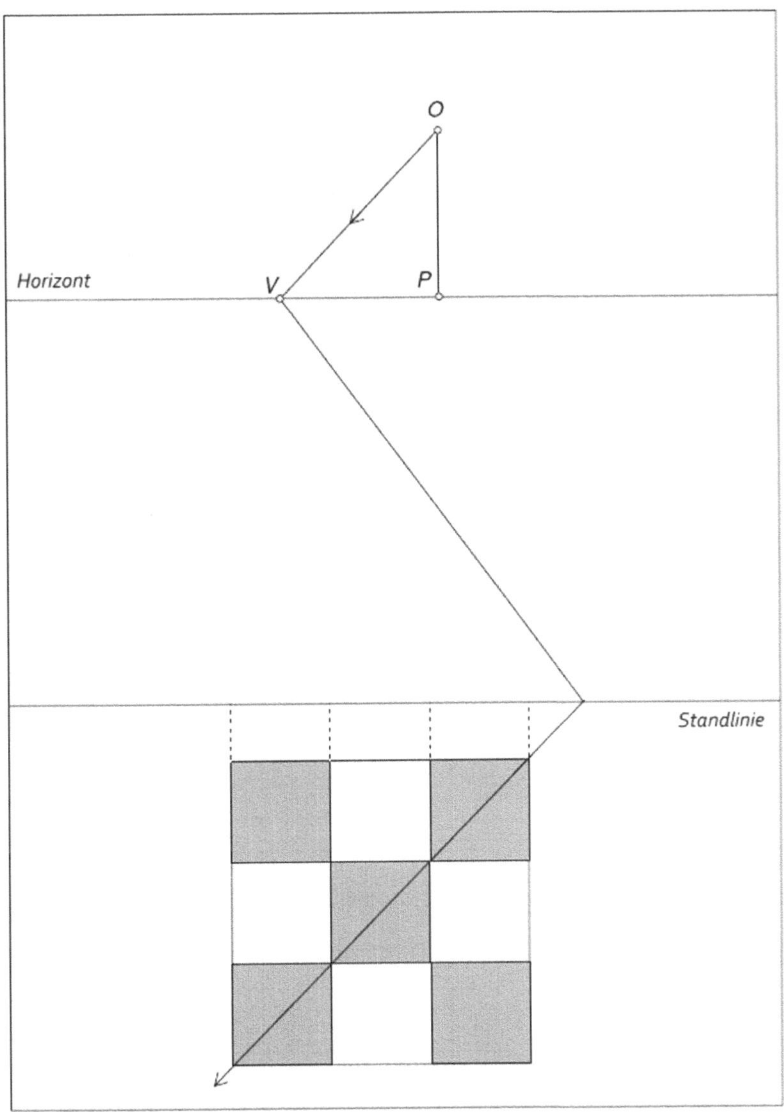

Abb. 3.15: Perspektivische Konstruktion eines Fliesenbodens.

Aufgabe 3.12
Die perspektivische Darstellung des Fliesenbodens aus Abbildung 3.15 ist stark verzerrt. Das hängt mit der Position des Auges in Bezug auf das Bild zusammen. Wie muss die Position des Auges verändert werden, um eine geringere Verzerrung zu erhalten?

Aufgabe 3.13
Gegeben ist ein Triptychon mit einer Standlinie, einem Horizont, dem Auge O und dem Hauptpunkt P. Konstruiere die perspektivische Abbildung eines regelmäßigen Sechsecks in der Grundebene für folgende Fälle:
a) Zwei Seiten des Sechsecks sind senkrecht zum Horizont.
b) Zwei Seiten des Sechsecks sind parallel zum Horizont.

Bis jetzt haben wir uns ausschließlich mit Geraden in der Grundebene befasst. Dabei haben wir gesehen, dass Fluchtpunkte in perspektivischen Darstellungen eine große Rolle spielen. Geraden in der Grundebene, welche nicht parallel zur Bildebene verlaufen (oder die, was auf das gleiche hinausläuft, nicht parallel zur Grundgeraden sind), haben ihren Fluchtpunkt auf dem Horizont. Genau das gleiche gilt für Geraden, die *parallel zur Grundebene verlaufen (horizontale Geraden)*. Betrachte hierzu zum Beispiel die Gerade m in Abbildung 3.16.

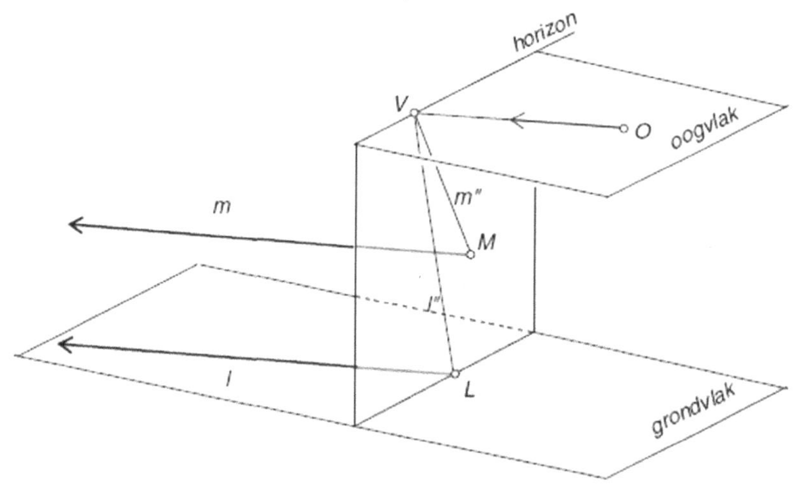

Abb. 3.16: ℓ und m sind horizontale Geraden.

Aufgabe 3.14
Wie sieht es nun mit dem Fluchtpunkt einer Geraden aus, die *nicht* horizontal und auch nicht parallel zur Bildebene ist?

Aufgabe 3.15
Bei Abbildung 3.10 stellt sich heraus, dass der Zeichner zu Unrecht annahm, dass auch nicht horizontale Geraden Fluchtpunkte auf dem Horizont haben. Wo irrt er sich offensichtlich?

3.4 Einpunktperspektive

Abbildung 3.17 stammt aus dem ältesten Buch über Perspektive, verfasst von Jean Pelerin (alias Viator) und erschienen 1505 unter dem Titel *De Artificiali Perspectiva.* Die Abbildung ist ein Beispiel für Einpunkt- oder Zentralperspektive. *Einpunkt-*, weil im abzubildenden Objekt drei zueinander senkrechte Grundrichtungen zu erkennen sind, von denen nur eine einen Fluchtpunkt besitzt (die nach hinten verlaufenden Deckenbalken zeigen hier diese Richtung an). *Zentral*, weil dieser Fluchtpunkt genau der Hauptpunkt (P) und somit das natürliche Zentrum der Zeichnung ist. In der niederländischen Malerei des siebzehnten Jahrhunderts wurde meistens diese Variante der perspektivischen Darstellung gewählt.

Abb. 3.17: Aus: Viator, *De Artificiali Perspectiva*, 1505.

Bevor wir Beispiele für Einpunktperspektive in der Malerei betrachten, werden wir einige Eigenschaften besprechen, anhand des einfachsten dreidimensionalen Objekts, das mit dieser Methode perspektivisch dargestellt werden kann: des Würfels. Abbildung 3.18 zeigt eine Situation, in der ein Würfel $ABCD.EFGH$ mit Hilfe eines Zeichenfensters in Einpunktperspektive gezeichnet werden soll. Von den Geraden entlang der zwölf Kanten des Würfels haben lediglich die Geraden AD, BC, EH, und FG einen Fluchtpunkt, der in diesem Fall mit dem Hauptpunkt P zusammenfällt.

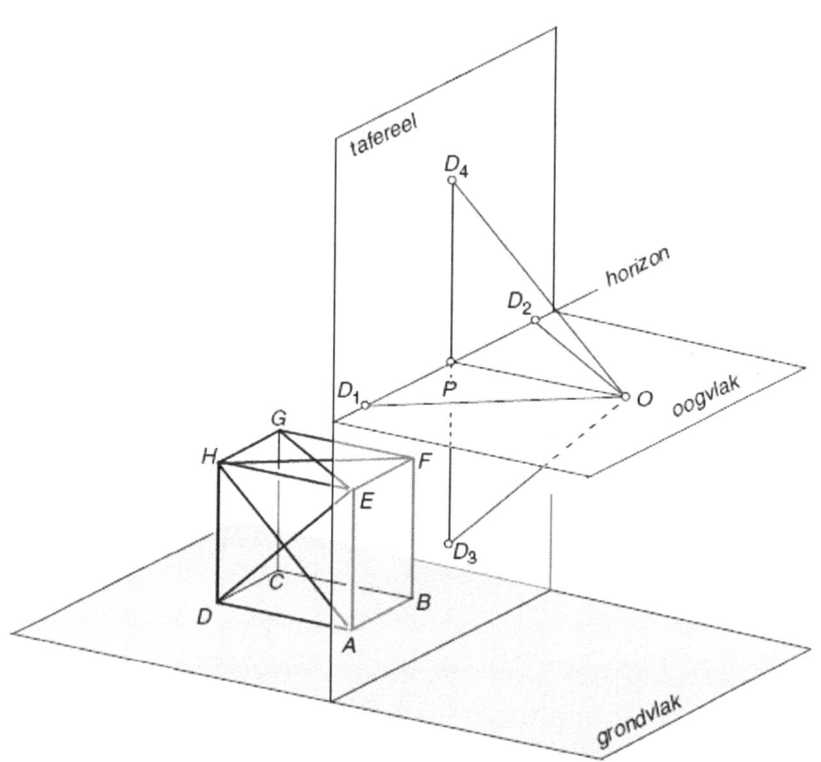

Abb. 3.18: Darstellung eines Würfels mittels Einpunktperspektive.

Aufgabe 3.16
In Abbildung 3.18 sind die Diagonalen der Deckfläche (FH und EG) und einer Seitenfläche (DE und AH) des Würfels eingezeichnet. Außerdem erkennt man die Sehstrahlen aus dem Auge O zu ihren Fluchtpunkten D_1, D_2, D_3, D_4. Zeige, dass diese vier Punkte auf dem Distanzkreis liegen. (Sie werden auch *horizontale* beziehungsweise *vertikale Distanzpunkte* genannt.)

Aufgabe 3.17
Zeichne das Triptychon aus Abbildung 3.19 ab. Darin sind die Grundfläche des Würfels in Originalgröße, sowie das Auge, der Hauptpunkt und der Distanzkreis bereits eingezeichnet. Konstruiere nun zunächst die perspektivische Darstellung der Grundfläche und dann die restlichen Teile des Würfels und betrachte Dein Ergebnis von der Position des Auges aus, in Draufsicht auf die Bildebene.

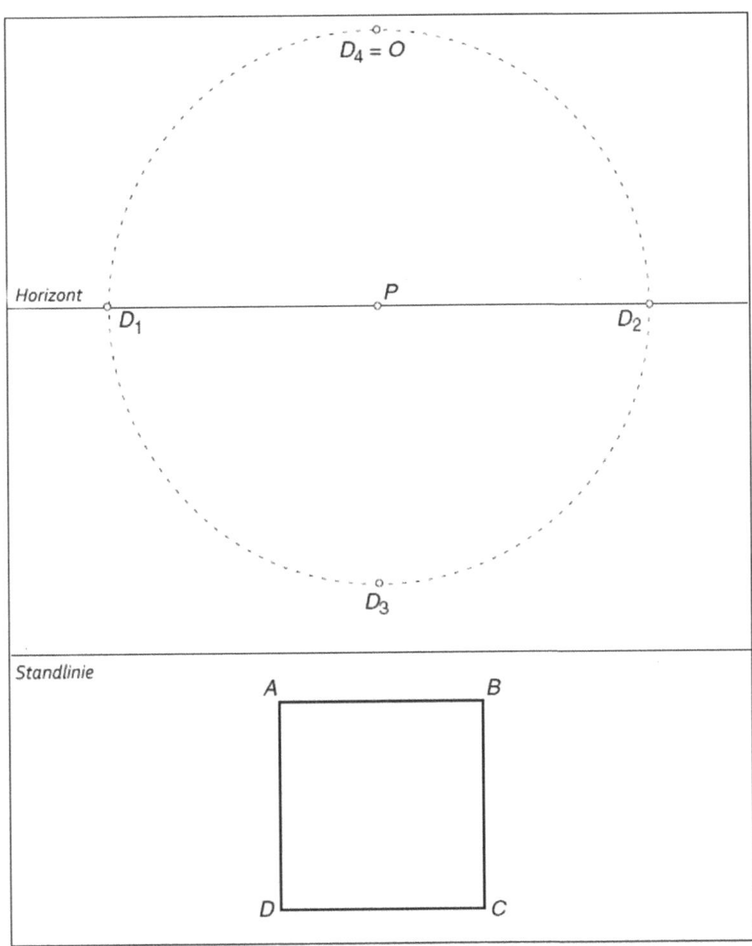

Abb. 3.19: Triptychon für einen Würfel in der Einpunktperspektive.

Aufgabe 3.18
In Abb. 3.20 ist ein Siegertreppchen (bestehend aus vier Würfeln) in Einpunktperspektive dargestellt.

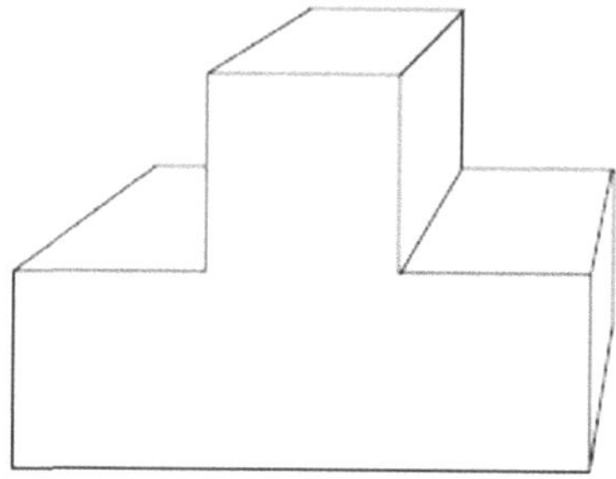

Abb. 3.20: Siegertreppchen.

a) Konstruiere nacheinander den Hauptpunkt, den Horizont und die horizontalen Distanzpunkte.
b) Damit ist dann auch die Distanz und die Lage des besten Gesichtspunktes für die Betrachtung bestimmt. Betrachte nun die Zeichnung von diesem Punkt O aus.

Die in Abbildung 3.20 angewandte Methode kann auch verwendet werden, wenn in einer Zeichnung, einem Bild oder einem Foto in Einpunktperspektive ein oder mehrere Quadrate zu sehen sind, von denen man annehmen kann, dass sie horizontale Quadrate darstellen, und einige Seiten parallel zur Bildebene liegen.
In den Werken der niederländischen Künstler des 17. Jahrhunderts sind solche Quadrate oft Bodenfliesen. Da wir wissen, dass ein horizontales quadratisches Gitter oft als Hilfsmittel zum Bestimmen der richtigen Höhe und vor allem der Tiefe der in Einpunktperspektive abgebildeten Objekte verwendet wird, ist die Annahme, dass solche Fliesen quadratisch sind, meistens gerechtfertigt.

Wir werden diese Methode, eine Abbildung in Einpunktperspektive zu analysieren nun auf ein Werk des bekannten Harlemer Architekturmalers Pieter Janszoon Saenredam (1597-1665) anwenden, in dem ein solcher Fliesenboden zu sehen ist. Weiterhin werden wir zeigen, wie die dabei gewonnenen Ergebnisse genutzt werden können, um etwas mehr über die abgebildete Situation zu erfahren.

Unsere Wahl fiel in diesem Zusammenhang nicht zufällig auf diesen Künstler. Saenredam malte ausschließlich real existierende Bauwerke, oftmals Kirchen

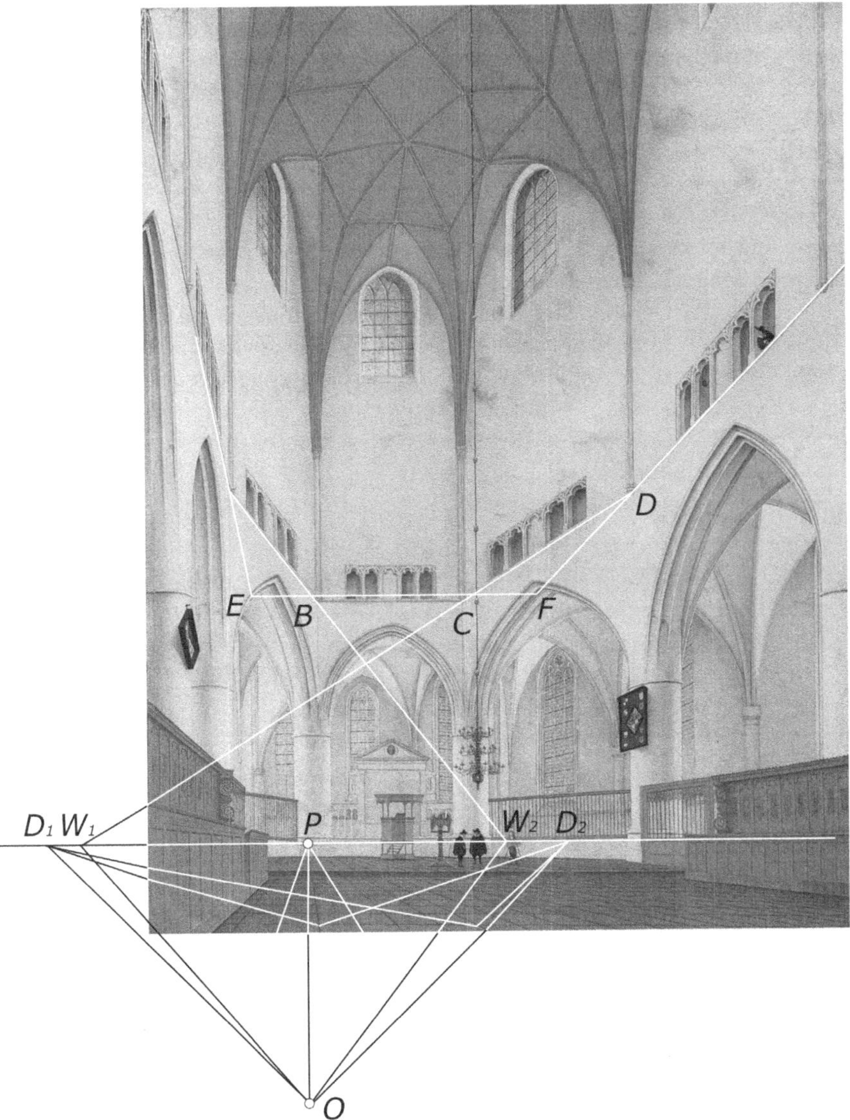

Abb. 3.21: Pieter Saenredam, *Innenraum der Sint-Bavokerk von West nach Ost*, 1660 (Worcester Art Museum, Massachusetts). Hilfslinien sind hinzugefügt.

und von den Kirchen meistens einen Teil des Innenraums. Er arbeitete immer mit Einpunktperspektive. Es ist bekannt, dass er dabei sehr sorgfältig und mit Sachkunde ans Werk ging. Er verwendete kein Zeichenfenster, sondern machte lediglich vor Ort eine Skizze „mit bloßem Auge“. Später fertigte er eine Konstruktionszeichnung auf der Grundlage von Messungen in der Kirche (festgehalten in Grundrissplänen) an, welche dieselben Maße wie die zu bemalende Leinwand hatte. Dabei ging er von einem Standpunkt aus, der mit dem Standpunkt seiner Schätzung übereinstimmte, sodass er diese später als Kontrolle seiner Konstruktionen verwenden konnte.
Die wichtigsten Geraden der Konstruktionszeichnung übernahm er auf seine Leinwand. Erst dann begann er mit der Arbeit an seinem Gemälde. Die Gemälde von Saenredam sind in jedem Fall perspektivisch korrekt, soweit es den Boden der Kirche und die geradlinigen vertikalen Elemente betrifft. Das bewirkt, dass die Methode zur Bestimmung des Hauptpunktes und der Distanz ohne Einschränkung auf seine Werke angewendet werden kann.

Aufgabe 3.19

Betrachte Abbildung 3.21, eine Kopie von Saenredams Gemälde der Innenansicht der Sint-Bavokerk zu Harlem (1660), auf dem einige Linien und Punkte hervorgehoben oder hinzugefügt wurden. Außerdem wurde hier die Augenebene nach unten geklappt, statt wie sonst nach oben.
a) Wie groß ist die Distanz (im Maßstab der Kopie)?
b) Die Originalmaße des Gemäldes sind 54.5 mal 70.5 cm. In welchem Abstand kann man das Gemälde also am besten betrachten?

Nun werden wir untersuchen, in wie weit Saenredam die Winkel zwischen den Wänden über dem hintersten Bogen des Altarraums perspektivisch richtig abgebildet hat. Aus dem Grundriss der Sint-Bavo-Kirche, der durch den Landvermesser und Mathematiker Pieter Wils (gestorben ca. 1647) angefertigt wurde, lässt sich eine Größe der betreffenden Winkel von etwa 117° ablesen (siehe Abbildung 3.22).
Eine gedruckte Version des Grundrisses ist in *Beschryvinge der stad Haerlem* (1628) von Ampzing zu finden, speziell „*für diejenigen, die selbige in jedweder Art perspektivisch abzeichnen wollen*“.
Bereits vor der Herausgabe des Buches fertigte Saenredam 1627 eine perspektivische Zeichnung des Inneren von Sint Bavo an. Damals profitierte er vielleicht noch nicht von Wils perspektivischen Kenntnissen und dessen Grundriss, später bei den Vorbereitungen zu seinem Gemälde allerdings schon. Wir dürfen also auch annehmen, dass er zu diesem Zeitpunkt zum Beispiel bereits wusste, dass für die Punkte A, B, C und D in Abbildung 3.19 in Wirklichkeit gilt: $\angle ABC = \angle BCD \approx 117°$, von ihm vielleicht auf 120° aufgerundet.

Aufgabe 3.20

In Abbildung 3.21 ist die Strecke BC parallel zum Horizont und besitzt deshalb keinen Fluchtpunkt. Die Strecken AB und CD haben die Fluchtpunkte W_2 und W_1.

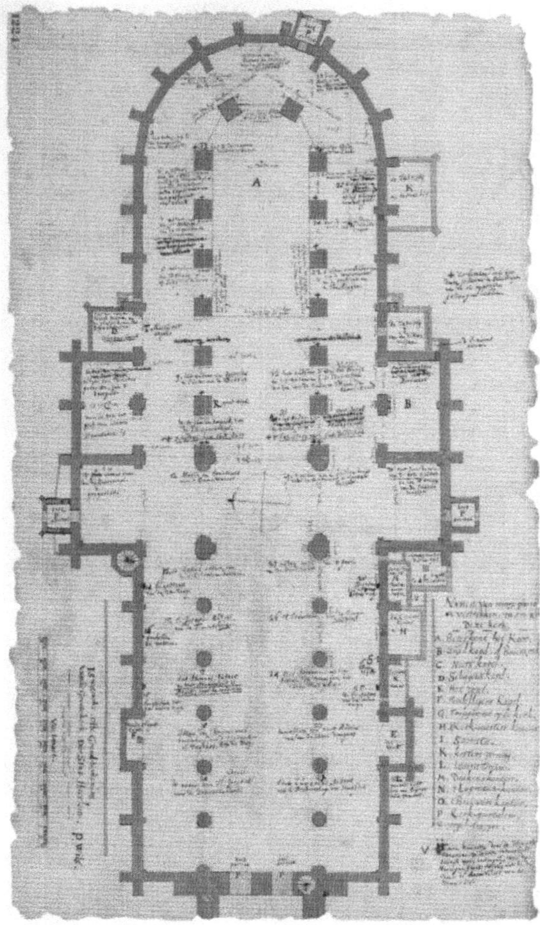

Abb. 3.22: Pieter Wils, Grundriss der Sint-Bavo-Kirche, 1628 (Harlem, Gemeentearchief).

a) Zeige, dass die Strecken AE und DF, die in Wirklichkeit auf gleicher Höhe wie BC liegen, den Fluchtpunkt P besitzen. Stimmt dies mit dem Grundriss überein?
b) Wie groß müssten die Winkel $\angle W_1OP$ und $\angle W_2OP$ sein, wenn man von der Annahme ausgeht, dass Saenredam die Größe der Winkel von 117° (eventuell 120°) berücksichtigte?
c) Beim Nachmessen dieser Winkel in der Abbildung fällt auf, dass sie etwa 10° zu groß sind. Wie viel näher als in der Abbildung müssten die Fluchtpunkte W_2 und W_1 auf unserer Kopie am Hauptpunkt P liegen? Und wie groß ist dieser Unterschied ungefähr im Maßstab des Gemäldes?

d) Zeige, dass die Verhältnisse zwischen $|EB|, |BC|$ und $|CF|$ in Abbildung 3.21 einigermaßen gut mit den Angaben aus dem Grundriss übereinstimmen.

Anmerkung:
Das hier aufgezeigte Problem mit den Fluchtpunkten von AB und CD könnte gelöst werden, indem man für feste E, B, C und F die Punkte A und D so entlang den Geraden PE und PF verschiebt, dass die Verlängerungen von AB und DC in Abbildung 21 den Horizont näher an P schneiden, als es hier der Fall ist. Dann würden die Strecken AB und CD allerdings um einiges an Länge zunehmen. Wahrscheinlich hat Saenredam diese starke perspektivische Verzerrung vermeiden wollen und deshalb die vom Hauptpunkt weit entfernten Teile seiner Konstruktion auf Grund seiner zuvor in der Kirche gemachten Schätzungen stets etwas mehr „korrigiert".

3.5 Zweipunktperspektive

In der niederländischen Malerei wird ab Mitte des 17. Jahrhunderts, besonders von Architekturmalern, neben der Einpunktperspektive auch eine Form der Zweipunktperspektive verwendet, die *diagonale Zweipunktperspektive* genannt wird. Zur Konstruktion einer solchen perspektivischen Darstellung benötigt man nicht mehr Kenntnisse als für die Einpunktperspektive, obwohl man so einen lebendigeren Effekt erreichen kann. Siehe zum Beispiel das Gemälde von Gerard Houckgeest, das in Abbildung 3.9 abgebildet ist. Womöglich wurde die Idee für diese Art der Perspektive unter anderem einer Abbildung aus dem ersten Teil von *Perspective* von Vredeman de Vries entlehnt, siehe Abbildung 3.23.
Die wichtigsten horizontalen Linien des Gebäudes, ebenso wie die Fugen der Bodenfliesen, bilden Winkel von 45° mit der Bildebene. Diese Geraden geben zwei *Hauptrichtungen* an. Die Fluchtpunkte dieser beiden Hauptrichtungen liegen am Rand der Zeichnung. Die dritte Hauptrichtung ist vertikal, besitzt also keinen Fluchtpunkt.
Weil hier *zwei* Hauptrichtungen einen Fluchtpunkt haben, spricht man von Zweipunktperspektive. Der Hauptpunkt ist hier kein Fluchtpunkt einer Hauptrichtung des Bauwerks, sondern der Fluchtpunkt einer Schar von *Diagonalen* der Bodenfliesen. Daher kommt die Bezeichnung: diagonale Zweipunktperspektive. Die übrigen Diagonalen sind parallel zur Bildebene, haben also keinen Fluchtpunkt.

Aufgabe 3.21
Betrachte Abbildung 3.23. Wie bereits angemerkt, ist der Hauptpunkt hier gerade der Fluchtpunkt einer Diagonalen und die anderen Diagonalen haben keinen Fluchtpunkt. Seien nun V_1 und V_2 die Fluchtpunkte der horizontalen Hauptrichtungen. Begründe, warum der Hauptpunkt P genau in der Mitte zwischen V_1 und V_2 und dass die Distanz d gleich $|PV_1|$ ist.

Abb. 3.23: Aus: Hans Vredeman de Vries, *Perspective*, 1604/1605.

Wir kennen nun auch den Punkt, von dem aus das Bild am besten betrachtet werden sollte. Betrachte die Abbildung aus diesem Punkt und Du wirst einen starken räumlichen Effekt erfahren!

Aufgabe 3.22

Zweipunktperspektive muss nicht unbedingt diagonal sein. In Abbildung 3.24 ist ein auf der Grundebene gelegenes Quadrat $ABCD$ zu sehen, dessen Diagonalen beide einen Fluchtpunkt haben (W_1 und W_2). Die Seiten AD und AB des Quadrats haben folglich die Fluchtpunkte V_1 und V_2.

a) Wie groß ist der Winkel zwischen OV_1 und OV_2 wirklich? Und zwischen OW_1 und OW_2?

a) Wie groß ist der Winkel zwischen OV_1 und OW_1 wirklich? Und zwischen OV_1 und OW_2?

Aufgabe 3.23

In Abbildung 3.25 ist eine perspektivische Darstellung des Quadrats $ABCD$ zu sehen.

Kopiere diese Abbildung mit einem Vergrößerungsfaktor von etwa 140%.

a) Die Position des Auges kann in der Sichtebene (am Horizont nach oben geklappt) bestimmt werden. Dazu sind einige Kenntnisse der ebenen Geometrie nötig. Für den Anfang ist die Lage von O so gewählt, dass $\angle V_1OV_2 = 90°$.

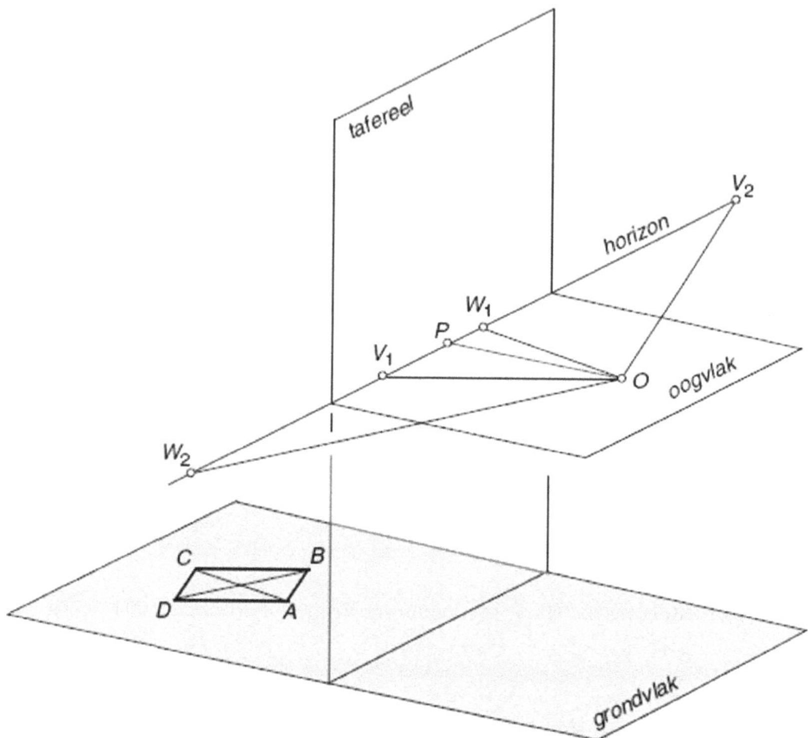

Abb. 3.24: Nicht diagonale Zweipunktperspektive.

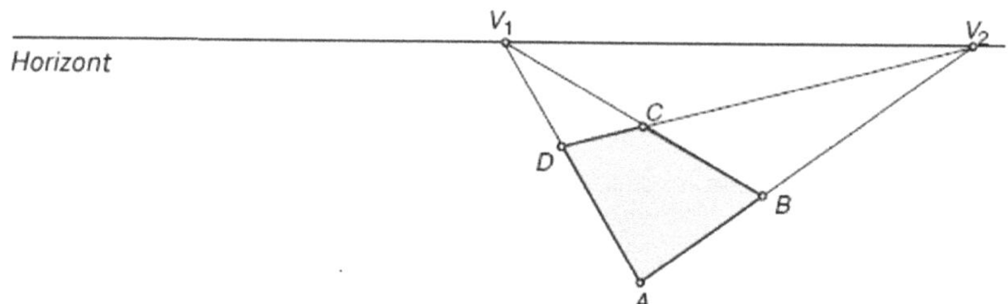

Abb. 3.25: Quadrat in perspektivischer Darstellung.

Wenn Du nun an den Satz von Thales denkst, wirst Du wissen, dass O auf einem bestimmten Kreis liegen muss. Zeichne die Hälfte dieses Kreises oberhalb des Horizonts.
b) Da $ABCD$ ein Quadrat ist, wissen wir außerdem, dass die Diagonalen senkrecht zueinander sind. Das liefert einen zweiten Halbkreis, auf dem sich O befinden muss. Zeichne auch diesen Halbkreis und bestimme so den Punkt O.
c) Die Diagonalen bilden mit den Seiten des Quadrats Winkel von $45°$. Wo kannst Du diese Winkel in Deiner Zeichnung wieder finden?

In Abbildung 3.26 ist ein Würfel abgebildet, der perspektivisch gezeichnet werden soll. In der Abbildung sind die Sehstrahlen zu den Fluchtpunkten V_1 und V_2 der Kanten des Würfels zu sehen, die nicht parallel zur Bildebene verlaufen. Weiter sind die Sehstrahlen zu den Fluchtpunkten U_1 und U_2 von den Diagonalen AH und DE eingezeichnet.
Da die Sehstrahlen OV_1, OU_1 und OU_2 alle drei parallel zur Ebene $AEHD$ sind, liegen alle drei in einer Sehebene. Diese Sehebene schneidet die Bildebene in einer vertikalen Schnittgeraden (parallel zur Kante AE). Die Fluchtpunkte V_1, U_1 und U_2 liegen gerade auf dieser Geraden, der sogenannten *Fluchtgeraden* der Ebene $AEHD$. So wie zwei parallele Geraden denselben Fluchtpunkt haben, so haben zwei parallele Ebenen dieselbe Fluchtgerade! Die Seitenfläche $BFGC$ des Würfels hat also dieselbe Fluchtgerade wie die Ebene $AEHD$.

Aufgabe 3.24
Betrachte Abbildung 3.26. Zeige: $|V_1U_1| = |V_1U_2| = |OV_1|$.

Aufgabe 3.25
In Abbildung 3.27 ist die Grundfläche des Würfels $ABCD.EFGH$ perspektivisch dargestellt. Die Gerade h ist der Horizont. Kopiere und vergrößere die Zeichnung. Um die perspektivische Zeichnung des gesamten Würfels anfertigen zu können, müssen wir die Position des Auges kennen.
a) In Aufgabe 3.23 haben wir gesehen, wie die Position des Auges bestimmt werden kann und damit auch der tatsächliche Abstand $|OV_1|$. Mit Hilfe dieses Abstands kann der Fluchtpunkt U_1 der Diagonalen AH bestimmt werden. Führe diese Konstruktion durch.
b) Konstruiere dann die perspektivische Darstellung des gesamten Würfels.

Aufgabe 3.26
Bei der Konstruktion oder Rekonstruktion in Zweipunktperspektive, ausgehend von einem Quadrat in der Grundebene, gelingt es nicht immer, die horizontalen Fluchtpunkte sowohl der Seitenflächen als auch der Diagonalen auf das Zeichenpapier zu bekommen. Wenn man jedoch von der Tatsache Gebrauch macht, dass eine Diagonale einen Winkel von $45°$ mit den Seiten des Quadrats bildet, kann man mit drei horizontalen Fluchtpunkten auskommen. Dazu verwendet man wieder ein wenig ebene Geometrie.

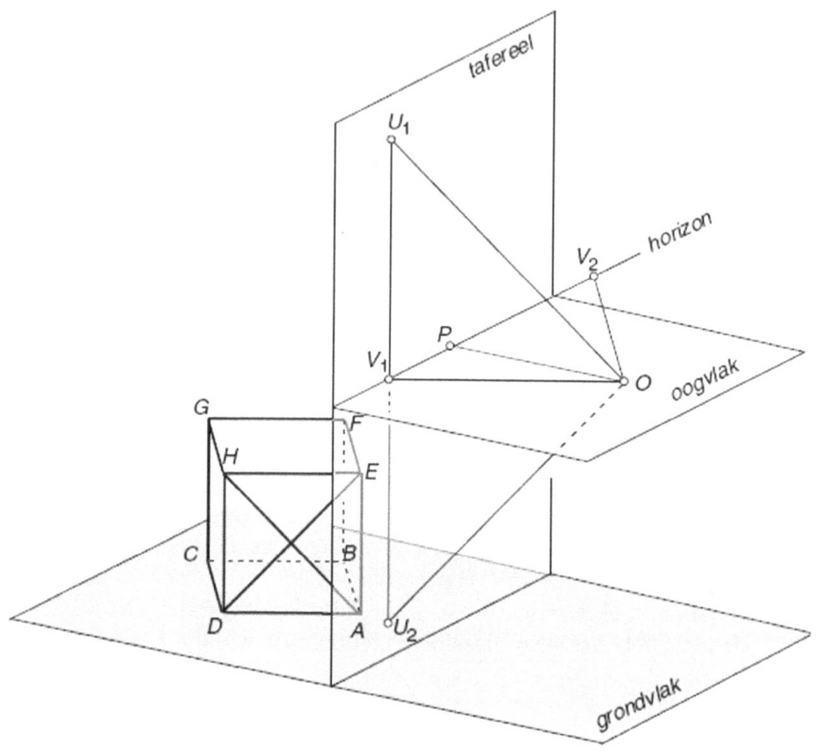

Abb. 3.26: Zweipunktperspektive mit vertikaler Fluchtgerade.

In Abbildung 3.28 ist eine solche Situation abgebildet, wobei V_1, V_2 und W_1 in der Zeichnung erreichbar sind, W_2 dagegen zu weit entfernt ist, um in der Zeichnung darstellbar zu sein. Statt des Halbkreises mit Durchmesser V_1V_2 ist der gesamte Kreis mit diesem Durchmesser eingezeichnet. Für den unteren Halbkreisbogen ist nun der Punkt M in seiner Mitte zu bestimmen. Es gilt: OW_1 verläuft durch M. Das heißt, dass O nun als Schnittpunkt von MW_1 und dem oberen Halbkreis bestimmt werden kann! Beweise, dass diese Konstruktion richtig ist, mit anderen Worten: Zeige, dass OW_1 durch M verläuft.

Aufgabe 3.27

Kopiere das Zeitungsfoto aus Abbildung 3.29. Der Punkt, von dem aus das Bild am besten betrachtet werden sollte, kann hier das „Auge der Kamera" genannt werden.

a) Rekonstruiere den Ort des Auges. Verwende die (quadratischen!) Fliesen auf dem Boden und die Methode, die in Aufgabe 3.26 vorgeschlagen wird.

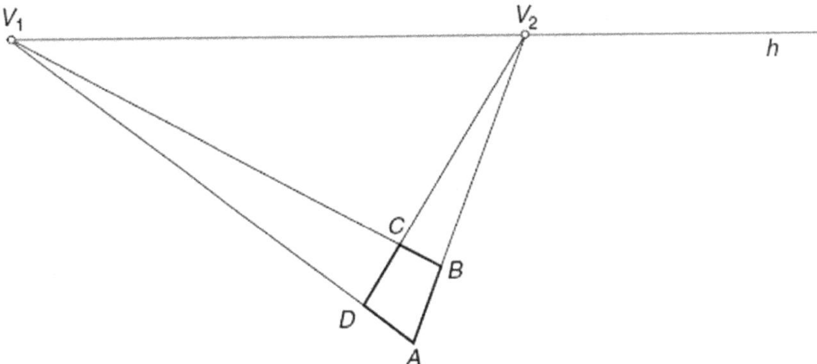

Abb. 3.27: Anfangsschritte der Darstellung eines Würfels in Zweipunktperspektive.

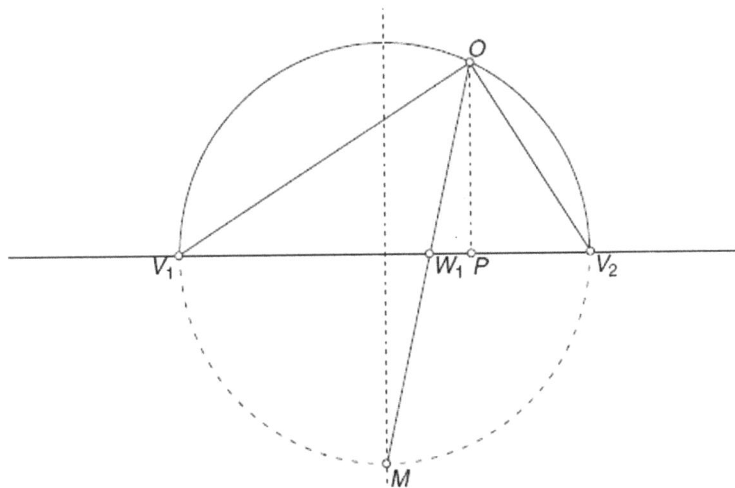

Abb. 3.28: Konstruktion von O ausgehend von V_1, V_2 und W_1.

Abb. 3.29: Im Gebäude des ehemaligen niederländischen Ministeriums für Wohnungswesen, Bebauung und Umwelt (VROM).

b) Welche Haltung hat der Fotograf wahrscheinlich eingenommen als er das Foto machte?
c) An welcher Seite wurde vom Foto, bevor es abgedruckt wurde, am meisten abgeschnitten?

3.6 Zweipunktperspektive mit geneigter Bildebene

Bei perspektivischen Zeichnungen oder Fotos ist die Bildebene nicht immer vertikal! Wenn man zum Beispiel einen hohen Turm fotografiert, hält man die Kamera schräg nach oben gerichtet und das bedeutet, dass die Bildebene eine geneigte Fläche ist.
Vredeman de Vries, der in seinem bereits erwähnten Lehrbuch ein hohes (Fantasie-) Bauwerk in nicht diagonaler Zweipunktperspektive abbildete, wählte hierfür ebenfalls eine geneigte Bildebene. Siehe Abbildung 3.30. Es scheint, als ob der Zeichner ein Zeichenfenster etwa auf Höhe der Deckplatte eines Schreibpults vor sich gehalten hat, und durch dieses Fenster von oben auf das Gebäude herunter sah.

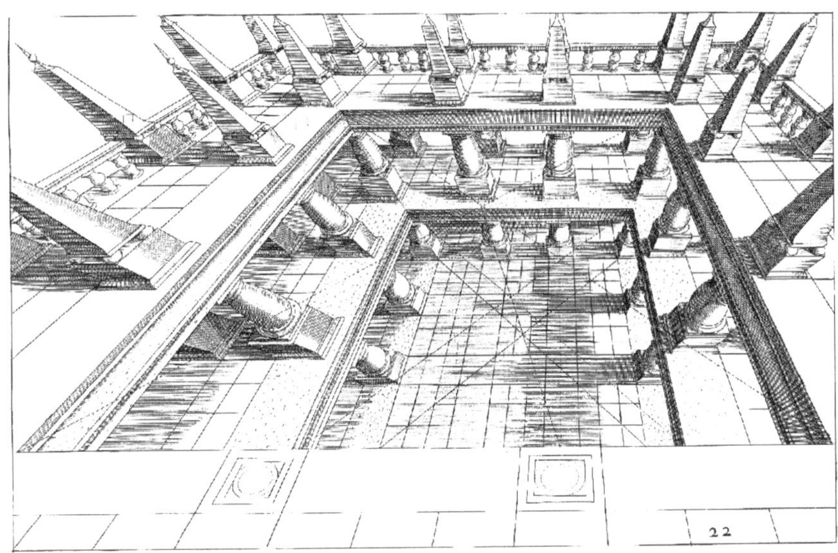

Abb. 3.30: Aus: Hans Vredeman de Vries, *Perspective*, 1604/1605.

Aufgabe 3.28

In Abbildung 3.31 ist eine grobe Skizze der Situation zu sehen. Zwei Hauptrichtungen haben einen Fluchtpunkt: V_1 ist der Fluchtpunkt einer horizontalen Hauptrichtung, V_3 ist der Fluchtpunkt der vertikalen Hauptrichtung.

a) Verifiziere, dass V_1 in der Zeichnung von Vredeman de Vries (Abbildung 3.30) außerhalb der Abbildung liegt.
b) Der Punkt V_3, von Vredeman de Vries *conterpunt* (= Kontrapunkt) genannt, kann in Abbildung 3.30 gefunden werden, indem man Geraden entlang der Säulen zeichnet und den Schnittpunkt dieser Geraden bestimmt. Vredeman de Vries verwendete jedoch eine andere Konstruktion, die Gebrauch von den Diagonalen macht. Überlege, wie er vorgegangen ist und bestimme die genaue Position von Fluchtpunkt V_3 in Abbildung 3.30.
c) In der Abbildung sind viele horizontale, quadratische Fliesen abgebildet und auch das Geländer und die Umrandung des Innenhofs sind laut zugehörigem Text quadratisch. Mit Hilfe dieser Informationen kann die Länge von OV_1 rekonstruiert werden. Dabei wird außer V_1 auch der Fluchtpunkt U_1 von einer der Diagonalen der Quadrate benötigt, die auf dem Bild zu finden sind. Versuche nun selber den Hauptpunkt P und die Distanz mit Hilfe von V_1, V_3 und der gefundenen Länge OV_1 zu bestimmen.
Überprüfe ob Du beim Ansehen der Zeichnung vom Punkt des richtigen Betrachtens aus ein wenig Höhenangst bekommst ...

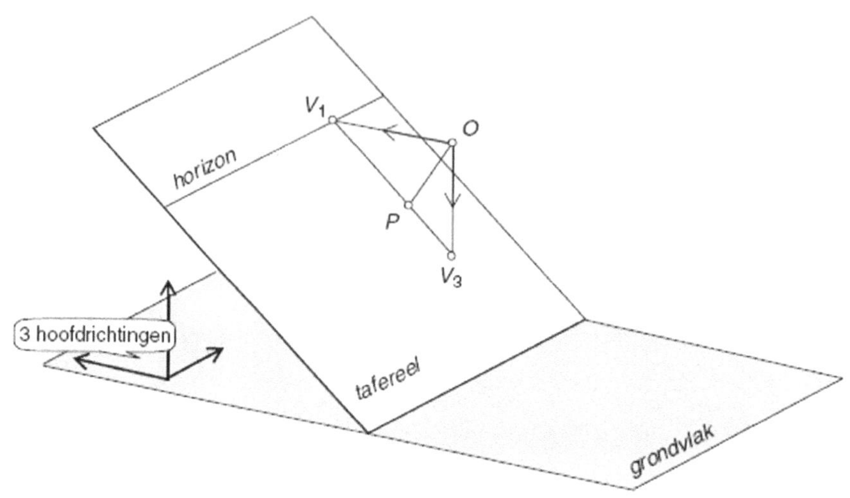

Abb. 3.31: Zweipunktperspektive mit geneigter Bildebene.

Anmerkung: Die Distanz in Abbildung 3.30 ist verglichen mit der Größe der Abbildung relativ klein und im Verhältnis viel kleiner als bei allen anderen Abbildungen im Buch von Vredeman de Vries. Da die Distanz auch im absoluten Sinne sehr klein ist, in diesem Maßstab 2.0 cm, ergibt es eigentlich erst nach einer Vergrößerung der Zeichnung Sinn, diese stark verzerrte Abbildung mit einem Auge vom richtigen Ausgangspunkt aus zu betrachten. Die Illusion, dass man beim Betrachten des Bildes meint, von oben auf ein Gebäude zu blicken, kann außerdem verstärkt werden, wenn man das Blatt an der Oberkante etwas höher hält als an der Unterkante, sodass das Papier mit der horizontalen Ebene einen Winkel von 16° ($\angle PV_1O$) bildet. Die eigenen Sehstrahlen haben dann auch gegenüber der Erdoberfläche dieselbe Richtung wie die übereinstimmenden Sehstrahlen des Zeichners. So ist OV_1 also horizontal und OV_3 vertikal.

Ein anderes Beispiel für Zweipunktperspektive mit einer geneigten Bildebene findet man in einem von Eschers frühesten Werken: die Zeichnung *Sint Bavo* (von 1920, siehe Abbildung 3.32). Diese ist, was die Wahl des Motivs angeht, verwandt mit dem in Abschnitt 3.4 behandelten Gemälde von Saenredam, was die Perspektive angeht jedoch eher vergleichbar mit Abbildung 3.30. In Eschers Zeichnung ist die Bildebene weder vertikal noch horizontal, und eine der drei Hauptrichtungen besitzt keinen Fluchtpunkt. Ein Unterschied ist jedoch, dass Escher nicht von einem höheren Standpunkt aus nach unten, sondern vom Boden aus schräg nach oben blickte. Ein weiterer Unterschied ist, dass er nicht wie Vredeman de Vries über eine Konstruktion ein imaginäres Gebäude zeichnete, sondern auf der Basis seiner eigenen Wahrnehmung einen Teil des Innenraums einer real existierenden Kirche abbildete. Es ging Escher dabei offensichtlich mehr um das Linienspiel mit dem Kronleuchter als Blickfänger, als um eine perspektivisch korrekte Wiedergabe auf einer ebenen Bildfläche. Auch den Spiegelungen in der kugelförmigen Unterseite des Kronleuchters widmete er viel Aufmerksamkeit. Escher hat sicher nicht versucht, seine Wahrnehmung im Nachhinein durch Konstruktionen so gut wie möglich mit den Regeln der Perspektive übereinstimmen zu lassen, wie Saenredam es tat. Sogar mit dem „Kontrapunkt" V_3 von Vredeman de Vries, der hier oberhalb der Zeichnung außerhalb der Abbildung liegt, ging Escher locker um. Auf den ersten Blick scheinen die Bilder der vertikalen Strecken auf Geraden zu liegen, die einander in genau einem Punkt schneiden. Wenn wir diese Geraden jedoch tatsächlich einzeichnen, stellt sich heraus, dass es mehrere Schnittpunkte gibt. Auch die Position, die wir für den Fluchtpunkt V_1 der horizontalen Längsrichtung der Kirche, hier unterhalb des Bildes gelegen finden, hängt davon ab, welche Strecken des Bildes wir zu seiner Bestimmung verlängern. Dadurch ist die Lage des Horizonts, der durch V_1 und parallel zur Breitenrichtung der Kirche verläuft, ebenfalls nicht eindeutig zu bestimmen. Das alles bewirkt, dass wir den Hauptpunkt und die Distanz nicht eindeutig aus der Zeichnung ableiten können.

3.7 Dreipunktperspektive

Neben der Einpunkt- und Zweipunktperspektive gibt es außerdem die *Dreipunktperspektive*. Dabei haben, wie der Name vermuten lässt, die vertikale und beide horizontalen Hauptrichtungen einen Fluchtpunkt.
Eschers Holzschnitt *Turm von Babel* (1928) ist ein Beispiel für eine Darstellung in Dreipunktperspektive. Man erkennt sofort, dass keine der drei Hauptrichtungen parallel zur Bildebene verläuft.

(Re-)Konstruktion in Dreipunktperspektive verlangt noch etwas mehr geometrische Kenntnisse als es bei Ein- und Zweipunktperspektive der Fall war. Wer Literatur zu diesem Thema sucht, braucht nicht in Büchern nachzusehen, die älter als 50 Jahre sind. In der niederländisch-sprachigen Literatur über Perspektive vom Anfang des 20. Jahrhunderts, in der weniger die Malerei als das Technische Zeichnen als Anwendungsgebiet im Mittelpunkt steht, zeigt sich, dass bei Konstruktionsmethoden verglichen mit dem 17. Jahrhundert deutliche Fortschritte erzielt wurden. Es wurde jedoch immer noch ausschließlich Einpunkt- und Zweipunktperspektive behandelt, wobei die Bildebene beinahe immer vertikal gewählt wurde. Dennoch war das Interesse an der Dreipunktperspektive inzwischen geweckt, vor allem durch Fotos von Wolkenkratzern, die Fluchtpunkte der zwei horizontalen und der vertikalen Hauptrichtung aufwiesen.

Abb. 3.32: M.C. Eschers „Sint Bavo“ ©1999 Cordon Art - Baarn - Holland. Alle Rechte vorbehalten. Ober- und unterhalb der Abbildung sind Hilfslinien eingezeichnet.

Abb. 3.33: M.C. Eschers „Turm von Babel“ ©1999 Cordon Art - Baarn - Holland. Alle Rechte vorbehalten.

Die Fotografen sahen von unten zu diesen Gebäuden auf. Später wurde man auch durch Fotos und Filmaufnahmen, die aus großer Höhe aus einem Flugzeug aufgenommen wurden, mit der Dreipunktperspektive vertraut. Es dauerte allerdings noch bis zum Beginn der fünfziger Jahre, bevor in der Literatur über Technisches Zeichnen (per Hand), Werbezeichnen und freies Zeichnen und/oder Malen auch der Dreipunktperspektive Aufmerksamkeit gewidmet wurde. Hierauf hat Escher mit dem Entwurf seines *Turms von Babel* nicht gewartet. Bevor wir dieses Werk von Escher besprechen, werden wir die nötigen Eigenschaften der Dreipunktperspektive kennen lernen.

Abb. 3.34: Wolkenkratzer in Singapur.

Abbildung 3.35 zeigt eine Situation, in der die drei Hauptrichtungen auf einem geneigten Zeichenfenster in Dreipunktperspektive abgebildet werden sollen. Keine der Richtungen ist parallel zur Bildebene.
V_1, V_2 und V_3 sind die Fluchtpunkte der drei zueinander senkrechten Richtungen. Die Sehstrahlen von O zu den Punkten V_1, V_2 und V_3 bilden zusammen mit den Fluchtgeraden V_1V_2, V_2V_3 und V_3V_1 ein Tetraeder (Vierflach).
Der Hauptpunkt P ist die senkrechte Projektion der „Spitze" O des Tetraeders auf die Grundebene $V_1V_2V_3$ (die in der Bildebene liegt).
Um den besten Ausgangspunkt für die Betrachtung eines Bildes wie der *Turm von Babel* oder des Fotos von den Wolkenkratzern rekonstruieren zu können, werden wir nun zunächst einige Eigenschaften dieses Tetraeders untersuchen.
Das Tetraeder hat die besondere Eigenschaft, dass die drei „Blickwinkel" bei O rechte Winkel sind: $\angle V_1OV_2 = \angle V_2OV_3 = \angle V_3OV_1 = 90°$.
Stell Dir nun vor, dass dieses Tetraeder aus Pappe ist. Die Dreiecke, die sich in Punkt O treffen können dann entlang der Kanten OV_1, OV_2 und OV_3 auseinander geschnitten werden, sodass man die Seitenflächen nach außen klappen kann. So erhält man ein Netz des Tetraeders (siehe Abbildung 3.36).

Da alle Winkel am Punkt O rechte Winkel sind, wissen wir nun, dass O auf den drei Kreisen mit den Durchmessern V_1V_2, V_2V_3 und V_3V_1 liegen muss. Im Netz kann dies wie in Abbildung 3.37 verdeutlicht werden.

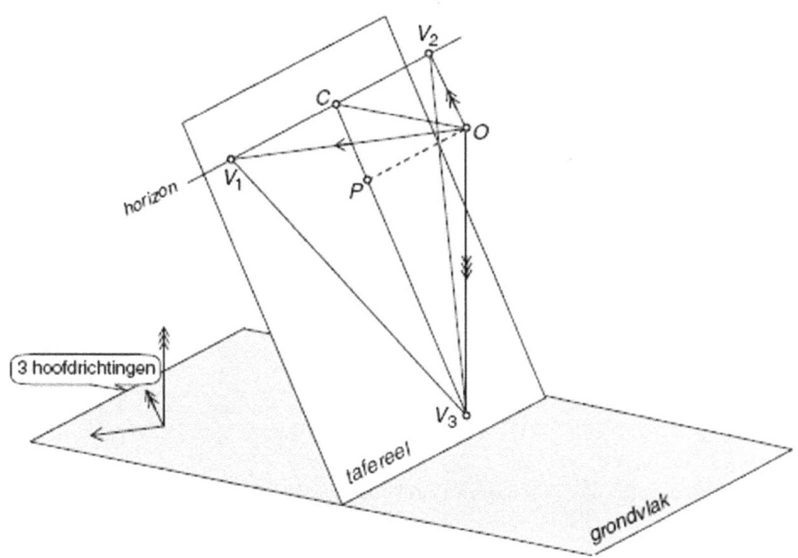

Abb. 3.35: Dreipunktperspektive.

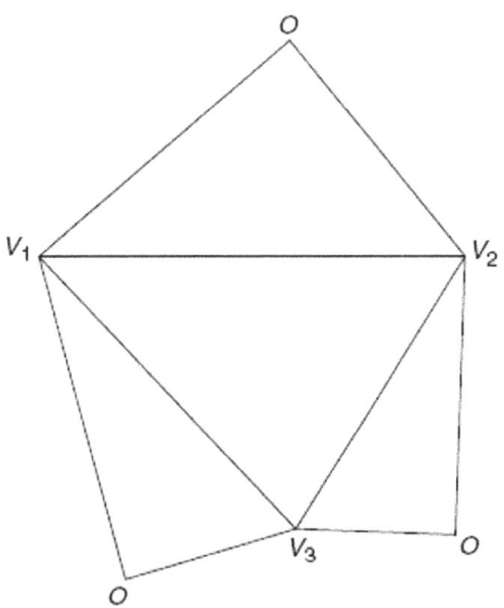

Abb. 3.36: Netz des Tetraeders $OV_1V_2V_3$.

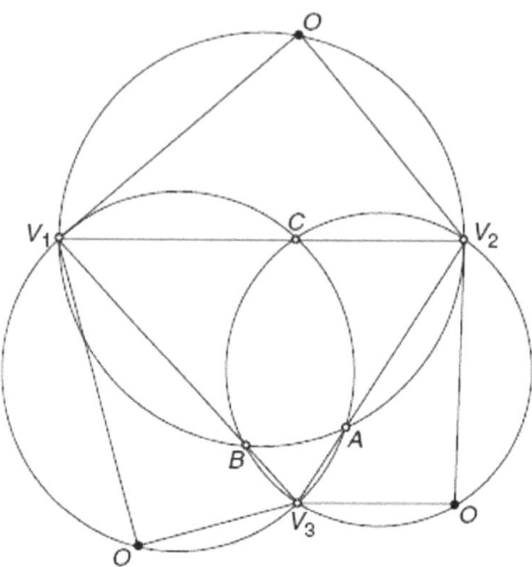

Abb. 3.37: Netz des Tetraeders $OV_1V_2V_3$ mit Kreisen um die Seitenflächen.

Aufgabe 3.29
Die drei Kreise haben außer den drei Fluchtpunkten noch drei weitere Schnittpunkte: A, B und C. Bemerkenswert ist hierbei, dass diese Schnittpunkte genau auf den Kanten des Dreiecks $V_1V_2V_3$ liegen. Das kann mit Hilfe des Satzes von Thales bewiesen werden. Es ist hilfreich die Verbindungslinien V_1A, V_2B und V_3C einzuzeichnen. Du kannst nun beweisen, dass V_2A und V_3A auf einer Geraden liegen. Dies geht genauso für V_1B und V_3B und für V_1C und V_2C.
a) Führe diesen Beweis aus.
b) Die drei Geraden V_1A, V_2B und V_3C scheinen sich in genau einem Punkt zu treffen. Beweise auch das.
Es gibt noch eine Besonderheit an dieser Abbildung. Verlängere V_1A, V_2B und V_3C und sie scheinen alle drei durch O zu gehen. Das folgt aus einem Satz der räumlichen Geometrie. In Abbildung 3.35 gilt nämlich, dass OC und V_3C beide senkrecht auf V_1V_2 stehen. Nach dem Aufklappen des Dreiecks OV_1V_2 liegen diese beiden Geraden jeweils auf der Verlängerung der anderen.
c) Verwende nun all diese Besonderheiten für die Konstruktion eines Netzes für ein Tetraeder mit denselben Eigenschaften wie $OV_1V_2V_3$.

Der Schnittpunkt von dem in Aufgabe 3.29 b) die Rede ist scheint genau der Hauptpunkt P zu sein! Um das zu verdeutlichen, werden wir uns auf Dein räumliches Vorstellungsvermögen berufen. Ersetze in Gedanken den Kreis mit Durchmesser V_1V_2 durch einen Halbkreis an der Außenseite des Dreiecks.
Wenn wir diesen Halbkreis um die Seite V_1V_2 rotieren lassen, bis er an der anderen Seite der Grundfläche liegt (also durch A und B verläuft), beschreibt diese Drehung eine Halbkugel!
Ebenso können wir um die Seiten V_1V_3 und V_2V_3 Halbkugeln erstellen. Da O

auf jeder der drei Halbkugeln liegen muss, kann man nun sagen, dass O der *Schnittpunkt* der drei Kugeln ist.
Wenn Du Probleme hast, Dir das vorzustellen, betrachte zunächst zwei Halbkugeln.

Abb. 3.38: Zwei Halbkugeln mit Schnitthalbkreis, seitlich und von oben gesehen.

Zwei Halbkugeln mit gemeinsamer Äquatorebene schneiden einander in einem Halbkreis, der senkrecht zur Äquatorebene liegt. In der Draufsicht mit den zwei Kreisen wird der Schnitthalbkreis durch die gemeinsame Sehne dargestellt.
Wenn man sich nun vorstellt, dass eine dritte Halbkugel dazukommt, welche die beiden anderen schneidet, dann schneidet der Schnitthalbkreis der ersten beiden Halbkugeln in einem Punkt die dritte Kugel. Das ist gerade der Schnittpunkt der drei Halbkugeln. Eine Folgerung hieraus ist, dass die drei Schnitthalbkreise der drei Halbkugeln durch einen Punkt verlaufen. In der Draufsicht ist dieser Punkt der Schnittpunkt der drei gemeinsamen Sehnen.

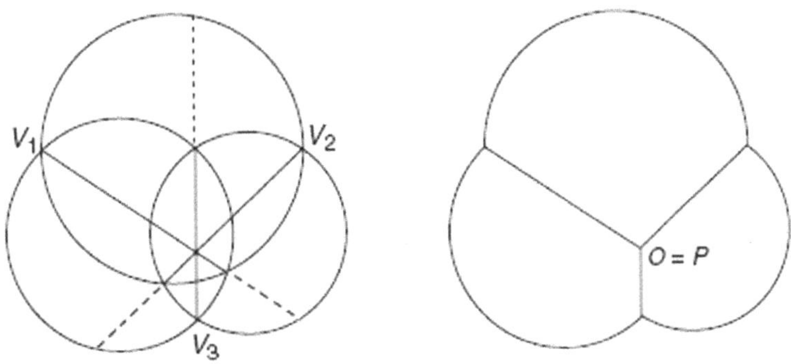

Abb. 3.39: Draufsicht der drei Halbkugeln mit Schnittpunkt.

Der Punkt O ist, wie bereits erläutert, gerade der Schnittpunkt der drei Halbkugeln. In der Draufsicht fällt O mit dem Hauptpunkt P zusammen. Diesen Punkt erhält man nun als den Schnittpunkt der drei gemeinsamen Sehnen oder als Höhenschnittpunkt des Dreiecks $V_1V_2V_3$.

Beim Rekonstruieren einer Zeichnung in Dreipunktperspektive kann man also aus den drei Fluchtpunkten der Hauptrichtungen sehr einfach den Hauptpunkt bestimmen. Damit erhält man allerdings noch nicht die Distanz. Wenn man beachtet, dass Dreieck OPV_3 rechtwinklig im Punkt P ist und dass man zwei Seiten dieses Dreiecks im Netz des Tetraeders $OV_1V_2V_3$ wieder findet, dann wird vermutlich klar, wie man den Abstand OP bestimmen kann.

Aufgabe 3.30
a) Kopiere Eschers Turm von Babel. Bestimme die Fluchtpunkte der Hauptrichtungen, konstruiere den Hauptpunkt P und finde die Distanz.
b) Überprüfe, ob die gesamte Abbildung in Deinem Blickfeld bleibt, wenn Du sie mit einem Auge vom Punkt des richtigen Betrachtens aus ansiehst, sodass der zentrale Sehstrahl durch P verläuft. Erläutere, dass das zu den Aussagen in Abschnitt 3.2 über den Distanzkreis passt.

3.8 Abschließender Arbeitsauftrag

Sammle einige (Zeitungs-) Fotos und Abbildungen von Gemälden oder Zeichnungen, bei denen Einpunkt-, Zweipunkt- oder Dreipunktperspektive deutlich zu erkennen ist.
Analysiere eine Abbildung von jeder der drei Arten von Perspektive und verfasse einen kurzen Bericht über Deine Untersuchungen.

3.9 Lösungen zu den Aufgaben

Aufgabe 3.2
Wenn eine Strecke bei Verlängerung genau durch das Auge verläuft, ist das perspektivische Bild ein Punkt.

Aufgabe 3.3
Nach der zuerst genannten Regel liegen die Sehstrahlen, die O mit den Punkten von ℓ verbinden in einer Ebene. Nach der zweiten Regel schneidet diese Ebene die Bildebene in einer Geraden. Diese Schnittgerade (in der Abbildung ℓ') ist das perspektivische Bild von ℓ.

Aufgabe 3.4
Wenn die gekrümmte Linie in einer Ebene durch O liegt, ist das perspektivische Bild eine Gerade. Nimm zum Beispiel einen Kaffeebecher, dessen oberer

Abb. 3.40: Beispiele für perspektivische Darstellungen.

Rand ein Kreis ist. Diesen Rand siehst du wahrscheinlich als Ellipse. Durch Drehen des Bechers kann die Ellipse schmaler gemacht werden und im Grenzfall ist der Rand nur noch als Gerade sichtbar.

Aufgabe 3.5
a) $\tan(22.5°) \approx 0.41, \tan(26°) \approx 0.49, \tan(30°) \approx 0.58$
b) $45°$

Aufgabe 3.7
Sei V der Fluchtpunkt von ℓ, also $\ell || OV$. Da $m || \ell$, folgt weiter $m || OV$. Also ist

V der Fluchtpunkt von m. (Anmerkung: Für die Definition eines Fluchtpunkts wird hier stillschweigend verwendet, dass es durch einen Punkt außerhalb einer Geraden genau eine Gerade gibt, die parallel zu der Geraden verläuft.)

Aufgabe 3.9
Der Hauptpunkt P.

Aufgabe 3.10
Die Gerade EN ist parallel zur Geraden AC in der Grundebene.

Aufgabe 3.11
Siehe Abbildung 3.41.

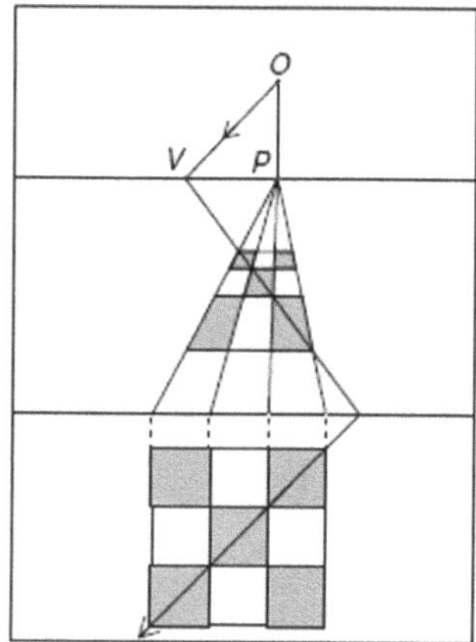

Abb. 3.41: Lösung von Aufgabe 3.11.

Aufgabe 3.12
Vergrößere die Distanz (verschiebe O in Abbildung 3.15 nach oben).

Aufgabe 3.13
Siehe Abbildung 3.42.

Aufgabe 3.14
Der Fluchtpunkt liegt oberhalb oder unterhalb des Horizonts, abhängig vom Steigen oder Fallen der Geraden bezüglich der Position von O.

Aufgabe 3.15
Der Quader mit der Nummer 5 liegt nicht horizontal, sondern steht schräg nach oben. Der Fluchtpunkt muss also *oberhalb* des Horizonts liegen.

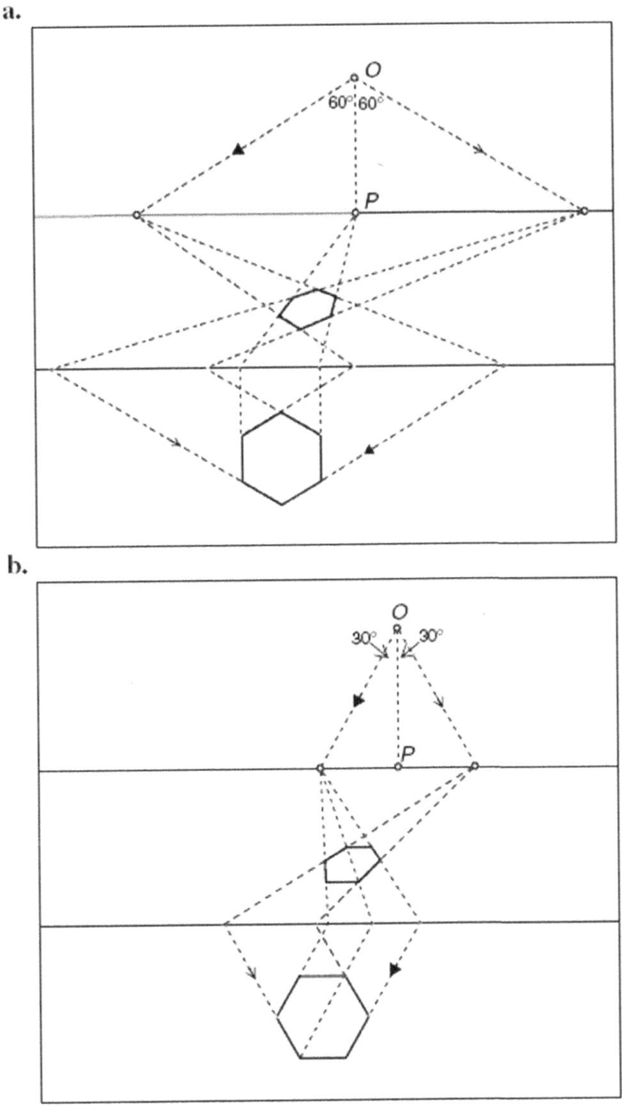

Abb. 3.42: Lösung von Aufgabe 3.13.

Aufgabe 3.16
Die vier Diagonalen bilden je einen Winkel von 45° mit der Kante HE.
Da $EH||OP, OD_1||FH, OD_2||EG, OD_3||DE$ und $OD_4||AH$ wissen wir, dass OD_1, OD_2, OD_3 und OD_4 je einen Winkel von 45° mit der Strecke OP, die senkrecht auf D_1D_2 und D_3D_4 steht bilden. Daraus folgt: $|PD_1| = |OP|$, usw.; d. h. D_1, D_2 usw. liegen auf dem Kreis mit Mittelpunkt P und der Distanz als Radius.

Aufgabe 3.17
Siehe Abbildung 3.43.

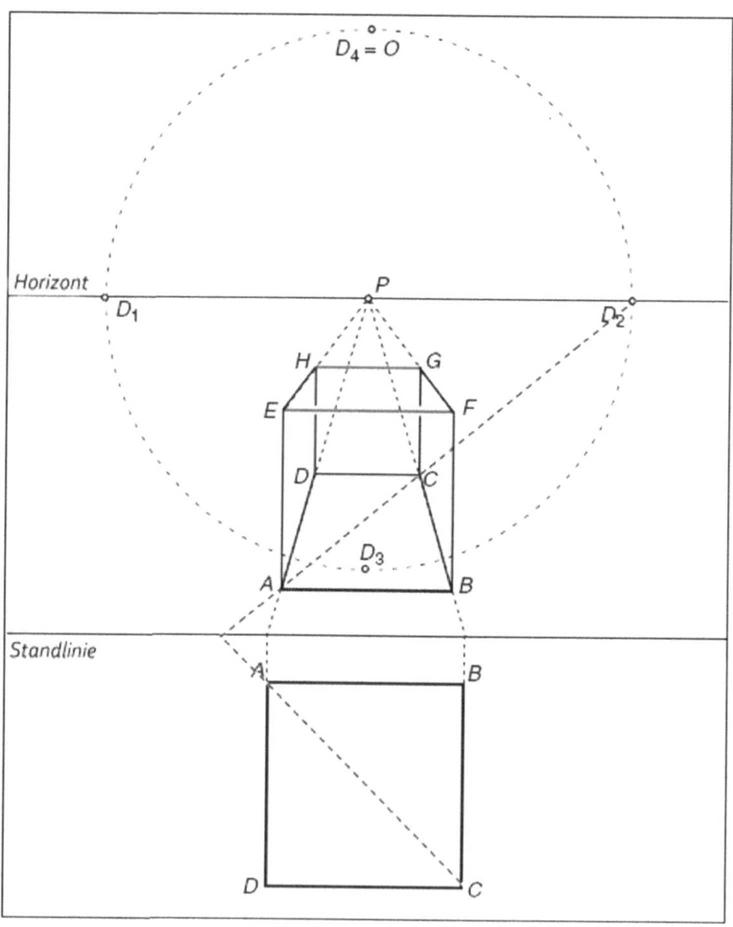

Abb. 3.43: Lösung von Aufgabe 3.17.

Aufgabe 3.18
Siehe Abbildung 3.44.

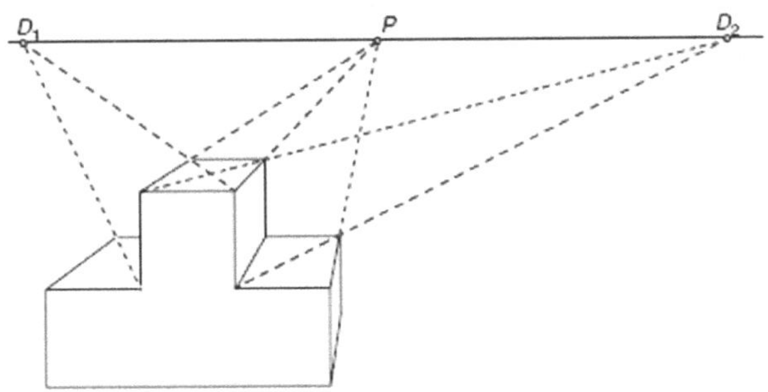

Abb. 3.44: Lösung von Aufgabe 3.18.

Aufgabe 3.19
a) 3.75 cm
b) ca. 21 cm

Aufgabe 3.20
b) 27° (eventuell 30°)
c) 0.8 bis 1.1 cm. Im Maßstab des Gemäldes sind das 4.5 bis 6 cm.
d) Laut Grundriss sind AB und CD in Wirklichkeit beinah ebenso lang wie BC. Die senkrechten Projektionen EB und CF von nacheinander AB und CD auf die Gerade durch B und C wären in Wirklichkeit $\cos(63°)(\approx 0.45)$ oder $\cos(60°)(\approx 0.5)$ mal so lang wie BC. Dieses Verhältnis bleibt auch in der perspektivischen Darstellung erhalten (BC ist parallel zur Bildebene!). In Abbildung 3.19 kann man nachmessen, dass dieses Verhältnis ziemlich genau stimmt.

Aufgabe 3.21
Das Dreieck OV_1V_2 ist gleichschenklig und rechtwinklig und P liegt genau in der Mitte zwischen V_1 und V_2. Daraus folgt:
$|PV_1| = |PV_2| = d$

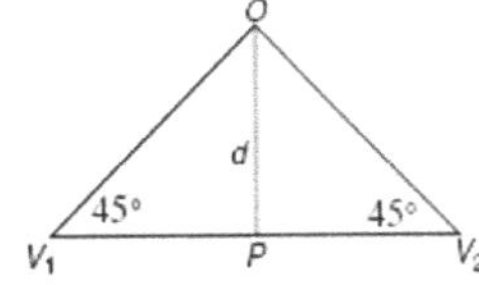

Abb. 3.45: Zur Lösung von Aufgabe 3.21.

Aufgabe 3.22
a) Beide Winkel haben eine Größe von 90°.
b) Beide Winkel haben eine Größe von 45°.

Aufgabe 3.23
Siehe Abbildung 3.46.
c) $\angle W_2OV_1 = \angle V_1OW_1 = \angle W_1OV_2 = 45°$.

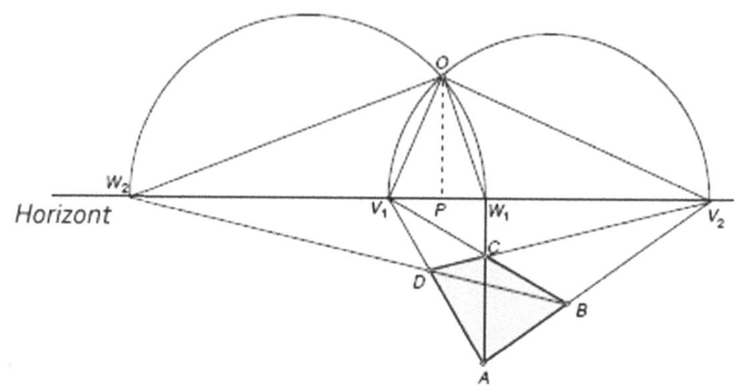

Abb. 3.46: Zur Lösung von Aufgabe 3.23.

Aufgabe 3.24
OV_1, OU_1 und OU_2 sind in dieser Reihenfolge parallel zu AD, AH und DE. Also bildet OV_1 mit OU_1 und OU_2 Winkel von 45°. Außerdem steht die Gerade U_1U_2 senkrecht auf OV_1.

Aufgabe 3.25
Siehe Abbildung 3.47.

Aufgabe 3.26
Die Gerade OW_1 ist die Winkelhalbierende von Winkel V_1OV_2. Da zu gleichen Peripheriewinkeln gleiche Kreisbögen gehören, wissen wir nun, dass OW_1 bei Verlängerung die untere Hälfte des Kreises halbiert. Mit anderen Worten: OW_1 geht durch den Punkt M.

Aufgabe 3.27
a) Der Hauptpunkt P liegt etwa 3.3 cm von der Unterkante und 1.9 cm vom rechten Seitenrand des Fotos entfernt. Die Distanz ist etwa 7.7 cm.
b) Er hockte oder kniete auf dem Boden.
c) Die rechte Seite.

Anmerkung: Ein anderer Ausweg für den Fall, dass einer der vier gesuchten Fluchtpunkte außerhalb des Papiers liegt ist, mit zwei anderen zueinander senkrechten Geraden zu arbeiten. Auf den Boden im Foto kann man zum Beispiel einfach eine Gerade mit Steigung 2 und eine Gerade mit Steigung $-\frac{1}{2}$ zeichnen.

Aufgabe 3.28
Siehe Abbildung 3.48.

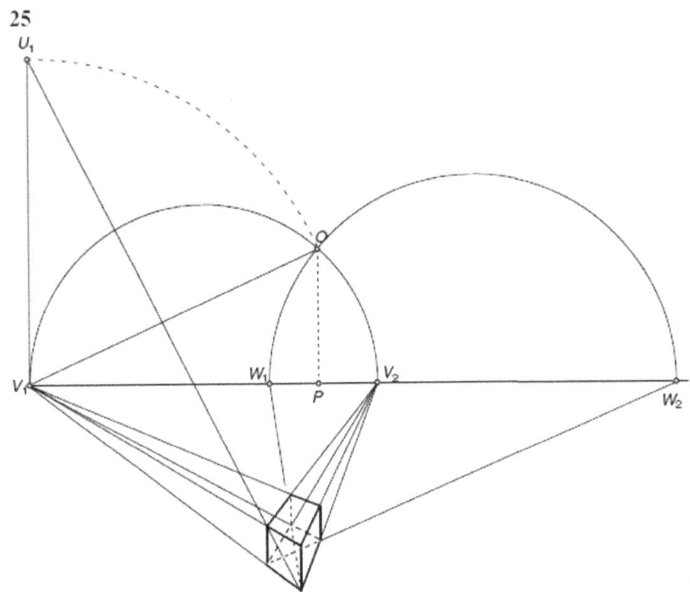

Abb. 3.47: Lösung von Aufgabe 3.25.

c) Beachte: $\angle V_1OV_3 = 90°$ und $|U_1V_1| = |OV_1|$

Aufgabe 3.29
a) A auf dem Kreis mit Durchmesser $V_1V_2 \Rightarrow V_2A \perp V_1A$ (1)
A auf dem Kreis mit Durchmesser $V_1V_3 \Rightarrow V_3A \perp V_1A$ (2)
Aus (1) und (2) folgt: V_2A und V_3A liegen auf einer Geraden (nämlich der Lotgeraden durch A auf V_1A). Analog für V_1B und V_3B und für V_1C und V_2C.
b) Aus a) folgt, dass die Geraden V_1A, V_2B und V_3C die *Höhen* des Dreiecks $V_1V_2V_3$ sind und die drei Höhen eines Dreiecks schneiden sich in einem Punkt.
c) Zeichne ein spitzwinkeliges Dreieck $V_1V_2V_3$ und drei Halbkreise über den Seiten (nach außen). Zeichne außerdem die drei Höhen der Dreiecke. Jede Höhe schneidet den Halbkreis der gegenüberliegenden Seite in einem Punkt O. Verbinde die drei Punkte O mit den zwei Endpunkten der zugehörigen Seite und Du erhältst das Netz des Tetraeders $OV_1V_2V_3$. Kontrolliere, ob Du daraus das Tetraeder falten kannst.

Aufgabe 3.30
Siehe Abbildung 3.49.

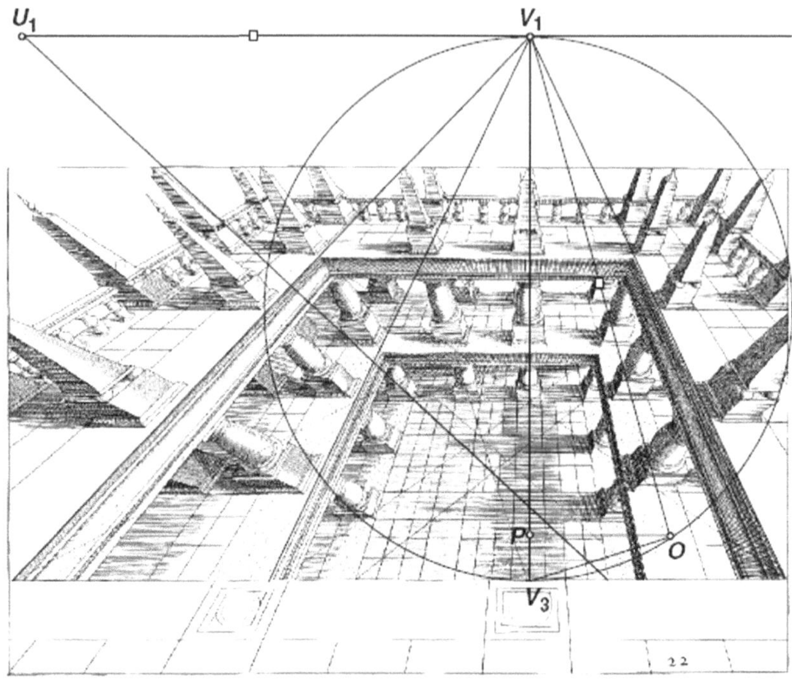

Abb. 3.48: Zur Lösung von Aufgabe 3.28.

3.10 Anhang: Der Satz des Thales

In der Einleitung und an verschiedenen Stellen dieses Buches wird der Satz des Thales erwähnt. Man vermutet, dass Thales von Milet von 624 vor Chr. bis 547 vor Chr. lebte. Er ist bekannt als der erste große Philosoph des alten Griechenlands. Laut Proclos, einem anderen Philosophen, entdeckte Thales in Ägypten die Geometrie, die er nach der Rückkehr in sein Vaterland weiter entwickelte. Einer der Sätze, die er entdeckte lautet kurz formuliert: *Ein Winkel in einem Halbkreis ist ein rechter Winkel.* Siehe Abbildung 3.50.
Heutzutage wird oft die Umkehrung dieses Satzes nach Thales benannt: *Wenn der Winkel bei C im Dreieck ABC ein rechter Winkel ist, so liegt C auf dem Kreis mit dem Durchmesser AB.* Es ist gerade dieser letzte Satz, der in diesem Buch einige Male verwendet wird um den Ausgangspunkt zur richtigen Betrachtung eines Bildes zu rekonstruieren. Beide Sätze lassen sich leicht beweisen:

Ein Winkel in einem Halbkreis ist ein rechter Winkel:

Punkt C liegt auf dem Kreis mit Durchmesser AB; siehe Abbildung 3.51.

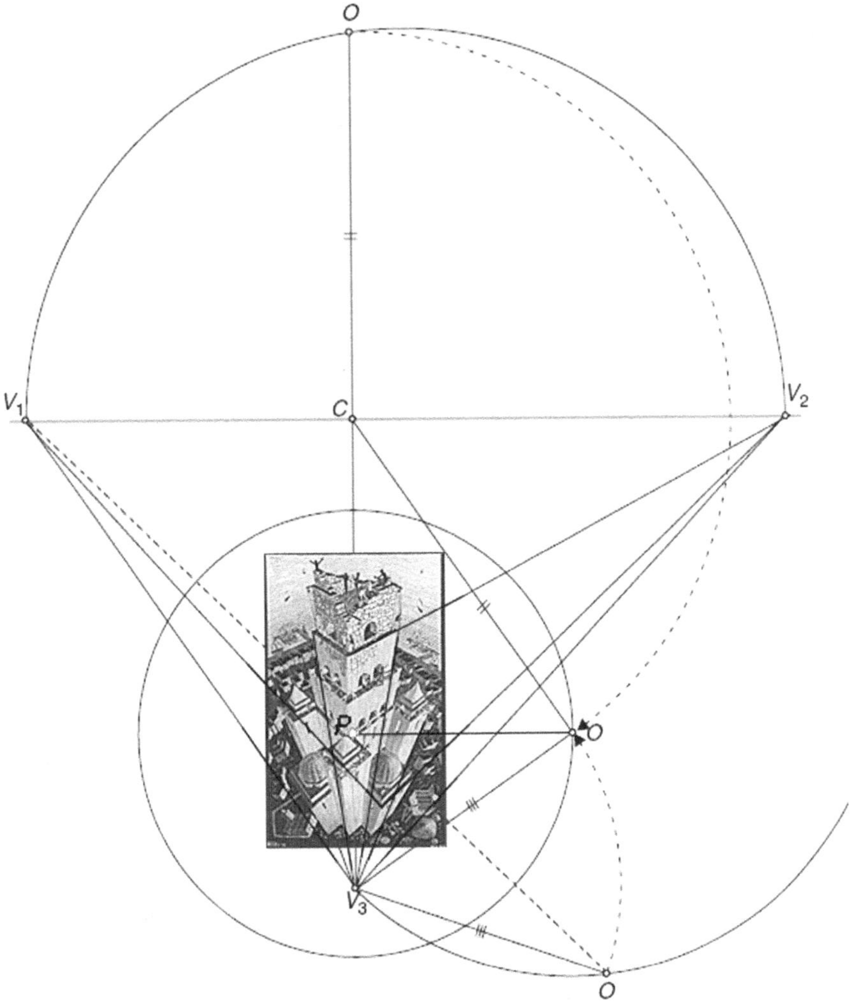

Abb. 3.49: Lösung von Aufgabe 3.30. M.C. Eschers „Turm von Babel“ ©1999 Cordon Art - Baarn - Holland. Alle Rechte vorbehalten.

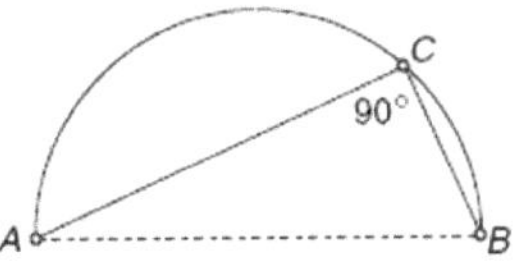

Abb. 3.50: Satz des Thales.

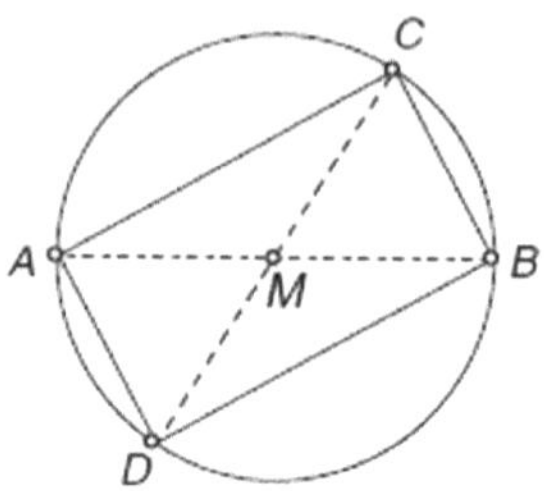

Abb. 3.51: Zum Beweis des Satzes von Thales.

Zeichne den Durchmesser CD in den Kreis. Vom Viereck $ABCD$ weiß man nun, dass die Diagonalen einander in der Mitte schneiden, also ist das Viereck ein Parallelogramm. Andererseits sind die Diagonalen gleich lang, also ist das Parallelogramm ein Rechteck. Also ist auch bei C ein rechter Winkel.

Ist der Winkel bei C ein rechter Winkel, so liegt C auf dem Kreis mit Durchmesser AB.

Winkel bei C des Dreiecks ABC ist ein rechter Winkel; siehe Abbildung 3.52.

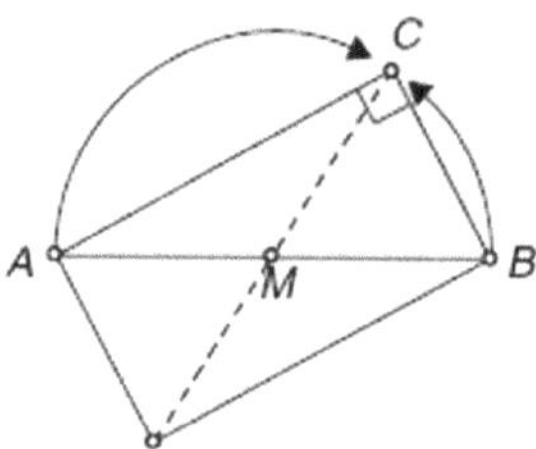

Abb. 3.52: Zum Beweis der Umkehrung des Satzes von Thales.

Zeichne die Geraden durch A bzw. B parallel zu BC bzw. AC. Es entsteht ein Parallelogramm mit einem rechten Winkel bei C, es ist also ein Rechteck. Darin sind die Diagonalen gleich lang und sie teilen einander genau in der Mitte (in M). Also liegt C gleichweit entfernt von M wie A und B, anders gesagt: C liegt auf dem Kreis mit Durchmesser AB.

Literaturhinweise

1. Das klassische Buch von Vredeman de Vries ist als Nachdruck immer noch erhältlich:
   Vredeman de Vries, J.: Perspective. Dover (1968).

2. Ein elementar zugängliches deutschsprachiges Buch zum Thema ist:
   Rehbock, F.: Geometrische Perspektive. Springer, Berlin (1979).

4

Schiebereien mit Autos, Münzen und Kugeln

Hans Melissen, Rob van Oord

Vorbemerkung der Herausgeber

Wie viele Reifen passen in den Kofferraum eines Autos, oder wie viele Gläser kann man auf ein Tablett stellen? Diese Fragen sind Beispiele für Packungsprobleme, betreffen also die optimale Anordnung von Objekten in einem begrenzten Raum. Fragestellungen dieser Art wurden schon von Kepler betrachtet, der wissen wollte, wie viele Kugeln in eine Schachtel passen. Aktuelle Versionen des Problems betreffen zum Beispiel die Einteilung eines Parkplatzes so, dass möglichst viele Autos darauf passen, oder das Packen von Gegenständen, sodass sie nicht verrutschen können. Hier geht es also um Fragen, die nicht schwer zu verstehen sind; oft aber sind sie schwer zu beantworten. Einige der größten Fortschritte der Mathematik in den letzten Jahren betreffen solche Probleme, wie etwa das von Kepler. In diesem Kapitel werden u. A. experimentelle und mathematische Strategien für Näherungslösungen vorgestellt; bei einigen einfachen Problemen wird auch bewiesen, dass die gefundene Lösung die beste ist.

An Voraussetzungen reichen auch hier elementare Kenntnisse der Geometrie (Pythagoras, Längen- und Flächenberechnungen am Dreieck).

Einleitung

In diesem Kapitel beschäftigen wir uns mit der optimalen Anordnung geometrischer Objekte. Dabei werden wir uns mit folgenden Fragen beschäftigen: Wie kann man einen Parkplatz entwerfen, sodass so viele Autos wie möglich Platz finden und jeder einzelne Stellplatz gut erreichbar ist? Wie groß muss ein Tablett sein, auf das genau zehn Coladosen passen? Wie bekommt man so viele Orangen wie möglich in eine Kiste? Wie viel Wasser befindet sich in einer Dose Erbsen, und wie viel Platz wird durch die Erbsen selber eingenommen? Oder anders gesagt, was ist das „Abtropfvolumen“ einer Dose Erbsen?

F. Verhulst, S. Walcher (eds.), *Das Zebra-Buch zur Geometrie*, Springer-Lehrbuch, DOI 10.1007/978-3-642-05248-4_4, © Springer-Verlag Berlin Heidelberg 2010

Allgemein wollen wir betrachten, wie nahe Dinge beieinander platziert und wie feste Gegenstände aufeinander gestapelt werden können.

Zu einem Problem dieser Art kann man natürlich durch Probieren oder Überlegen eine Lösung finden. Oft gibt es mehrere mögliche Lösungsansätze und meistens ist klar, wann eine solche Lösung „gut genug“, „besser“ als eine andere, oder sogar „die beste“ ist. Besser heißt zum Beispiel: mehr Autos auf einem Parkplatz derselben Größe, die gleiche Anzahl Getränkedosen auf einem kleineren Tablett, usw. Manchmal kann man eine beste Lösung durch Berechnungen finden und sogar beweisen, dass es keine bessere geben kann. Dies ist allerdings im Allgemeinen sehr schwierig oder unmöglich. Dann kann man nichts anderes tun, als gute Näherungslösungen zu finden, zum Beispiel mit Hilfe eines Computers, durch scharfes Nachdenken oder durch Experimentieren. Wenn man nicht sicher weiß, ob man die beste Lösung gefunden hat, ist es oft hilfreich, Schätzungen anzugeben. Wie gut ist eine gefundene Lösung? Wie gut wäre die Lösung, wenn man sich noch mehr anstrengen würde, und was ist in keinem Fall erreichbar? Alle diese Aspekte sollen in diesem Kapitel zur Sprache kommen.

Dieses Kapitel ist zur Verwendung im Fach Mathematik in der Oberstufe gedacht. Außerdem ist es für Leser gedacht, die Interesse an der Mathematik haben. Die benötigten Vorkenntnisse sind: der Satz von Pythagoras, Rechnen in gleichseitigen und rechtwinkligen Dreiecken, Kombinatorik (z. B. die Anzahl der Möglichkeiten, k Gegenstände aus n auszuwählen) und ein wenig gesunder Menschenverstand. Im Verlauf des Kapitels werden Aufgaben, Arbeitsaufträge und Anregungen präsentiert. Die Aufgaben sind als Hilfe zum besseren Verständnis der einzelnen Themen gedacht. Dazu werden am Ende des Buches Lösungen oder Lösungshinweise angegeben. Die Arbeitsaufträge sind allgemeiner formuliert. Sie dienen meistens zur Untersuchung oder Erforschung eines Themengebietes. Die Anregungen dienen schließlich zur Ermunterung, auf einige Themen noch genauer einzugehen. Das Ausarbeiten der Anregungen fällt nicht in das vorgesehene Zeitlimit von 20 Stunden. Es ist also nicht verpflichtend (aber trotzdem schön), die Anregungen zu bearbeiten.

Die empfohlene Vorgehensweise ist wie folgt: Lies zunächst das Kapitel von Anfang an und bearbeite alle Aufgaben sobald Du auf sie stößt. Die Arbeitsaufträge sollen nur durchgelesen und die Anregungen zunächst nicht weiter beachtet werden. Wenn Du das ganze Kapitel durchgearbeitet hast, kannst Du die Arbeitsaufträge und eventuell auch die Anregungen bearbeiten. Wähle aus jedem der drei Abschnitte einen Arbeitsauftrag und bearbeite diesen. Die Ergebnisse dieser drei Arbeitsaufträge können in einem Bericht präsentiert werden. In Absprache mit Deinem Lehrer kannst Du von dieser Vorgehensweise abweichen, zum Beispiel, indem Du auf weniger Arbeitsaufträge eingehst oder eine oder zwei der Anregungen ausarbeitest.

Vorbereitungen

Um jeden Abschnitt mit Vergnügen durcharbeiten zu können, ist es hilfreich, vorab einige Vorbereitungen zu treffen:
Für Abschnitt 4.1 werden benötigt: kariertes Papier (am besten Kästchen mit einer Seitenlänge von einem halben Zentimeter), ein Bleistift, ein Radiergummi, ein Lineal und ein (graphischer) Taschenrechner.
Für Abschnitt 4.2 werden benötigt: ein Stück Pappe (A4), eine Schere, zwanzig gleich große Münzen und ein Zirkel.
Für Abschnitt 4.3 werden benötigt: einige Tennisbälle, Holzperlen, Murmeln oder andere kleine Kugeln, die man stapeln kann. Es ist außerdem hilfreich, kleine kugelförmige Kartoffeln, Weintrauben oder Kastanien und Streichhölzer oder Zahnstocher zu verwenden, um die Kugeln beim Stapeln zusammenstecken zu können.

4.1 Der optimale Parkplatz

Das Parken von Autos ist heutzutage ein großes Problem. Jedes Jahr werden mehr neue Autos verkauft, der verfügbare Platz bleibt jedoch begrenzt. Orte, zu denen die Menschen täglich eilen, wie der Arbeitsplatz oder das Stadtzentrum, sind wegen ihrer begehrten Lage zu teuer, um mit Parkplätzen übersät zu werden. Man muss also mit den zur Verfügung stehenden Flächen sparsam umgehen.

Abb. 4.1: Geparkte Autos (Ford Modell T).

Wir werden hier untersuchen, wie man die verfügbare Fläche auf einem Parkplatz so gut wie möglich ausnutzen kann. Wenn auf einem Parkplatz keine Stellplätze markiert sind, entsteht die Anordnung der Autos von selber. Die ersten Parker parken meistens ordentlich nebeneinander am Rand des Parkplatzes, aber natürlich so nah wie möglich am Eingang eines Büros oder an den umliegenden Geschäften. Einige Fahrer nehmen sich extra viel Platz, um leichter ein- und ausparken zu können. Im Folgenden wird auch das Innere des Parkplatzes mit unregelmäßigen Autoreihen gefüllt. Igendwann werden Durchgänge blockiert, etwa durch einen eiligen Autofahrer, der mangels ausreichenden Überblicks nicht bemerkt, dass eine Lücke als Ausfahrt für andere Parker benötigt wird. Um eine Menge Ärger dieser Art zu vermeiden, wird ein Parkplatz im Vorhinein in einzelne Stellplätze unterteilt. Für eine solche Einteilung gelten einige Regeln. Die wichtigste Forderung ist, dass jeder Stellplatz immer erreichbar sein muss. Es wäre sehr unpraktisch, wenn man erst andere Autos wegfahren müsste, um selber wegfahren zu können. Eine größtmögliche Anzahl an Stellplätzen muss hingegen nicht immer das zweitwichtigste Kriterium sein. Auf einem großen Parkplatz kann es sehr wichtig sein, dass jeder Stellplatz über verschiedene Wege erreichbar ist, sodass die Ausfahrt nicht durch wenige umherfahrende Autos blockiert werden kann. Aus ästhetischen Gründen, aus Gründen der Übersichtlichkeit oder um eine einfache Pflege des Parkplatzes zu ermöglichen, kann außerdem eine regelmäßige Aufteilung gefordert sein. Vielleicht müssen außerdem bereits vorhandene Straßenlaternen oder Bepflanzungen berücksichtigt werden. Im Folgenden werden wir diese Themen nicht weiter beachten, sondern einen Parkplatz mit einer maximalen Anzahl an Stellplätzen suchen.

4.1.1 Quadratische Parkplätze

Um zu untersuchen, wie man einen Parkplatz einteilen kann, gehen wir von einer ganz simplen Situation aus. Auf einem Blatt karierten Papiers zeichnen wir ein Quadrat, das aus einigen Gitternetzquadraten besteht. Das ist unser Parkplatz. Für ein Auto verwenden wir ein einfaches Modell. Ein Auto ist bei uns ein Kästchen des Papiers.

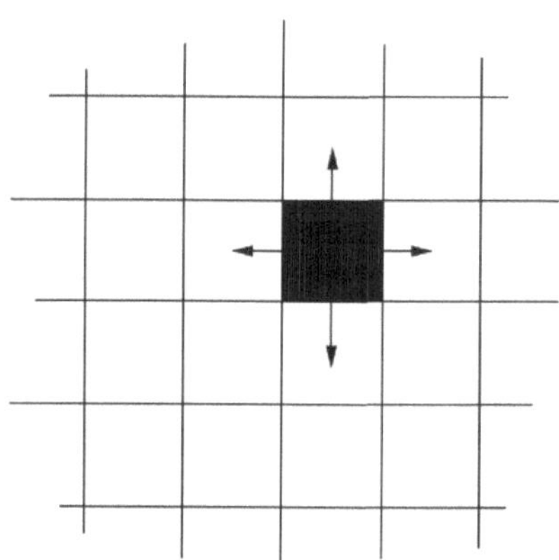

Abb. 4.2: Bewegungsmöglichkeiten eines Autos.

So ein quadratisches Auto kann sich zwischen den Gitternetzlinien bewegen, vorwärts, rückwärts, nach rechts und nach links, jeweils über freie Kästchen auf dem Papier. Der Wendekreis eines Autos beim Ein- und Ausparken wird vernachlässigt, unsere Autos brauchen also nicht zu wenden. In unserem Entwurf eines Parkplatzes müssen wir nun festlegen, welche Flächen zum Parken vorgesehen sind, und welche Kästchen für das Erreichen der Stellplätze als Zufahrt von den Stellplätzen zum Ein- und Ausgang in Anspruch genommen werden sollen. Wie bereits erwähnt, wollen wir die verfügbare Fläche optimal ausnutzen. Wir versuchen also so viele Stellplätze wie möglich auf der zur Verfügung stehenden Fläche zu erhalten. Es bleibt die Forderung, dass jeder Stellplatz jederzeit über eine freie Zufahrtsfläche erreichbar sein muss. Unsere quadratischen Au-

tos müssen also über einen zusammenhängenden Weg aus freien Kästchen vorwärts, rückwärts oder über eine Seite zum Ausgang fahren können. Wir nehmen weiter an, dass der Parkplatz einen kombinierten Ein- und Ausgang hat, der vorab festgelegt ist und dass nicht mehr als ein Auto gleichzeitig auf dem Parkplatz fährt.
In Abbildung 4.3 sind einige sehr kleine, quadratische Parkplätze zu sehen mit einer Größe von 2 mal 2 Autolängen. Die ersten drei Entwürfe zeigen, wie man darauf zwei Stellplätze anordnen kann (schwarz markiert). Diese Parkplätze erfüllen die Forderung, dass jeder Stellplatz jederzeit vom Eingang aus erreichbar ist. Das sind auch bereits alle möglichen Parkplätze aus 2 mal 2 Feldern mit zwei Stellplätzen. Ein zwei mal zwei Flächen großer Parkplatz mit drei Stellplätzen ist nicht möglich. (Warum nicht?) Der vierte Entwurf ist nicht sehr gut. Dadurch, dass direkt vor dem Eingang ein Parkplatz ist, kann höchstens ein Auto auf dem gesamten Parkplatz parken.

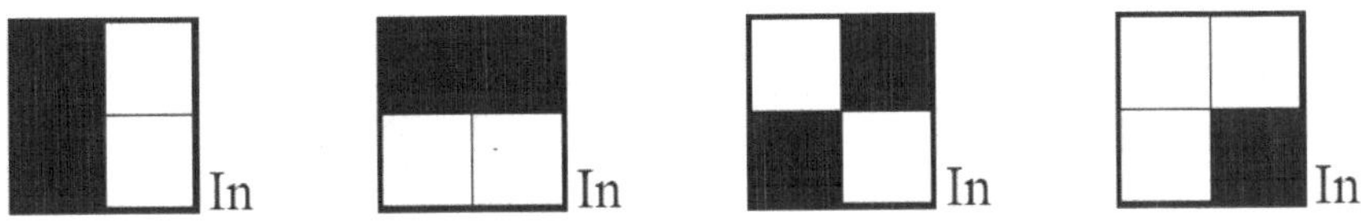

Abb. 4.3: Mögliche 2×2-Parkplatzeinteilungen.

Für einen drei mal drei Felder großen Parkplatz kann man dasselbe tun. Der erste Parkplatz in Abbildung 4.4 bietet Platz für drei Autos. Man kann hier keinen weiteren Stellplatz hinzufügen, ohne dass andere Parkplätze blockiert werden. Der zweite und der dritte Parkplatz haben den Eingang ebenfalls rechts unten, bieten jedoch beide Platz für fünf Autos. Fünf Stellplätze sind die maximale Anzahl, die man hier erreichen kann. Der letzte Parkplatz schließlich hat den Eingang in der Mitte, wodurch sogar sechs Stellplätze möglich werden. An diesen letzten vier Entwürfen erkennt man einige

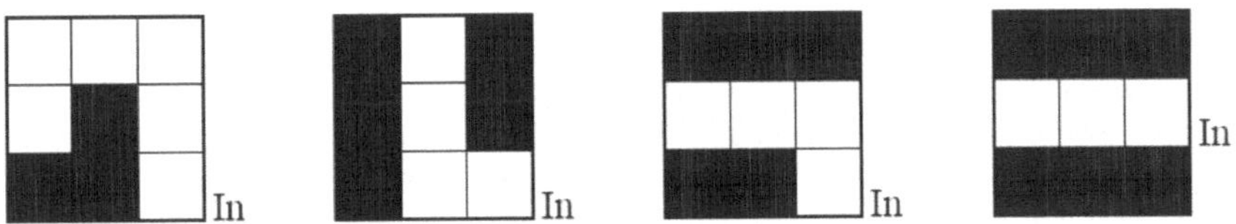

Abb. 4.4: Mögliche 3×3-Parkplatzeinteilungen.

interessante Phänomene. Man könnte zum Beispiel denken, dass man einen Parkplatz mit den meisten Stellplätzen erhält, indem man einen bestehenden

Entwurf so lange mit einem weiteren Stellplatz erweitert, bis es nicht mehr weiter geht. Das erste Beispiel zeigt, dass das nicht zu stimmen braucht. Beim letzten Beispiel erweist sich, dass die Position des Eingangs die maximale Anzahl möglicher Stellplätze beeinflussen kann.

Zum Schluss zeigen wir noch einige Möglichkeiten eines 4 mal 4 Kästchen umfassenden Parkplatzes. In Abbildung 4.5 sind drei Entwürfe abgebildet. Die zweite und dritte sind maximal, in dem Sinne, dass kein Stellplatz mehr hinzugefügt werden kann. Trotzdem ist die Anzahl der Stellplätze unterschiedlich: 6 und 8.

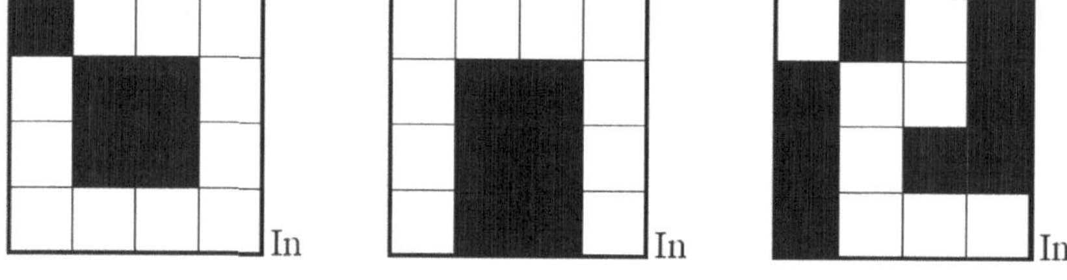

Abb. 4.5: Maximale und nicht maximale 4×4-Parkplatzeinteilungen.

Aufgabe 4.1
Zeige, dass man einen 4 mal 4 Kästchen großen Parkplatz entwerfen kann, der Platz für 9 Autos bietet, indem man den Ein-/Ausgang an einer anderen Stelle platziert.

Arbeitsauftrag 4.1
Entwirf einen 5 mal 5, einen 6 mal 6 und einen 7 mal 7 Kästchen großen Parkplatz mit so vielen Stellplätzen wie möglich. Untersuche den Einfluss der Position des Ein-/Ausgangs.

Anregung 1
Versuche alle möglichen besten Lösungen für den Parkplatz mit 5 mal 5 und mit 6 mal 6 Kästchen zu bestimmen. Ist eine bessere Lösung möglich, wenn der Ein-/Ausgang innerhalb des Parkplatzes liegen darf, statt am Rand? (Die Autos würden dann über einen Tunnel oder einen Aufzug den Parkplatz verlassen.) Wie beeinflusst ein zweiter Ein-/Ausgang die möglichen Lösungen dieses Problems?

Wie kann man nun allgemein die beste Einteilung eines Parkplatzes bestimmen? Eine Methode funktioniert wie folgt. Man platziert die einzelnen Stellplätze irgendwie (zum Beispiel zufällig) auf dem Parkplatz, wobei bei jedem neu hinzugefügten Stellplatz darauf geachtet werden muss, dass alle bisherigen Stellplätze über den Eingang erreichbar bleiben. Wenn man an dem Punkt anlangt, bei dem man keine Fläche mehr hinzufügen kann, hat man meistens eine relativ gute Lösung gefunden. Das muss nicht die bestmögliche sein. Man könnte zum Beispiel per Zufall den ersten Stellplatz direkt an den Eingang legen. In Abbildung 4.6 ist ein Beispiel für einen 4 mal 4 Kästchen großen Parkplatz, in dem mit Nummern markiert ist, in welcher Reihenfolge die einzelnen Stellplätze hinzugefügt wurden.

Abb. 4.6: Mögliche Reihenfolge des Platzierens von Stellplätzen.

Der Entwurf, den man so erhält, ist bei weitem nicht immer der bestmögliche. Das heißt, man muss bei dieser Methode zur Verbesserung möglichst viele alternative Entwürfe betrachten. Ein Nachteil dieser Methode ist, dass man nie sicher sein kann, ob man den besten Entwurf bereits gefunden hat. Es handelt sich allerdings auch um eine sehr simple Methode. Vielleicht ist es besser, etwas intelligenter vorzugehen. Eine Idee ist zum Beispiel, auf der Gegenseite des Ein-/Ausgang mit dem Verteilen der Stellplätze zu beginnen, worbei man dafür sorgt, dass alle Stellplätze erreichbar bleiben.

Arbeitsauftrag 4.2
Überlege Dir einige Strategien für den Entwurf eines Parkplatzes, an Stelle des beliebigen Verteilens von Parkplätzen. Zum Beispiel: „Beginne am Rand und wandere spiralförmig nach innen", oder „Mache horizontale Reihen". Vergleiche die Ergebnisse dieser Strategien für einige größere Parkplätze.

Eine Methode, mit der man immer die beste Lösung findet, funktioniert wie folgt: Fertige einen Entwurf für *jede* mögliche Anordnung von Autos auf dem Parkplatz an: Zuerst alle möglichen Parkplätze mit einem Stellplatz, dann mit zwei Stellplätzen, usw., bis zu n^2 Stellplätzen. Überprüfe danach für jeden Parkplatz, ob es einen Eingang gibt, von dem aus jeder Stellplatz zu erreichen ist. Wenn es einen solchen Eingang nicht gibt (zum Beispiel sind n^2 Stellplätze für $n \geq 2$ unmöglich), dann wandert dieser Entwurf in den Mülleimer. (Besorge Dir am besten schon einmal einen großen!) Zähle die Anzahl der Stellplätze bei den übriggebliebenen Entwürfen. Derjenige mit den meisten Stellplätzen ist dann der beste. Bei dieser Methode wird systematisch jede Möglichkeit abgearbeitet. Sie eignet sich gut für die Zuhilfenahme eines Computers. Man findet alle möglichen Lösungen, also ist die beste sicherlich dabei. Wir wollen jedoch sehen, wie viel Arbeit diese Methode eigentlich macht.

Aufgabe 4.2
Wie viele 5 mal 5 Kästchen große Entwürfe gibt es, wenn man nicht darauf achtet, dass jeder Stellplatz erreichbar sein muss? Nimm an, dass ein Computer 1000 Entwürfe pro Sekunde überprüfen kann. Wie lange würde er benötigen, um alle Möglichkeiten durchzugehen?

Man kann diese Methode abkürzen, indem man bei dem Entwurf, der komplett mit Autos gefüllt ist (also sicher unmöglich ist) beginnt und dann alle Entwürfe betrachtet, die einen Stellplatz weniger haben, usw. Der erste Entwurf, der alle Forderungen erfüllt, ist dann auch bereits der beste. Man ist so früher fertig, da man nicht noch alle Entwürfe mit weniger Stellplätzen betrachten muss.

Aufgabe 4.3
Wie viele 5 mal 5 Entwürfe muss man mit der obigen Methode höchstens betrachten, wenn sich herausstellt, dass die beste Lösung 14 Stellplätze hat?

4.1.2 Eine untere Schranke

Zum Parkplatzproblem, wie wir es bisher betrachtet haben, kann man einige interessante Fragen stellen. Eine Frage ist natürlich: Wie viele Autos können höchstens auf einem n mal n Parkplatz parken und wie entwirft man einen solchen Parkplatz? In der Praxis kommt es oft nicht darauf an, die allerbeste Aufteilung zu finden. Ein Architekt oder eine Architektin würde eher wissen wollen, wie groß ein Parkplatz sein muss, um eine feste Anzahl Autos unterbringen zu können. Er oder sie möchte eine Garantie, dass zum Beispiel 40% einer Parkplatzfläche für Stellplätze verwendet werden kann. Möglicherweise ist das nicht die bestmögliche Aussage, sie liefert jedoch bereits eine Vorstellung von der ungefähr benötigten Parkfläche. Wir werden nun zeigen, wie man zu einer solchen Aussage kommen kann.
Eine Garantie über einen prozentualen Mindestanteil der Stellplätze an der Gesamtfläche des Parkplatzes kann man durch das Angeben einer Aufteilung liefern, die in allen Fällen möglich ist und die diesen prozentualen Anteil aufweist. In Abbildung 4.7 ist ein 14 mal 14 Parkplatz abgebildet. Die Stellplätze in diesem Entwurf sind in 7 Reihen mit je 13 Autos angeordnet und jeder Stellplatz ist vom Eingang aus erreichbar. Von $14 \cdot 14 = 196$ möglichen Feldern sind $7 \cdot 13 = 91$ Stellplätze. Der prozentuale Anteil der Stellplätze $\frac{91}{196} \cdot 100\%$

ist gut 46%. Wir nennen diesen Anteil die Effizienz des Entwurfs. Die Effizienz ist eine Zahl zwischen 0 und 100%, die angibt welcher Anteil des Parkplatzes von Autos zum Parken benutzt werden kann.

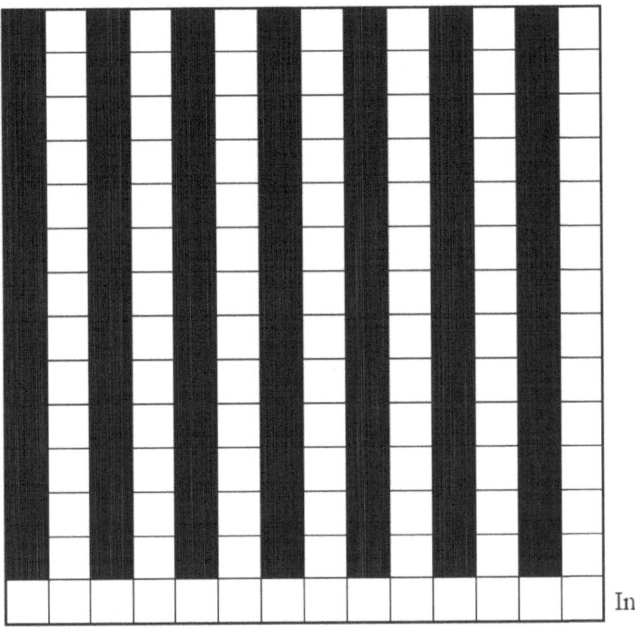

Abb. 4.7: Eine regelmäßige Anordnung auf einem 14×14-Parkplatz.

Aufgabe 4.4

Im Entwurf in Abbildung 4.7 können noch vier weitere Stellplätze hinzugefügt werden. Zeige wie das möglich ist. Nachdem man 5 Stellplätze verschoben hat, können noch 4 weitere Stellplätze hinzugefügt werden. Siehst Du, wie das geht?

Wir kehren nun wieder zu unserem ursprünglichen Entwurf zurück. Es handelt sich dabei zwar um den Spezialfall eines 14 mal 14 Kästchen großen Parkplatzes, diese Strategie kann jedoch auch verallgemeinert werden. Wenn man einen n mal n Felder umfassenden Parkplatz zur Verfügung hat, wobei n gerade ist, dann erhält man auf diese Weise $\frac{1}{2}n$ Reihen mit je $n-1$ Stellplätzen. Es passen dann also $\frac{1}{2}n \cdot (n-1)$ Autos auf den Parkplatz. Es gibt insgesamt n^2 Flächen auf dem Parkplatz, also beträgt die Effizienz:

$$\frac{n(n-1)/2}{n^2} = \frac{1}{2} - \frac{1}{2n}.$$

Für $n = 14$ erhält man somit für diesen Entwurf eine Effizienz von $46,4\%$.

Aufgabe 4.5
Fertige einen ähnlichen Entwurf für eine ungerade Zahl n an, und leite eine Formel für die Effizienz bei ungeradem n her. Positioniere den Eingang in der rechten unteren Ecke. Zeige, dass diese Formel, die für ungerade Werte von n gilt, stets eine größere Effizienz als die obige Formel für gerade n liefert, also größer ist als $\frac{1}{2} - \frac{1}{2n}$, auf ungerade n angewandt. (Das darf man natürlich eigentlich nicht, da diese Formel nur für gerade n gilt.)

In der Graphik von Abbildung 4.8 erkennt man, wie die Effizienz unserer Lösung von der Größe n des Parkplatzes abhängt. Je größer der Parkplatz, desto effektiver wird diese Lösung. Die Effizienz nähert sich immer mehr 50% an, erreicht diesen Wert jedoch nie. Die Graphen der zugehörigen Funktionen haben nämlich eine horizontale Asymptote. Man erkennt außerdem deutlich die unterschiedliche Effizienz der Lösungen für gerade bzw. ungerade n.

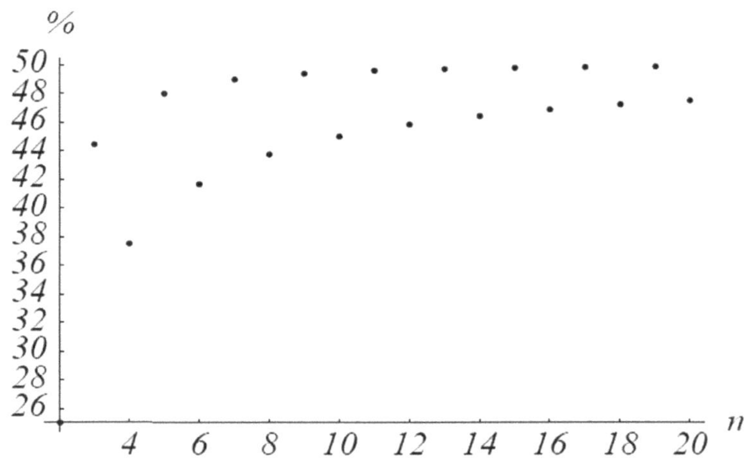

Abb. 4.8: Effizienz unserer Entwürfe auf einem $n \times n$-Parkplatz.

Arbeitsauftrag 4.3
Entwirf eine bessere Einteilung des n mal n Felder großen Parkplatzes, für die man zeigen kann, dass eine Effizienz von mindestens 50% immer möglich ist. Denk dabei an Spiralen, Zick-Zack-Muster oder andere Zusammenstellungen gerader Wege. Die Konstruktion muss für jeden Wert von n möglich sein! Es kann sein, dass dabei wieder verschiedene Fälle zu unterscheiden sind.

Anregung 2
Wenn Du Dir viel Mühe gibst, kannst du sogar eine Konstruktion finden, für die man eine Effizienz von mindestens $\frac{2}{3} - \frac{1}{n}$ zeigen kann. Dass heißt, dass die Effizienz beliebig nahe an $0,666\ldots$ herankommt, wenn der Parkplatz, also n nur groß genug ist! Versuche eine solche Konstruktion zu finden.

4.1.3 Eine obere Schranke

Der Architekt weiß, dass die Grundstückspreise sehr hoch sind und möchte wohl am liebsten einen Parkplatz mit einer Effizienz von mindestens 90%. Das scheint etwas viel verlangt zu sein, es muss schließlich noch genügend Platz übrig bleiben, um die Autos wegfahren zu lassen. Zum Beispiel für einen 2 mal 2 Felder großen Parkplatz kann die Effizienz nicht höher als 50% werden. Ist 90% für große Parkplätze vielleicht doch machbar? Oder können wir dem Architekten auf überzeugende Weise klar machen, dass das unmöglich ist?

Wir werden hier zwei Argumentationswege beschreiben, mit deren Hilfe man einen Maximalwert für die Effizienz finden kann, eine obere Schranke, die vielleicht nicht erreichbar ist, jedoch trotzdem eine Vorstellung von dem liefert, was sicher nicht möglich ist. Die erste Argumentation geht wie folgt. Der n mal n Flächen große Parkplatz hat einen Eingang. Auf der gegenüber liegenden Seite des Parkplatzes befindet sich sicher ein Stellplatz. Man benötigt also mindestens $n-1$ leere Flächen, um von diesem Stellplatz zum Ausgang zu gelangen. Das bedeutet, dass es höchstens $n^2-(n-1)$ Stellplätze geben kann, also kann die Effizienz nicht größer als

$$\frac{n^2-(n-1)}{n^2} = 1 - \frac{n-1}{n^2}$$

werden. Indem man diesen Anteil für einige Werte berechnet, erkennt man bereits, dass eine Effizienz von 90% für n gleich $2, 3, 4, \ldots, 8$ nicht möglich ist (für größere Werte klappt es vielleicht trotzdem). Es ist klar, dass dieses Argument nicht besonders stark ist. Man betrachtet nur die Erreichbarkeit eines bestimmten Stellplatzes, obwohl alle Stellplätze erreichbar sein müssen. Es muss also noch bessere Aussagen geben.

Aufgabe 4.6
Ein n mal n Flächen großer Parkplatz (mit $n \geq 3$) habe einen Eingang an einer Ecke und je einen Stellplatz in den anderen drei Ecken. Wie viele Flächen müssen nun frei bleiben, um von diesen drei Ecken zum Ausgang gelangen zu können? Für welche Werte von n kann man mit Sicherheit keine Effizienz von 90% erreichen?

Nun zu einer anderen Argumentation. Von einem Stellplatz aus kann man sich im Allgemeinen in vier Richtungen bewegen: vorwärts, rückwärts, nach links und nach rechts (am Rand sind es weniger Richtungen). Eine dieser vier Flächen kann kein Stellplatz sein. Zu jedem Stellplatz gehört also mindestens eine leere Fläche an einer Seite, um den Parkplatz verlassen zu können. Wir gehen jetzt alle Stellplätze durch und zählen alle leeren Flächen, die direkt an diese angrenzen (oben, unten, links und rechts), die also zum Verlassen des Stellplatzes benutzt werden können. Diese Anzahl ist also je $1, 2, 3$ oder 4. Wenn es p Stellplätze gibt, dann ist die Anzahl aller freien Flächen, die man so zählen kann mindestens gleich p (und höchstens $4p$). Da die meisten leeren Flächen auf diese Weise mehrfach gezählt werden, folgt daraus jedoch nicht, dass es mindestens genauso viele leere Flächen wie Stellplätze geben muss. Wir nennen die Anzahl der freien Flächen f und die Anzahl freier Flächen, die wir zählen (mit allen Mehrfachzählungen) bezeichnen wir mit z. Es gilt also $p \leq z$, da man von jedem Stellplatz aus wegfahren können muss. Jede freie Fläche wird höchstens viermal gezählt, also $z \leq 4f$. Aus $p \leq z \leq 4f$ können wir nun folgern, dass die Anzahl der freien Flächen f mindestens gleich $p/4$ ist. Da die Anzahl der Stellplätze p plus die Anzahl der freien Flächen f gleich der Gesamtsumme der Flächen n^2 ist, erhalten wir: $n^2 = p + f \geq p + \frac{p}{4} = \frac{5p}{4}$. Für die Effizienz gilt also

$$\frac{p}{n^2} \leq \frac{4}{5}.$$

Hier steht, dass die Effizienz nie größer als 80% sein kann! Dieses Argument ist vielleicht etwas schwerer zu verstehen. Wem das Nachvollziehen sehr schwer fällt, sollte versuchen, einmal ein konkretes Beispiel durchzugehen und die einzelnen Werte für konkrete Zahlen zu berechnen.

Arbeitsauftrag 4.4
Bis jetzt haben wir uns auf quadratische Parkplätze beschränkt. Versuche einige der Aussagen aus diesem Abschnitt für rechteckige Parkplätze zu verallgemeinern, wie zum Beispiel die Fälle 2 mal n Flächen 3 mal n, 4 mal n sowie für spezielle Rechtecke mit festen Größen, wie zum Beispiel 5 mal 7.

4.2 Coladosen auf einem Tablett

In diesem Abschnitt werden wir untersuchen, wie man runde Gegenstände, also Kreise, die sich nicht überlappen dürfen, so nah beieinander wie möglich anordnet. Es ist hilfreich, dabei ein wenig zu experimentieren. Dazu benötigst Du einige Kreise, oder was dafür gelten kann: Münzen, Plättchen vom Flohspiel, Coladosen, was Du gerade so zur Hand hast. Wir werden Anordnungen suchen, bei denen die Kreise einen größtmöglichen Teil der Fläche einnehmen. Wir unterscheiden dabei drei Schritte:

1. Finde eine Anordnung, die sehr gut oder vielleicht sogar die bestmögliche ist. So eine Anordnung kann man zum Beispiel mit Hilfe eines Computers, durch einen schlauen Einfall oder durch Ausprobieren mit Münzen finden. Dabei ist oft ein wenig Glück erforderlich. Das Finden solcher Anordnungen behandeln wir in Abschnitt 4.2.2.

2. Berechne für eine gefundene Anordnung, wo *genau* die Kreise liegen und welcher Teil der Fläche durch die Kreise abgedeckt wird. Diese Berechnung kann ein schweres Stück Arbeit sein. Sie ist jedoch notwendig, um mit Sicherheit sagen zu können, welche Anordnung von zwei gegebenen die bessere ist. Das werden wir in Abschnitt 4.2.3 behandeln.
3. Beweise, dass eine gefundene Anordnung nicht mehr verbessert werden kann. Manchmal kann man sogar beweisen, dass diese Anordnung eindeutig bestimmt ist, aber es gibt oftmals auch mehrere Möglichkeiten. Dieser Schritt im Beweis ist oft der schwierigste. Ein Beispiel hierzu werden wir in Abschnitt 4.2.4 betrachten.

4.2.1 Kreise in der Ebene

Versuche die Kreise (Münzen, Coladosen, usw.) so auf einen Tisch zu legen, dass so wenig Platz wie möglich zwischen den Kreisen bleibt. Es wird offensichtlich sein, dass man nie den gesamten Tisch bedecken kann, wenn sich die Kreise nicht überlappen dürfen. Wir sind in erster Linie an einer Anordnung von unendlich vielen Kreisen auf einem unendlich großen Tisch interessiert. Man muss dann nicht berücksichtigen, was an den Rändern passieren könnte. Die Ränder erschweren die Überlegungen (machen sie aber auch interessanter), worauf wir später noch näher eingehen werden. Eine auf der Hand liegende

Abb. 4.9: Quadratische und hexagonale Anordnungen von Münzen.

Möglichkeit, die Kreise möglichst effizient in einer Ebene anzuordnen, ist sie ordentlich neben- und übereinander zu legen, sodass ein quadratisches Muster entsteht. Dass dies jedoch nicht die beste mögliche Lösung des Problems ist, wird schnell klar, indem man die Reihen ein wenig verschiebt. Man kann die Reihen nämlich etwas besser ineinander fügen. Jeder Kreis berührt dann sechs andere Kreise, statt nur vier, wie im quadratischen Fall. Die Kreise liegen nun in einem regelmäßigen Muster auf, einem sogenannten hexagonalen Gitter. Es scheint unmöglich, die Kreise noch dichter nebeneinander zu bekommen. Dass dies tatsächlich nicht besser geht, wurde vor etwa hundert Jahren durch den dänischen Zahlentheoretiker Thue bewiesen.

Anregung 3
Statt einem unendlich großen Tisch, kannst du auch einen Tisch betrachten, der in eine Richtung unendlich ist, in eine andere jedoch nicht: Ein Gebiet, das von zwei parallelen Geraden begrenzt wird. Versuche, in Abhängigkeit vom Abstand der beiden Geraden (für Münzen mit einem festen Radius) Anordnungen zu finden, die die Fläche so gut wie möglich bedecken.

Anregung 4
Um eine Münze kann man einen geschlossenen Ring aus sechs gleichen Münzen legen, die einander berühren. Ist dies auch mit Münzen unterschiedlicher Größe, vielleicht mit einer anderen Anzahl als sechs möglich? Experimentiere hiermit. Versuche eine Formel für die Radien zu finden.

Um zu berechnen, wie effizient eine Anordnung mit Kreisen ist, verwenden wir Voronoi-Zellen. Die Voronoi-Zelle eines Kreises in einer Anordnung ist die Menge aller Punkte, die näher am Mittelpunkt dieses Kreises liegen, als am Mittelpunkt eines anderen Kreises, also aller Punkte, die sich am nächsten zu diesem Mittelpunkt befinden. Bei der quadratischen Anordnung ist eine solche Voronoi-Zelle ein Quadrat mit dem Kreis als Inkreis, für die hexagonale Anordnung ist die Voronoi-Zelle ein Sechseck; siehe Abbildungen 4.10 und 4.11. Der prozentuale Anteil einer Fläche, der durch Kreise bedeckt ist, ist also gleich dem prozentualen Anteil der bedeckten Fläche einer Voronoi-Zelle. Dies gilt, weil alle Kreise die gleiche Voronoi-Zelle haben und alle Voronoi-Zellen zusammen die gesamte Fläche ausfüllen. Wenn die Kreise einen Radius der Länge 1 haben, dann hat das den Kreis umgebende Quadrat in der quadratischen Anordnung die Seitenlänge 2. Der Teil, der von einem Kreis überdeckt wird ist also $\frac{\pi}{4} = 0,78538\ldots$. Das heißt, dass bei der quadratischen Anordnung gut 78% der Fläche durch Kreise bedeckt wird.

Abb. 4.10: Voronoi-Quadrate.

Abb. 4.11: Voronoi-Sechsecke.

Aufgabe 4.7
Berechne welcher Anteil an der Gesamtfläche bei der hexagonalen Anordnung von Kreisen bedeckt ist. Es ist dabei hilfreich, die Sechsecke in mehrere kongruente Dreiecke zu unterteilen.

4.2.2 Dreieckige Tabletts: Lösungen suchen

Wir werden nun das nächste Problem betrachten: Ein Fabrikant möchte Tabletts herstellen, auf die eine vorgegebene Anzahl Coladosen passt. Genauer gesagt möchte der Fabrikant wissen, wie groß ein solches Tablett sein muss, damit genau $2, 3, 4, 5, \ldots$ Dosen darauf Platz finden. Das gleiche Problem hat ein anderer Fabrikant beim Entwurf von Getränkekästen, die eine gegebene Anzahl Flaschen aufnehmen müssen. Um auf diese Fragen eine Antwort geben zu können, werden wir ein paar Experimente durchführen. Du kannst natürlich runde oder rechteckige Tabletts verwenden, wir werden uns hier jedoch auf Tabletts beschränken, die die Form eines gleichseitigen Dreiecks haben.

Aufgabe 4.8
Nimm ein rechteckiges Stück dicke Pappe und schneide vom Rand aus wie in Abbildung 4.12 dargestellt ein gleichseitiges Dreieck heraus. (Tja, wie kriegt man das hin? Siehe eventuell Anhang 2.)

Abb. 4.12: Pappe mit ausgeschnittenem Dreieck.

Lege einige Münzen in das dreieckige Loch in der Pappe. Schiebe nun die Münzen mit einem Lineal in die Richtung der obersten Ecke. Halte das Lineal so, dass die Münzen die ganze Zeit über in einem gleichseitigen Dreieck liegen. Die Münzen befinden sich so in einem gleichseitigen Dreieck, das Du versuchst so klein wie möglich zu machen. Manchmal musst Du die Münzen mit der Hand ein wenig verschieben, um sie in die richtige Position zu bekommen. Versuche die Münzen in ein möglichst kleines Dreieck zu bekommen und versuche dies für verschiedene Anzahlen von Münzen. Fertige Skizzen der verschiedenen Lösungen an. Unterscheide zwischen den Fällen, wo Du Dir sicher bist eine recht gute Lösung gefunden zu haben und denen, wo Du noch zweifelst.

Dies ist natürlich nur eine experimentelle Methode, bei der man nie sicher sein kann, wirklich die bestmögliche Lösung, also das kleinste Dreieck gefunden zu haben. Manchmal findet man dabei Lösungen, bei denen man die Münzen nicht näher aneinander schieben kann, die aber offensichtlich nicht die besten Lösungen sind. Dazu sind in Abbildung 4.13 einige Beispiele mit vier Münzen abgebildet.

Abb. 4.13: Anordnungen mit vier Münzen, die nicht weiter zusammengeschoben werden können. In der mittleren Anordnung könnte man auch eine der beiden unteren Münzen in die Lücke über den oberen beiden Münzen legen.

4.2.3 Sieben Münzen: Lösungen berechnen

Man kann mit Hilfe der Pappe und den Münzen verschiedene Entwürfe für Tabletts finden. Es wäre aber auch sehr interessant, die Maße eines solchen Tabletts zu bestimmen. Man kann natürlich jeden Entwurf abmessen, jedoch kann man erst durch eine Berechnung sicher sein, welcher Entwurf besser ist. Als Beispiel nehmen wir ein Tablett mit sieben Dosen, das wir durch Herumschieben von Münzen gefunden haben.
In Abbildung 4.14 sind weiße Verbindungsstrecken zwischen den Mittelpunkten der sich berührenden Kreise sowie Verbindungsstrecken von den Mittelpunkten der Kreise, die den Rand berühren, zum Rand gezeichnet. Die Mittelpunkte der Kreise liegen in dem mit einer dünneren Linie eingezeichneten kleineren Dreieck. Wir werden nun zunächst bestimmen, wie das große und das kleine Dreieck sich zueinander verhalten. Das kleinere Dreieck, in dem

Abb. 4.14: Sieben Münzen in einem Dreieck.

sich die Mittelpunkte der Kreise befinden, hat eine Seitenlänge, die wir mit D bezeichnen. Den Radius der Münzen nennen wir r. Was ist nun die Länge einer Seite des großen Dreiecks? In Abbildung 4.15 sieht man, dass diese Länge gleich $D + 2x$ ist. Aus Anhang 2 folgt: $x = \sqrt{3}r$. Das große Dreieck hat also eine Seitenlänge von $D + 2\sqrt{3}r$.

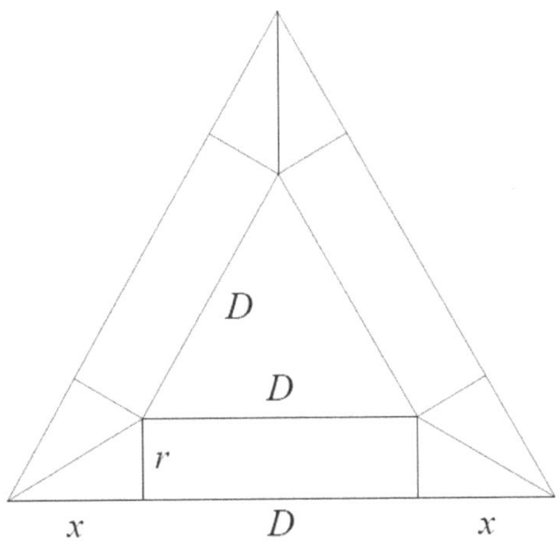

Abb. 4.15: Dreiecke, in denen die Kreise (großes Dreieck) bzw. ihre Mittelpunkte (kleines Dreieck) liegen.

Zurück zu Abbildung 4.14 mit den sieben Münzen. Man sieht, dass die Mittelpunkte der oberen vier Münzen die Eckpunkte und den Mittelpunkt eines gleichseitigen Dreiecks bilden.

Aufgabe 4.9
Zeige, dass dieses gleichseitige Dreieck die Seitenlänge $2\sqrt{3}r$ hat und berechne die Länge der Seiten des großen Dreiecks, in dem sich die sieben Münzen befinden.

Aufgabe 4.10
Rechne diese Formel mit den Angaben nach, die Abbildung 4.14 entnommen werden können. Miss alle Abstände mit einem Lineal.

Aufgabe 4.11
Berechne für alle Anordnungen von vier Münzen in Abbildung 4.13 die Größe des Dreiecks, das um die Münzen passt. Die Münzen haben einen Radius der Länge 1.

Bei dem Tablett für sieben Getränkedosen, das wir eben berechnet haben, ist etwas merkwürdig. Eine der Dosen ist nämlich nicht zwischen den anderen Dosen oder dem Rand des Tabletts eingeklemmt. Diese Dose kann sich also beim Laufen mit dem Tablett verschieben. Das ist unpraktisch.

Aufgabe 4.12
Finde eine andere Anordnung auf demselben Tablett, bei der jede der sieben Dosen zwischen den anderen oder dem Rand eingeklemmt ist. Eine solche Anordnung ist bereits durch Umstellen von zwei Dosen möglich.

Arbeitsauftrag 4.5
Versuche für $1, 2, 3, 4, \ldots, 9$ oder 10 Dosen das kleinste (gleichseitige) dreieckige Tablett zu finden, auf welches diese Anzahl Dosen passt. Verwende hierfür die Schiebemethode mit Münzen. Berechne für jedes Tablett die Seitenlänge.

4.2.4 Vier Münzen: Ein Beweis

Oft ist es ausreichend, eine gute Anordnung zu finden, und man ist bereits froh, wenn alles genau ausgerechnet werden konnte. Manchmal ist es jedoch wichtig, mit Sicherheit zu wissen, ob die gefundene Lösung auch die allerbeste ist. Um zu illustrieren, wie man zeigen kann, dass eine bestimmte Anordnung die beste mögliche ist, werden wir beweisen, dass die dritte Anordnung mit vier Münzen, die wir in Abbildung 4.13 gesehen haben (drei Münzen in den Ecken und eine Münze in der Mitte) nicht mehr verbessert werden kann. Wir verwenden hierzu die Zeichnung aus Abbildung 4.16. Unten sind die wichtigsten Schritte des Beweises aufgeführt. Wenn Du dies nicht auf Anhieb verstehst, lies die Schritte noch einmal durch. Das Lesen mathematischer Beweise ist ein Fach für sich. Man muss dabei sehr sorgfältig lesen, um sicher zu gehen, dass man alles versteht.

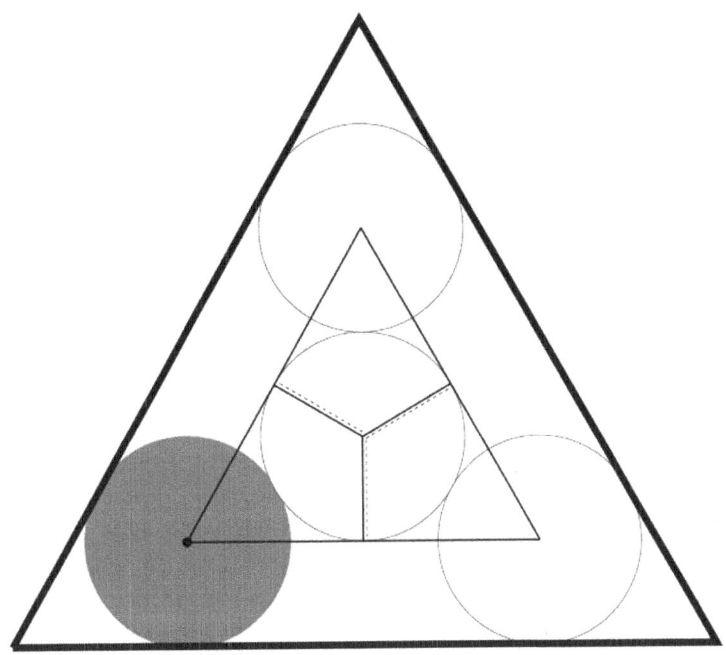

Abb. 4.16: Unterteilung für den Beweis bei vier Kreisen.

Schneide einen Kreis aus, am besten aus festem, durchsichtigem Plastik, oder ansonsten aus Pappe. Mache ein Loch in den Kreis an der Stelle, wo sich der Mittelpunkt befindet. Stich die Spitze Deines Bleistifts durch das Loch und bewege den Kreis in dem gleichseitigen Dreieck, das Du aus der Pappe herausgeschnitten hattest, an dessen Rand entlang. Man kann so gut erkennen, dass sich der Mittelpunkt des Kreises in einem kleineren gleichseitigen Dreieck bewegt, das innerhalb des größeren Dreiecks liegt.

Wir vermuten, dass die Anordnung, bei der drei Kreise in den Ecken liegen und einer in der Mitte die beste mögliche Anordnung ist. Zeichne zunächst ein großes Dreieck, in das die Kreise genau passen. Wenn die vier Kreise den Radius r haben, dann hat das große Dreieck die Seitenlänge $4\sqrt{3}r$ (Aufgabe 4.11). Als nächstes zeichnen wir in dieses Dreieck ein kleineres Dreieck, indem wir die Mittelpunkte der drei äußeren Kreise verbinden. Dieses kleinere Dreieck ist halb so groß wie das große Dreieck, hat also die Seitenlänge $2\sqrt{3}r$. Das kleine Dreieck hat die wichtige Eigenschaft, dass ein Kreis mit Radius r innerhalb des großen Dreiecks immer seinen Mittelpunkt innerhalb des kleinen Dreiecks hat. Das sieht man leicht, indem man einen Kreis im großen Dreieck herum schiebt. Wenn man ihn zum Beispiel längs des Randes des großen Dreiecks bewegt, läuft sein Mittelpunkt entlang des kleinen Dreiecks.

Wir werden nun zeigen, dass in das große Dreieck keine vier Kreise passen, die größer sind als die bisher betrachteten. Gäbe es nämlich eine bessere Lösung mit Kreisen mit Radien $R > r$, so würden die Mittelpunkte dieser Kreise immer noch im kleinen Dreieck, jedoch nicht mehr auf dessen Rand liegen. Das kleine Dreieck haben wir in drei Bereiche aufgeteilt, die alle die Form eines Drachens (Drachenvierecks) haben. Die Grenze zwischen zwei Drachen ist durch eine durchgezogene und eine gestrichelte Linie markiert. Damit können wir festlegen, zu welchem Bereich die auf der Grenze liegenden Punkte gehören, nämlich zu dem Bereich auf der Seite mit der durchgezogenen Linie. Das Schöne an dieser Aufteilung ist, dass wir vier Mittelpunkte, aber lediglich drei Bereiche haben, in denen sich diese befinden müssen. In einem dieser Bereiche müssen sich also zwei Mittelpunkte befinden. Also weiß man sofort, wie weit die Mittelpunkte höchstens voneinander entfernt liegen können. Es lässt sich leicht nachrechnen, dass die Breite (vom linken zum rechten Eckpunkt) jedes Drachens gleich $\sqrt{3}r$ und die Höhe (vom obersten zum untersten Eckpunkt) $2r$ ist. Das heißt, dass zwei Mittelpunkte innerhalb eines Drachens nie weiter als $2r$ voneinander entfernt sein können. In unserer verbesserten Anordnung müssten die Mittelpunkte aber $2R$ von einander entfernt liegen, weil sich die Kreise nicht überlappen dürfen. R kann also nicht größer als r sein. Größere Kreise als die bisherigen sind also nicht möglich!

Wir wissen, dass die Lösung mit $R = r$ möglich ist, davon sind wir ausgegangen. Man sieht außerdem leicht, dass es nur eine Lösung gibt, da die Kreise auf keine andere Weise in dem großen Dreieck angeordnet werden können. Von den zwei Mittelpunkten, die in einem Drachen-Bereich liegen, muss nämlich einer auf einem Eckpunkt und der andere genau in der Mitte des kleineren Dreiecks liegen. Nur so ist ihr Abstand gleich $2r$. Danach bleiben nur die anderen beiden Eckpunkte des kleinen Dreiecks als Positionen für die anderen beiden Mittelpunkte.

Wir kehren nun wieder zu unserem Problem mit dem Tablett und den Coladosen zurück. Wenn die Anzahl der Dosen gleich einer Dreieckszahl[1] ist, so wie $1, 3, 6, 10$ oder 15, dann kann man ein Tablett anfertigen, auf dem die Dosen in einer schönen regelmäßigen Anordnung stehen können. Wenn die Anzahl der Dosen gleich einer Dreieckszahl minus eins ist, kann man einfach das Tablett und die Anordnung für die Dreieckszahl übernehmen und dabei eine beliebige Dose weglassen. Würde die Anordnung besser werden, wenn man die Dosen anders verteilt? Wahrscheinlich ist die Antwort: Nein, das ist immer noch das

[1] Die n-te Dreieckszahl ist die Summe der ersten n natürlichen Zahlen. Die fünfte Dreieckszahl ist zum Beispiel $1 + 2 + 3 + 4 + 5 = 15$. Die n-te Dreieckszahl ist gleich $n(n + 1)/2$.

bestmögliche Tablett. Dieses Problem ist allerdings noch ungelöst, niemand weiß es sicher.

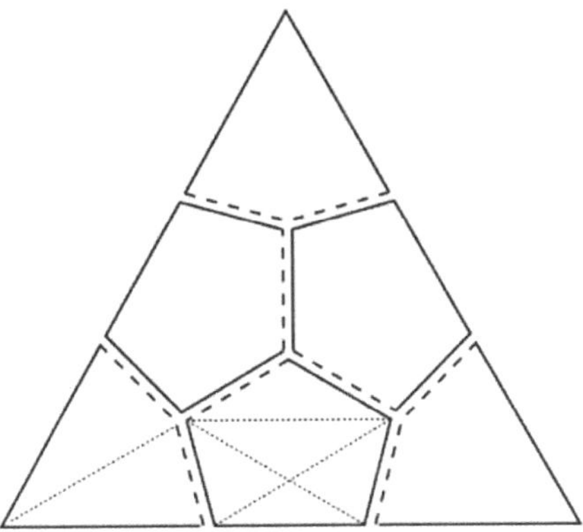

Abb. 4.17: Aufteilung für 7 Kreise.

> **Arbeitsauftrag 4.6**
> Man kann einen Beweis für die Anordnung mit sieben Kreisen finden, indem man die in Abb. 4.17 angegebene Aufteilung des inneren Dreiecks verwendet, genau wie wir das bereits für vier Kreise getan haben. Die Länge der vier dünnen, gestrichelten Linien ist gleich dem Durchmesser der Kreise. Finde in dieser Abbildung alle möglichen Kombinationen von Positionen, an denen sich die sieben Mittelpunkte befinden können. Es gibt wieder ein Feld, in dem zwei Mittelpunkte liegen. Betrachte hierfür alle Möglichkeiten. Es sind mehrere verschiedene Lösungen möglich. Finde alle!

Anregung 5
Löse dieses Problem für „Dreieckszahl minus eins“ und teile Deine Lösung den Autoren dieses Kapitels mit. (Adressen siehe am Ende des Buches.)

4.2.5 Stabile Stapel

Wir haben bereits gesehen, dass es beim experimentellen Bestimmen von Lösungen oft mehrere Möglichkeiten gibt, die sich nicht alle als gleich gut erweisen. Anstatt nach der besten Lösung zu suchen, bei der sich die Kreise in einem kleinstmöglichen Dreieck befinden, kann man auch versuchen die „schlechteste“ Lösung zu finden, bei der noch alle Kreise eingeklemmt sind.

Abb. 4.18: 14 Münzen.

Dieses Problem stammt von einem leidenschaftlichen Raucher, der sich die folgende Frage stellte: Nimm ein neues Päckchen Zigaretten[2].

Abb. 4.19: Zwanzig Zigaretten in einem Päckchen.

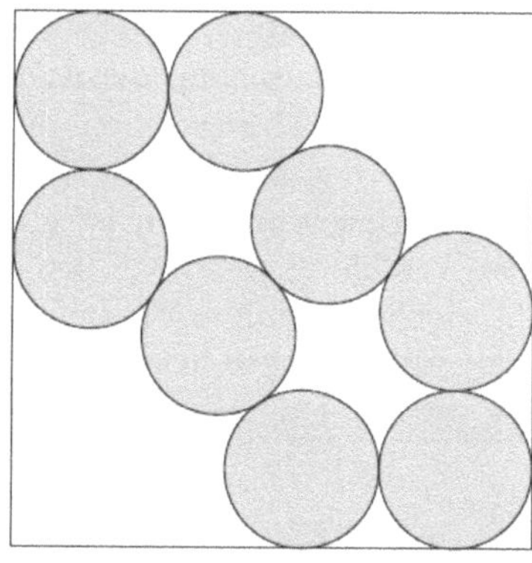

Abb. 4.20: Eine „ausgedünnte“ Anordnung mit 8 Kreisen.

Die Zigaretten sind darin fest eingepackt: erst eine Reihe von 7 Zigaretten, dann eine Reihe von 6 und dann wieder eine von 7. Wenn man eine Zigarette herausnimmt, bleiben die übrigen Zigaretten an ihrem Platz. Wie viele Ziga-

[2] Rauchen ist schlecht für die Gesundheit. Du kannst auch Schokoladenzigaretten nehmen.

retten kann man weglassen, sodass die übrigen Zigaretten weiter eine stabile Struktur bilden und nicht in der Schachtel herum klappern? Was ist im Allgemeinen die am wenigsten dichte Konfiguration von Kreisen, die noch in dem Sinne stabil ist, dass sich keiner der Kreise frei bewegen kann? Man muss dabei annehmen, dass die Münzen kleine Zackenränder haben, sodass sie nicht aneinander oder am Rand abrutschen, sondern nur wegrollen können. In Abbildung 4.20 ist eine stabile Anordnung von acht Kreisen in einem Quadrat abgebildet.

Arbeitsauftrag 4.7
Denke Dir einige Formen aus, in denen gleich große Kreise eingeklemmt sind, wie eine Packung Zigaretten, ein Quadrat, verschiedene Dreiecke, usw. Kann man einige Kreise weglassen, ohne dass die übrigen beginnen sich zu bewegen? Suche außerdem Anordnungen von Kreisen, die stabil aber so „ausgedünnt“ wie möglich sind. Die umfassende Figur muss also so groß wie möglich sein, wobei die Kreise nicht beweglich sein dürfen.

4.2.6 Das Problem von Malfatti

1803 stellte sich der Italiener Malfatti folgende Frage: Nimm an, man hat ein Stück Marmor in der Form eines dreiseitigen Prismas (das ist ein Block mit einer beliebigen, dreieckigen Grundfläche und einer bestimmten Höhe) und möchte daraus drei Zylinder meißeln, sodass die Zylinder zusammen ein möglichst großes Volumen haben. Die Zylinder müssen dabei nicht gleich groß sein. Nach Malfattis Meinung ist klar, wie man dabei vorgehen muss: In das Dreieck zeichnet man drei Kreise, die jeweils zwei der anderen Kreise und zwei Seiten des Dreiecks berühren, wie in Abbildung 4.21.

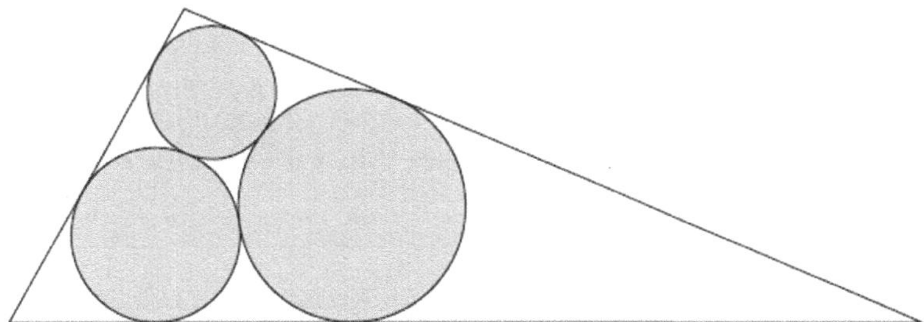

Abb. 4.21: Malfatti-Kreise in einem Dreieck.

Beim Ausprobieren bemerkt man schnell, dass es gar nicht so leicht ist, drei Kreise in ein Dreieck zu zeichnen, die sich alle berühren.

Die drei Kreise sind durch diese Forderung eindeutig festgelegt, es ist jedoch nicht einfach, ihre Radien zu berechnen. Das Problem, in einem gegebenen Dreieck die Radien dieser drei Kreise nur mit Hilfe von Zirkel und Lineal zu konstruieren heißt seitdem das Problem von Malfatti und ist schwierig.

1930 kamen jedoch Zweifel an der Aussage von Malfatti auf. Die Amerikaner Lob und Richmond fanden damals eine Anordnung in einem gleichseitigen Dreieck, die von der Fläche her ein wenig besser war, als die Anordnung, die Malfatti vorschlug. Sie platzierten zunächst einen großen Kreis (den Inkreis) in das Dreieck und füllten dann zwei der verbleibenden Lücken mit je einem größtmöglichen Kreis.

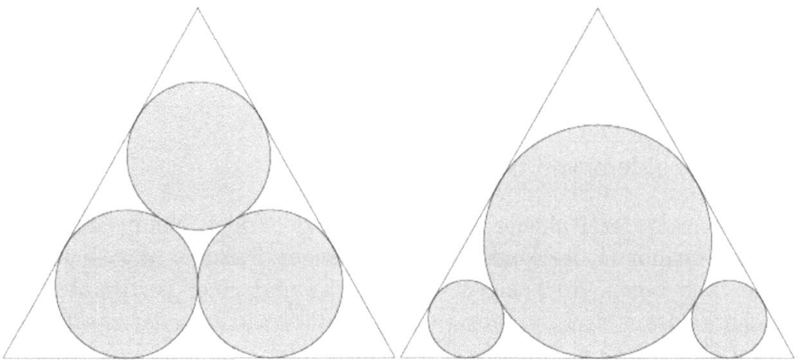

Abb. 4.22: Die drei Malfatti-Kreise (links) und die drei Kreise mit der größten Gesamtfläche (rechts) im gleichseitigen Dreieck.

Im Jahre 1967 traf der Amerikaner Goldberg eine überraschende Feststellung: Malfatti hat *nie* recht. Es ist immer besser, den sogenannten „gierigen“ („greedy“) Ansatz zu verfolgen, bei dem jeweils ein größtmöglicher Kreis in die verbleibende Fläche platziert wird. Goldberg machte seine Behauptung plausibel mit Hilfe numerischer Resultate. Ein wirklicher Beweis wurde bis heute nicht geliefert.

Aufgabe 4.13

Berechne den Gesamt-Flächeninhalt der drei Kreise in den beiden oben abgebildeten gleichseitigen Dreiecken und vergleiche die Ergebnisse. Das Dreieck hat die Seitenlänge 1.

Arbeitsauftrag 4.8
Bestimme in einem gleichschenkligen, rechtwinkligen Dreieck (die Form eines Geodreiecks) die drei Kreise, wie Malfatti sie gezeichnet hätte und die drei Kreise nach dem „gierigen" Ansatz. Untersuche, welche der beiden Lösungen die größere Fläche liefert. Was passiert, wenn man mehr als drei Kreise betrachtet?

Anregung 6
Man könnte vermuten, dass der „gierige" Ansatz auch für andere Formen als Dreiecke immer die beste Anordnung von zwei oder mehr Kreisen liefert. Untersuche in einem Viereck oder in einem Fünfeck, ob diese Vermutung für zwei Kreise wahr ist.

4.3 Gestapelte Kanonenkugeln

Sir Walter Raleigh war ein englischer Admiral, der gegen Ende des sechzehnten Jahrhunderts lebte. Während seiner wilden Jahre als Seeräuber im Dienst der englischen Königin Elisabeth I. machte er den Spaniern das Leben schwer. Von seinem Admiralitätsgebäude aus blickte er auf einige Kanonen, die im Hafen aufgestellt waren. Neben diesen Kanonen lagen stets einige Kanonenkugeln, die ordentlich zu einer Pyramide aufgestapelt waren. Raleigh fragte sich nun, wie viele Kanonenkugeln eigentlich benötigt werden, um einen solchen Stapel zu bilden. Er trug seinem wissenschaftlichen Ratgeber, dem Astronomen und Mathematiker Thomas Harriot, auf, die Antwort für ihn zu finden. Harriot bereitete diese Aufgabe keine großen Schwierigkeiten. Er löste das Problem gleich für den allgemeinen Fall für verschiedene Arten von Pyramiden. Dazu werden wir nun einige Beispiele betrachten.

Abb. 4.23: Thomas Harriot.

4.3.1 Die Anzahl von Kugeln in einem Stapel

Kugelförmige Kanonenkugeln können auf verschiedene Arten zu einer Pyramide aufgestapelt werden. Man kann zum Beispiel damit beginnen, die unterste Schicht aus Kugeln in ein quadratisches Muster oder auch als gleichseitiges Dreieck anzuordnen, genau wie bei den Münzen in der Ebene. Wenn Du das selber einmal ausprobieren möchtest, und Du zufällig keine Kanonenkugeln zur Hand hast, kannst Du dafür auch Orangen, Tischtennisbälle, kleine Edamer-Käse, Perlen oder Murmeln verwenden. Um zum Beispiel eine Pyramide mit vier Schichten zu erhalten, beginnt man damit, 16 Kugeln ordentlich zu einem 4 mal 4 Kugeln großen Quadrat zu legen. Als nächstes platziert man darauf eine Schicht aus 9 Kugeln in einem 3 mal 3 Kugeln großen Quadrat, dann eine Schicht mit $2 \cdot 2 = 4$ Kugeln und schließlich bleibt noch Platz für genau eine Kugel als Spitze der Pyramide. Für einen „quadratischen“ Stapel mit einer Höhe von 4 Schichten benötigt man also $16 + 9 + 4 + 1 = 30$ Kugeln.

Abb. 4.24: Besteht diese Pyramide aus dreieckigen oder quadratischen Schichten?

Um die Anzahl der Kugeln in einer Pyramide von, sagen wir hundert Schichten Höhe zu bestimmen, muss man also die ersten hundert Quadratzahlen der Reihe nach addieren. Das ist möglich, der Nachteil dieses Algorithmus ist jedoch, dass die benötigte Arbeit zur Berechnung von der Höhe des Stapels abhängt. Für tausend Schichten ist es also mindestens zehn Mal so aufwendig diese Rechnung auszuführen, wie für hundert Schichten. Wir werden nun eine „geschlossene“ Formel herleiten, mit der man die Summe der ersten n Quadratzahlen direkt berechnen kann. Der Rechenaufwand bei Nutzung der Formel ist so gut wie unabhängig von der Höhe der Pyramide. Das ist der Unterschied zum algorithmischen Vorgehen, bei dem die Quadrate sukzessive aufsummiert werden. Wir erhalten diese Formel, indem wir jede Quadratzahl als die Differenz von zwei Werten einer anderen Folge schreiben. Diese Folge kennen wir noch nicht, deshalb nennen wir sie $x_0, x_1, x_2, \ldots$. Die Folge muss so definiert sein, dass die Differenzen aufeinander folgender Folgenglieder Quadratzahlen sind:

$$1^2 = x_1 - x_0, 2^2 = x_2 - x_1, 3^2 = x_3 - x_2, \ldots, n^2 = x_n - x_{n-1}.$$

Warum suchen wir eine solche Folge? Wenn wir eine solche Folge gefunden haben, dann ist das Berechnen der Summe der Quadratzahlen ein Kinderspiel:

$$\begin{aligned} &1^2 + 2^2 + 3^2 + \cdots + n^2 \\ &= (-x_0 + \cancel{x_1}) + (\cancel{-x_1} + \cancel{x_2}) + (\cancel{-x_2} + x_3) + \cdots + (-x_{n-1} + x_n) \\ &= -x_0 + x_n \end{aligned}$$

(Wir haben hier die Reihenfolge von je zwei aufeinander folgenden Zahlen verändert: $x_1 - x_0 = -x_0 + x_1$) Das ist schön, weil sich fast alle Folgenglieder gegenseitig wegheben und die Summe der ersten n Quadratzahlen nun nur durch x_n bestimmt ist (bis auf eine Konstante $-x_0$). Die Kunst ist nun „nur noch", jede Quadratzahl als Differenz zweier Zahlen aus der Folge (x_n) zu schreiben. Das heißt, dass wir für x_n irgendeine Funktion von n finden müssen, so dass $n^2 = x_n - x_{n-1}$ für jeden beliebigen Wert von n gilt. Da die Differenzen Quadratzahlen liefern sollen, kann man es mit einer quadratischen Funktion, wie zum Beispiel: $x_n = an^2 + bn + c$ probieren, in der Hoffnung, dass die Konstanten a, b und c geschickt gewählt werden können. Wenn es eine solche Funktion gibt, muss gelten:

$$\begin{aligned} n^2 = x_n - x_{n-1} &= [an^2 + bn + c] - [a(n-1)^2 + b(n-1) + c] \\ &= (\cancel{an^2} + \cancel{bn} + c) - (\cancel{an^2} - 2an + a) - (\cancel{bn} - b) - c = 2an + (-a + b) \end{aligned}$$

Leider fällt der Term an^2 weg. Es bleibt also kein quadratischer Term, weswegen man mit dieser Formel nie für jedes n auf den Wert von n^2 kommen kann. (Warum nicht?) Man sieht hier, was Du vielleicht bereits wusstest: Die Folge der Differenzen einer quadratischen Folge ist eine lineare Folge. Eine weiterer Ansatz ist, für x_n eine Funktion dritten Grades zu wählen: $x_n = an^3 + bn^2 + cn + d$. Dann fällt der Term vom Grad 3 wohl wieder weg, es bleibt jedoch vielleicht etwas Quadratisches übrig. Es gibt noch einen anderen Grund, warum dieser Ansatz naheliegend ist. Die Anzahl der Kanonenkugeln in einer Pyramide, hat etwas mit dem Volumen der Pyramide zu tun. Volumen ist so etwas wie Länge mal Breite mal Höhe. Die Länge, Höhe und Breite sind von der Ordnung n, also hat die Anzahl (Volumen = Produkt) wahrscheinlich etwas mit der dritten Potenz von n zu tun. Dieser Ansatz erweist sich in der Tat als richtig:

$$\begin{aligned} n^2 &= x_n - x_{n-1} \\ &= [an^3 + bn^2 + cn + d] - [a(n-1)^3 + b(n-1)^2 + c(n-1) + d] \\ &= [\cancel{an^3} + bn^2 + cn + d] - [(\cancel{an^3} - 3an^2 + 3an - a) + (bn^2 - 2bn + b) \\ &\qquad + (cn - c) + d] \\ &= 3an^2 + (-3a + 2b)n + (a - b + c). \end{aligned}$$

In dieser Gleichung steht auf der linken Seite n^2 und rechts eine quadratische Funktion von n. Die Formel muss nun noch durch die Bestimmung von a, b und c, sodass gilt $3a = 1, -3a + 2b = 0$ und $a - b + c = 0$ vervollständigt werden. Die Bedingungen sind für $a = \frac{1}{3}, b = \frac{1}{2}$ und $c = \frac{1}{6}$ erfüllt. Es gilt also:

$$1^2 + 2^2 + 3^2 + \cdots + n^2 = -x_0 + x_n = -x_0 + \frac{1}{3}n^3 + \frac{1}{2}n^2 + \frac{1}{6}n + d$$

Da d gleich x_0 sein muss (setze $n = 0$ in die Gleichung ein) erhalten wir mit der Festlegung $x_0 = 0$ das folgende Resultat:

$$\boxed{1^2 + 2^2 + 3^2 + \cdots + n^2 = \frac{1}{3}n^3 + \frac{1}{2}n^2 + \frac{1}{6}n}$$

Mit dieser Formel kann man einfach ausrechnen, wie viele Kanonenkugeln sich in einem Stapel einer bestimmten Höhe befinden. Für eine Höhe von $n = 4$ Schichten erhält man tatsächlich 30 Kugeln, was wir ja bereits wussten. Für 100 Schichten werden gut und gerne 338 350 Kanonenkugeln benötigt.

Anregung 7
Bemerkenswert an dieser Formel ist, dass sie Brüche enthält, obwohl das Ergebnis - eine Anzahl!- immer eine natürliche Zahl sein muss. Dass dies trotz der Brüche immer der Fall ist, wird deutlich, wenn man die Formel wie folgt schreibt: $n(n+1)(2n+1)/6$ (Bitte nachrechnen!). An dieser Form sieht man leichter, dass das Ergebnis immer eine natürliche Zahl ist. Für jede natürliche Zahl n gilt nämlich, dass n gerade ist, oder $n + 1$ ist gerade. Das heißt, dass $n(n + 1)$ immer durch 2 teilbar ist. Versuche zu zeigen, dass $n(n+1)(2n+1)$ immer durch 3 teilbar ist. Setze zum Beispiel einige Zahlen für n ein und überlege, warum die Aussage stimmt.

Aufgabe 4.14
Statt von einer quadratischen Grundfläche kann man auch von einem Dreieck als Grundfläche ausgehen. Für eine Pyramide aus vier Schichten benötigt man dann $10+6+3+1 = 20$ Kugeln (die Zahlen $1, 3, 6$ und 10 sind Dreieckszahlen der Form $n(n + 1)/2$). Finde, ähnlich wie eben, eine Formel mit der man die Anzahl der Kugeln in einer Pyramide der Höhe n berechnen kann.

Anregung 8
Man kann auch eine Pyramide mit einer rautenförmigen Grundfläche (zwei gleichseitige Dreiecke aneinandergelegt, zum Beispiel mit Reihen der Länge $1, 2, 3, 4, 3, 2, 1$), aber auch ein Sechseck oder eine rechteckige Grundfläche betrachten.

Wir wissen nun, wie viele Kugeln benötigt werden um eine „dreieckige“ oder eine „quadratische“ Pyramide aus Kugeln zu bilden. Ist es auch möglich, aus einer dreieckigen Pyramide einer bestimmten Höhe eine quadratische Pyramide zu machen, ohne dass man Kugeln übrig behält? Wenn man eine Liste mit den Anzahlen betrachtet, die für eine quadratische und für eine dreieckige Pyramide benötigt werden, sieht man, dass dies nie möglich zu sein scheint (außer natürlich für einen Stapel mit einer Höhe von einer Kugel):

Anzahl der Schichten:	1	2	3	4	5	6	7	8	9
Dreieck:	1	4	10	20	35	56	84	120	165
Quadrat:	1	5	14	30	55	91	140	204	285

Die Anzahlen der Kugeln in der dreieckigen Pyramide scheinen nicht unter den Anzahlen der quadratischen Pyramide vorzukommen. Diese Tabelle kann man noch viel weiter führen, aber auch wenn dabei noch immer keine gleichen Anzahlen vorkommen, kann man trotzdem nicht sicher sein, ob das nie geschehen wird. Vielleicht tritt dieser Fall nämlich doch für einen sehr großen Stapel ein. Zwei niederländische Mathematiker (Frits Beukers und Jaap Top) bewiesen 1982, dass dieser Fall tatsächlich nie eintritt. Der Beweis ist jedoch zu kompliziert um hier näher darauf eingehen zu können.

Anregung 9
Wenn man eine quadratische Pyramide mit $n \geq 6$ Schichten betrachtet, kann man daraus eine dreieckige Pyramide machen, die mehr Schichten hat. Man behält jedoch immer einige Kugeln übrig. Finde eine Formel, oder eine Abschätzung für die Anzahl der Schichten der dreieckigen Pyramide in Abhängigkeit von n.

Es ist jedoch möglich, aus zwei aufeinander folgenden dreieckigen Pyramiden genau eine quadratische Pyramide zu machen. Eine dreieckige Pyramide mit vier Schichten und eine aus fünf bestehen zusammen aus $20+35 = 55$ Kugeln, gerade genug für eine quadratische Pyramide mit fünf Schichten!

Aufgabe 4.15
Zeige (mit Hilfe der Formeln), dass dies für alle dreieckigen Pyramiden stimmt.

Aufgabe 4.16
Eine quadratische Pyramide mit 5 Schichten und eine dreieckige mit 6 Schichten enthalten zusammen 111 Kugeln. Eine quadratische Pyramide aus 6 Schichten und eine dreieckige aus 4 Schichten bestehen zusammen ebenfalls aus 111 Kugeln. Steckt dahinter eine allgemein gültige Aussage?

Arbeitsauftrag 4.9
Ein bekanntes Puzzle besteht aus zwanzig Kugeln, die man in einer dreieckigen Pyramide aufstapeln muss. Wir haben bereits gesehen, dass 20 genau die richtige Anzahl für eine dreieckige Pyramide aus vier Schichten ist. Die Schwierigkeit dieses Puzzles besteht darin, dass die Kugeln bereits in kleinen Gruppen aneinander befestigt sind. In Abbildung 4.25 sieht man, dass es zwei Reihen aus jeweils vier Kugeln und vier Reihen aus je drei Kugeln gibt. Die Kunst ist nun, diese sechs Teile so zu stapeln, dass eine Pyramide entsteht. Man kann dieses Puzzle nachbauen, indem man kleine Kartöffelchen, Perlen, Tischtennisbälle oder runde Trauben mit Zahnstochern aneinander befestigt. Wenn Du mit dem Zusammensetzen der Pyramide beginnst, wirst Du merken, dass es einfacher aussieht, als es ist. Du kannst die Kugeln natürlich auf andere Weise aneinander befestigen, zum Beispiel jede der vier Schichten mit $10, 6, 3$ und 1 Kugel. Man erhält dann ein Puzzle aus vier Teilen, das für Babys im Alter von zwölf Monaten geeignet ist. Dieses Puzzle kann man allerdings auf verschiedene Arten zusammensetzen. (Wie und auf wie viele Arten?) Die zwei extremsten Unterteilungen in Puzzleteile sind: alle Kugeln aneinander befestigt (ein Puzzleteil) bzw.: alle Kugeln einzeln (20 Puzzleteile). Dazwischen gibt es sehr viele andere Möglichkeiten. (Wie viele?) Entwirf einige interessante. Kannst Du Kugeln auch so aneinander befestigen, dass man nie eine Pyramide daraus bauen kann? Kann es sein, dass die Teile zu einer Pyramide zusammengesetzt werden können, aber dass man sie dann nicht mehr auseinander nehmen kann, weil sie fest ineinander verkeilt sind?

Abb. 4.25: Das Kugel-Puzzle in Einzelteilen.

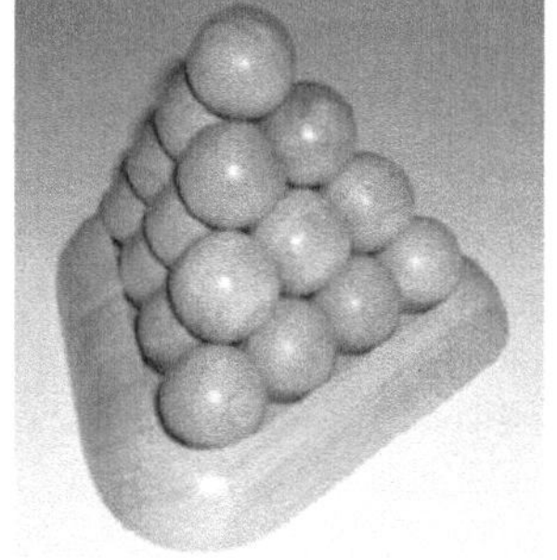

Abb. 4.26: Das Kugel-Puzzle zusammengefügt.

4.3.2 Die Höhe eines Stapels

Wir haben uns bis jetzt mit der Anzahl der Kugeln in einer Pyramide beschäftigt. Aber wie sieht es mit der Höhe einer Pyramide aus? Wie hoch ist zum Beispiel eine dreieckige Pyramide aus 4 Lagen Tennisbällen? Zur Abkürzung nennen wir den Radius der Kugeln r und die Anzahl der Lagen n. Um die Höhe einer Pyramide aus Kugeln zu bestimmen, ist es hilfreich die Lage der Mittelpunkte der Kugeln zu betrachten. In Abbildung 4.27 ist zu sehen, wie die Mittelpunkte der Kugeln eine Pyramide aus regelmäßigenTetraedern (regelmäßigen Vierflächnern) bilden. Von der Grundfläche aus muss man zunächst auf die Höhe der Mittelpunkte der Kugeln aus der untersten Schicht kommen. Jeder solche Mittelpunkt liegt auf der Höhe r. Als nächstes bilden je vier Mittelpunkte die Eckpunkte eines Tetraeders. Da sich die Kugeln berühren, haben die Mittelpunkte den Abstand $2r$ von einander. Das ist also gerade die Kantenlänge eines Tetraeders. Jede folgende Schicht aus Mittelpunkten korrespondiert auf diese Weise mit einer Schicht aus Tetraedern. Zum Schluss gehen wir noch eine weitere Radiuslänge nach oben, und wir befinden uns auf der obersten Kugel der Pyramide. Die Höhe eines Stapels aus vier Schichten ist also $2r + 3h$, wobei h die Höhe eines Tetraeders ist. Für n Schichten aus Tennisbällen müssen wir $n - 1$ Tetraeder-Höhen nach oben.

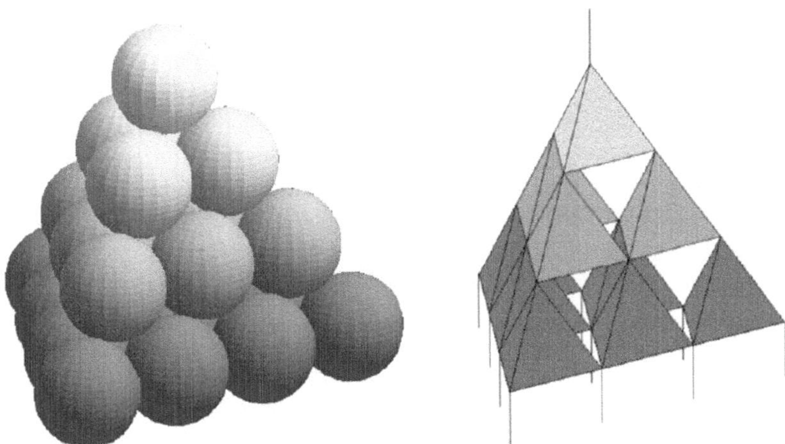

Abb. 4.27: Zwanzig Kugeln in einer Dreieckspyramide und die zehn Tetraeder, die ihre Mittelpunkte als Ecken haben.

Aufgabe 4.17
Rechne nach, dass die Höhe eines Tetraeders mit Kantenlänge $2r$ durch

$$h = \frac{2}{3} r \sqrt{6}$$

gegeben ist. Verwende hierbei, dass sich die Spitze eines Tetraeders genau über dem Mittelpunkt des gleichseitigen Basisdreiecks befindet. Zu den Verhältnissen in einem halben gleichseitigen Dreieck siehe Anhang 2.

Die Höhe einer dreieckigen Pyramide aus n Schichten aus Kugeln mit einem Radius r ist also:

$$2r\left(\frac{\sqrt{6}}{3}(n-1)+1\right).$$

Eine dreieckige Pyramide, die aus Tennisbällen mit einem Durchmesser von 6,5 cm in vier Schichten besteht, ist also 22,4 cm hoch.

Aufgabe 4.18
Wie viele Tennisbälle mit einem Durchmesser von 6,5 cm benötigt man, um eine dreieckige Pyramide zu bilden, die so hoch ist wie Du selber? Wiegen die Bälle zusammen mehr oder weniger als Du? Ein Tennisball wiegt 57 Gramm.

Aufgabe 4.19
Berechne die Höhe einer *quadratischen Pyramide* aus n Schichten von Kugeln mit Radius r.

4.3.3 Die Vermutung von Kepler

Wir wissen bereits, dass Thomas Harriot durch Sir Walter Raleigh mit der Lösung des Problems der Pyramidenstapel beauftragt wurde. Er löste dieses Problem ordentlich. Wichtiger war jedoch, dass er dieses Thema in seiner Korrespondenz mit Johannes Kepler erwähnte. Kepler war der berühmteste Astronom seiner Zeit. Er wurde unter anderem durch seine mathematische Beschreibung der Planetenbahnen berühmt. Kepler kam durch diesen Briefwechsel auf die Idee, die sechseckige Struktur von Schneekristallen zu erklären, indem er von einer regelmäßig gestapelten Anordnung der Atome ausging. 1609 beschrieb er in einem Buch über Schneekristalle erstmals die dichteste Aufschichtung von Kugeln. Wie wir bereits gesehen haben, erhält man diese Anordnung, indem man zunächst die Kugeln in der Ebene so dicht wie möglich nebeneinander legt: in einem hexagonalen Muster, bei dem jede Kugel also sechs Nachbarn berührt. Die nächste Schicht ordnet man ebenfalls nach diesem Muster an und setzt diese etwas versetzt auf die erste, sodass die Kugeln genau in die Kuhlen der unteren Schicht passen. Bei jeder folgenden Schicht kann man jedoch zwei Entscheidungen treffen, die nicht äquivalent sind. Wenn wir die Positionen der Mittelpunkte der Kugeln der ersten Schicht mit A bezeichnen, und die der zweiten Schicht mit B, dann kann die dritte Schicht wieder genau über der ersten liegen (A) oder an einer anderen Stelle (C) (siehe Abbildung 4.28).
Die Reihenfolge ABC ABC ABC ABC wird in der Fachsprache auch *kubisch flächenzentrierte Packung* genannt, die Möglichkeit AB AB AB AB AB AB

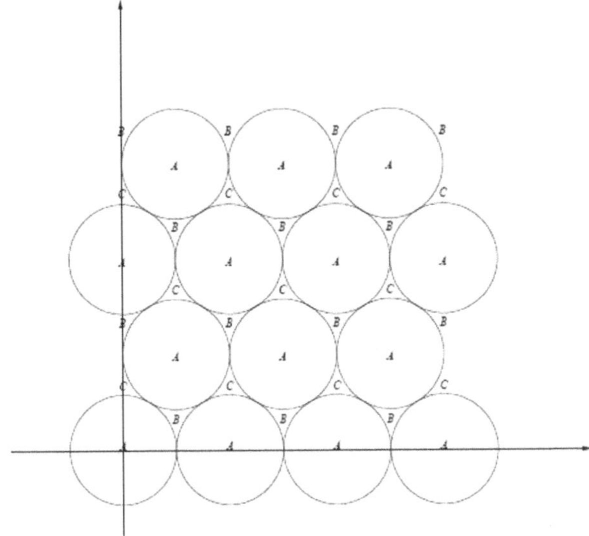

Abb. 4.28: Verschiedene Lagemöglichkeiten in einem Kugelstapel.

heißt *hexagonal dichteste Kugelpackung.* Dies sind schöne, regelmäßige Anordnungen, die außerdem periodisch sind: das Muster ABC oder AB wiederholt sich jedes Mal. Für jede neue Schicht im Stapel hat man zwei Möglichkeiten. Nach jedem Buchstaben folgt einer der beiden anderen. Es ist also auch sehr einfach ein nicht periodisches Muster zu erstellen, zum Beispiel: $ABCBACBABCBCABCBCBCBABA\ldots$. Es gibt hierbei kein Muster, das sich wiederholt. Die Dichte des Stapels (das ist der Anteil am Gesamtvolumen der Pyramide), das durch die Kugeln ausgefüllt wird, wird durch diese Wahlmöglichkeit nicht beeinflusst. Die Dichte bleibt gleich

$$\frac{\pi}{\sqrt{18}} \approx 0,74048.$$

Kepler ging ohne weiteres Überlegen davon aus, dass diese auf der Hand liegenden Möglichkeiten des Stapelns nicht verbessert werden können. Er lieferte hierfür keinen Beweis. Seit dieser Zeit ist das Problem der Bestimmung des dichtesten Stapels aus Kugeln bekannt als die Vermutung von Kepler.

Es erwies sich in der Tat als gewaltiges Problem. Hunderte von Jahren gelang es keinem Mathematiker einen Beweis dafür zu finden. Viele Wissenschaftler versuchten obere Schranken für die Dichte (den Teil des Raumes, der durch die Kugeln eingenommen wird) zu entwickeln, in der Hoffnung der Wahrheit so ein Stückchen näher zu kommen. Von 1993 stammt eine Obergrenze (wie beim Parkplatzproblem) von Mulder: $0,773055\ldots$ (Eine Menge sich nicht überlappender Kugeln kann nie mehr als $77,3055\ldots\%$ des Raumes füllen) Diese ist allerdings noch „weit“ entfernt von der tatsächlichen Grenze: $0,74048\ldots$. Außerdem versuchten experimentierfreudige Wissenschaftler die maximale Dichte in einem Stapel aus Kugeln durch Schütteln und Rütteln von Dosen mit Metallkügelchen, Hagelkörnern und selbst Erbsen oder durch Feststampfen der Kugeln zu bestimmen. Es erwies sich jedoch als unmöglich, auf diese Weise in die Nähe der besten Dichte zu kommen. Wenn man eine Menge kleiner Kügelchen in einen Topf gibt erhält man einen „Stapel“ mit einer Dichte von etwa 60%. Wenn man als nächstes den Topf sehr gut schüttelt und die Kügelchen andrückt (wie bei einer Zuckerdose, in der man auf diese Weise neuen Platz schaffen kann) steigt die Gesamtdichte auf etwa 64%. Das ist noch weit entfernt vom optimalen Wert von 74%. Der Grund ist, dass sich in einigen Bereichen Kristallstrukturen bilden. Das sind kleine Gruppen aus Kugeln, die bereits nah genug beieinander liegen. Deshalb ist zu wenig Bewegung möglich, um alle Kugeln auf den richtigen Platz zu bekommen. Die einzige Art, die dichteste Anordnung zu erhalten, ist die Kugeln einzeln ordentlich aufeinander zu stapeln.

Arbeitsauftrag 4.10
Führe einige Experimente aus, bei denen Du die Dichte von verschiedenen Stapeln gleich großer Gegenstände bestimmst. Nimm hierfür einen Topf oder eine Dose, bei der Du gut feststellen kannst, wann sie ganz voll ist, und eine große Anzahl Gegenstände von (möglichst) gleicher Gestalt, die sich nicht so leicht verformen lassen. Du kannst zum Beispiel Murmeln oder Münzen verwenden, Legosteine, Streichhölzer, Nägel, Erbsen, ... Eicheln oder Reiskörner eignen sich ebenfalls. Beachte, dass Du für das Bestimmen der Dichte das Volumen des Topfes und der Gegenstände, mit denen Du den Topf befüllst, sowie deren Anzahl kennen musst (oder geht es auch anders?). Zuckerkörner sind zum Beispiel weniger geeignet. Untersuche, wie die Dichte durch Schütteln und durch ordentliches Aufstapeln zunimmt. Hängt dies von der Größe der Gegenstände, oder von deren Form ab? Untersuche eventuell auch den Einfluss der Größe des Topfes.

Anregung 10
In einem Netz mit Orangen (siehe Abb. 4.29) sind die Orangen auch auf eine bestimmte Art angeordnet. Was wird hier minimiert? Kannst Du für $3, 4, 5, 6, \ldots$ Orangen bestimmen was hier tatsächlich geschieht?

Es gibt einige Gründe, warum die Vermutung von Kepler so schwer zu beweisen ist. Wir haben bereits gesehen, dass es nicht nur eine einzige Lösung dafür gibt, sondern unendlich viele verschiedene. Die Anordnung der Kugeln um eine andere Kugel des Stapels herum ist nicht festgelegt, anders als das bei den Kreisen in der Ebene der Fall war. Dort wurde jeder Kreis von genau sechs Kreisen umgeben und für diese sechs Kreise gab es keinen Spielraum mehr. Sie können sich höchsten alle zusammen um den mittleren Kreis herum drehen. Die räumliche Situation mit Kugeln ist komplett anders. Da stellt sich schon

Abb. 4.29: Ein Netz mit Orangen.

die Frage, wie viele Kugeln überhaupt gleichzeitig eine andere Kugel berühren können. In der Fachsprache heißt diese Zahl die *kissing number*, die „Kusszahl“. Zwölf ist auf jeden Fall möglich, denn diese Situation haben wir bei der *kubisch flächenzentrierten Anordnung*. Aber passen vielleicht auch dreizehn Kugeln um eine gegebene Kugel? Diese Frage war 1694 der Gegenstand einer heftigen Diskussion zwischen dem schottischen Astronomen David Gregory und Sir Isaac Newton, dem Gelehrten, der unter anderem die Wirkung der Schwerkraft erklärte. Gregory behauptete, dass auch dreizehn Kugeln möglich sind, konnte jedoch nicht angeben wie. Newton dagegen hatte das Gefühl, dass zwölf die maximale Anzahl von Kugeln sei. Das Problem ist, dass die Lage von zwölf sich berührenden Kugeln nicht festgelegt ist. Es gibt zum Beispiel genug Raum, um die äußeren Kugeln ihre Plätze tauschen zu lassen, ohne dass sie den Kontakt zur mittleren Kugel verlieren. Das erlösende Wort wurde erst 1847 durch den Deutschen Hoppe gesprochen. Er bewies, dass Newton mit seiner Vermutung recht hatte.

Anregung 11
Versuche zu bestimmen, wie viele Bleistifte einander gleichzeitig berühren können. Nimm hierzu Bleistifte mit einem runden Querschnitt (keine sechseckigen) und nimm an, dass sie „unendlich“ lang sind. *Jeder* Bleistift muss also Kontakt zu *jedem* anderen Bleistift haben. Ein Beispiel mit vier Bleistiften erhältst Du, indem Du zwei Bleistifte direkt nebeneinander auf den Tisch legst und zwei andere Bleistifte, die ebenfalls ganz eng zusammen liegen senkrecht zu den ersten beiden darüber legst. Lass Dich hier nicht aufhalten, es geht auch noch mit mehr Bleistiften. Aber mit wie vielen??

Der Beweis der Kepler-Vermutung wurde 1998 durch den amerikanischen Mathematiker Thomas Hales erbracht. Der Beweis besteht aus sieben Artikeln und einer Doktorarbeit eines seiner Studenten, insgesamt 250 Seiten zusammen mit 3 Gigabytes Computercode und Daten. Im Beweis werden an die 5000 mögliche Anordnungen der Kugeln durchgerechnet. Jede Konstellation liefert ein schwieriges Minimierungsproblem.

Abb. 4.30: Käsestapel.

4.4 Anhang 1: Lösungen zu den Aufgaben

4.1

Zwei mögliche gute Lösungen sind in Abbildung 4.31 angegeben.

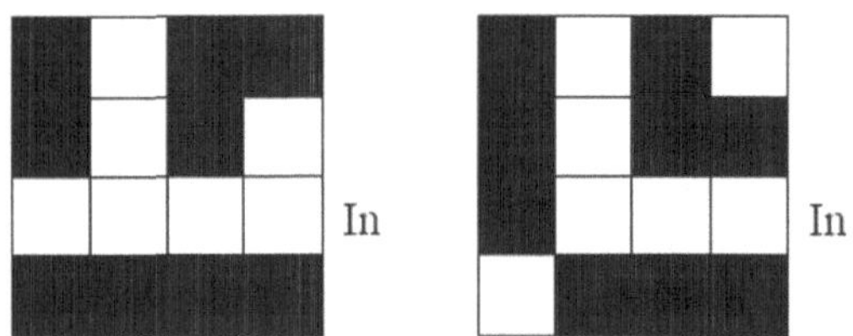

Abb. 4.31: Lösungen des 4×4-Parkplatzproblems.

4.2

Ein 5 mal 5 Flächen großes Gelände hat 25 mögliche Flächen. Jede dieser Flächen kann man als Stellplatz auswählen oder eben nicht. Da man bei jeder Fläche diese beiden Möglichkeiten hat, gibt es insgesamt $2^{25} = 33\ 554\ 432$ verschiedene Entwürfe, also viel zu viele um sie alle per Hand zu überprüfen.

Der Computer benötigt $2^{25}/(1000\cdot 60\cdot 60)$ Sekunden = 9 Stunden, 19 Minuten und 14 Sekunden für die Berechnung.

4.3

$$\binom{25}{25}+\binom{25}{24}+\binom{25}{23}+\cdots+\binom{25}{15}+\binom{25}{14}$$
$$=1+\frac{25}{1}+\frac{25\cdot 24}{1\cdot 2}+\cdots+\frac{25\cdot 24\cdot\cdots\cdot 12}{1\cdot 2\cdot\cdots\cdot 14}$$
$$=11\,576\,916$$

oder einfacher:

$$\frac{1}{2}\left(2^{25}-\binom{25}{12}-\binom{25}{13}\right)=2^{24}-\binom{25}{12}=11\,576\,916$$

4.4
Siehe Abbildung 4.32.

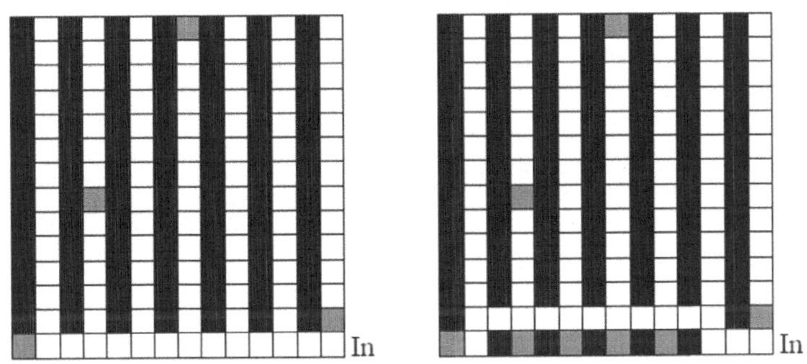

Abb. 4.32: Lösungen zu Aufgabe 4.4.

4.5
Für ungerade n gibt es $(n+1)/2$ Reihen mit $n-1$ Autos. Also ist die Effizienz: $\frac{1}{2}-\frac{1}{2n^2}$. Sie ist also stets größer als $\frac{1}{2}-\frac{1}{2n}$.

4.6
Es muss mindestens $(n-1)+(n-1)+(n-2)=3n-4$ freie Flächen geben (falls $n\geq 3$). Die Effizienz beträgt also höchstens $1-(3n-4)/n^2$. Für alle $n\leq 28$ ist diese Obergrenze kleiner als 90%. (Verwende Deinen Taschenrechner, oder löse die Gleichung $1-(3n-4)/n^2=0,9$ nach n auf.)

4.7
Das regelmäßige Sechseck mit einem einbeschriebenen Kreis vom Radius 1 kann in zwölf halbe gleichseitige Dreiecke mit einer Grundseite der Länge 1

und einer Höhe von $\frac{1}{\sqrt{3}}$ aufgeteilt werden. Der Flächeninhalt des Sechsecks ist also $12 \cdot (\frac{1}{2} \cdot 1 \cdot \frac{1}{\sqrt{3}}) = 2\sqrt{3}$. Der von Kreisflächen bedeckte Anteil der Gesamtfläche ist also $\pi/\sqrt{12} = 0,90689$.

4.8
Mit $3, 6, 10, 15, 21$, usw. Münzen erhält man eine schöne hexagonale Anordnung: erst eine Münze, dann zwei, dann drei, usw. Mit $2, 5, 9, 14, 20$ usw. Münzen erhält man dasselbe Muster wie eben, bei dem jedoch eine beliebige Münze weggelassen wird. Besser geht es nicht. Für die übrigen Fälle $4, 7, 8, 11, 12, 13$ benötigt man etwas mehr Glück und Fantasie.

4.9
Teile das Dreieck vom Mittelpunkt aus in 6 halbe gleichschenklige Dreiecke. Die Länge der Seiten, die den Mittelpunkt mit einem Eckpunkt des Dreiecks verbinden, ist der Abstand zwischen zwei Mittelpunkten, also gleich $2r$. Die anderen Seiten der halben Dreiecke sind also r und $\sqrt{3}r$ lang. Das heißt, dass die Seitenlänge des Dreiecks, die wir suchen gleich $2\sqrt{3}r$ ist.
Das innere gleichseitige Dreieck, das die Mittelpunkte der sieben Münzen enthält hat also eine Seitenlänge von $D = 2\sqrt{3}r + 2r$.
Das große Dreieck, in dem sich die Münzen befinden, hat also eine Seitenlänge von $D + 2\sqrt{3}r = 2(2\sqrt{3} + 1)r$.

4.10
Miss die Werte nach und setze sie ein.

4.11
$4 + 10/\sqrt{3} = 9,77350$, $4 + 2\sqrt{3} = 7,46410$ und $4\sqrt{3} = 6,92820$

4.12
Die zwei Bilder in Abbildung 4.33 zeigen die möglichen Positionen der Münzen (Getränkedosen):
4.13
Die drei Kreise haben einen Radius von $\frac{1}{4}(\sqrt{3} - 1)$. Die Gesamtfläche der drei Kreise ist also $\frac{3}{8}\pi(2 - \sqrt{3}) = 0,31567\ldots$
Der große („gierige“) Kreis hat einen Radius der Länge $\sqrt{3}/6$ und die zwei kleinen Kreises haben einen Radius der Länge $\sqrt{3}/18$. Die Fläche der drei Kreise zusammen beträgt also $\frac{5}{54}\pi = 0,31997\ldots$ (also ein bisschen größer als die der Malfatti-Kreise).

4.14
Die Anzahl der Kugeln in einem dreieckigen Stapel ist:

$$d(n) = \frac{1 \cdot 2}{2} + \frac{2 \cdot 3}{2} + \frac{3 \cdot 4}{2} + \cdots + \frac{n \cdot (n+1)}{2} = \frac{1}{6}n^3 + \frac{1}{2}n^2 + \frac{1}{3}n$$

4.15
Die Anzahl der Kugeln in einem quadratischen Stapel ist:

Abb. 4.33: Zur Lösung von Aufgabe 4.12.

$$q(n) = 1^2 + 2^2 + 3^2 + \cdots + n^2 = \frac{1}{3}n^3 + \frac{1}{2}n^2 + \frac{1}{6}n.$$

Weiter gilt:

$$\begin{aligned}
& d(n-1) + d(n) \\
&= \frac{1}{6}(n-1)^3 + \frac{1}{2}(n-1)^2 + \frac{1}{3}(n-1) + \frac{1}{6}n^3 + \frac{1}{2}n^2 + \frac{1}{3}n \\
&= \left(\frac{1}{6}n^3 - \frac{1}{2}n^2 + \frac{1}{2}n - \frac{1}{6}\right) + \left(\frac{1}{2}n^2 - n + \frac{1}{2}\right) + \left(\frac{1}{3}n - \frac{1}{3}\right) + \\
& \left(\frac{1}{6}n^3 + \frac{1}{2}n^2 + \frac{1}{3}n\right) \\
&= \frac{1}{3}n^3 + \frac{1}{2}n^2 + \frac{1}{6}n = q(n)
\end{aligned}$$

4.16
$q(n) + d(n+1) = q(n+1) + d(n-1)$

4.17
Die Höhe h des Tetraeders ist in Abbildung 4.34 genau die Länge der Strecke TP. Das ist die Strecke, die man erhält, wenn man das Tetraeder auf einen Tisch stellt und von seiner Spitze aus das Lot nach unten fällt. Der untere Endpunkt dieser Strecke P ist genau der Mittelpunkt der dreieckigen Grundfläche, mit gleichem Abstand zu allen drei Eckpunkten. Das Dreieck $\triangle HMP$ hat die Winkel $30°, 60°$ und $90°$. Mit Anhang 2 folgt, dass man den Abstand des Punktes P zu H erhält, indem man den Abstand $HM = r$ durch $\frac{1}{2}\sqrt{3}$ teilt:

$$x = \frac{2}{\sqrt{3}}r.$$

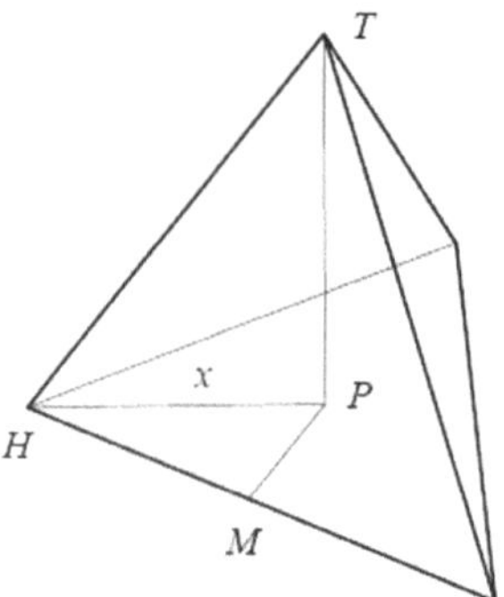

Abb. 4.34: Tetraeder.

Wende nun den Satz des Pythagoras auf das Dreieck an, das durch einen Eckpunkt H, die Spitze T und den projizierten Punkt P gebildet wird. So erhält man: $(2r)^2 = x^2 + h^2$. Zusammen mit der Formel für x liefert das die Antwort.

4.18
Angenommen Du bist $1,80\,\mathrm{m}$ groß. Berechne zuerst, wie viele Schichten die Pyramide haben muss:

$$6,5\left(\frac{\sqrt{6}}{3}(n-1)+1\right) = 180.$$

(Vorsicht: Der Durchmesser der Bälle ist $2r = 6,5$) Man benötigt also $n = 32$ Schichten. Mit der Formel für die Anzahl der Bälle aus Aufgabe 4.14 folgt, dass man 5984 Bälle benötigt! Diese Bälle wiegen zusammen 341 Kilo. Wenn Du mehr wiegst als dieser Stapel aus Tennisbällen, solltest Du dringend etwas Sport treiben!

4.19
$r(\sqrt{2}(n-1)+2)$.

4.5 Anhang 2: Das gleichseitige Dreieck

In Abschnitt 4.2 musst Du ein Stück in Form eines gleichseitigen Dreiecks aus einer Pappe heraus schneiden. Wie konstruiert man ein solches Dreieck? Wir werden hier drei Wege behandeln:

1. Zeichne zuerst eine Seite des Dreiecks ein. Zeichne als nächstes mit Hilfe eines Geodreiecks an jedem der zwei Eckpunkte der Seite eine Gerade, die mit der ersten Seite einen Winkel von 60° bildet. Der Schnittpunkt dieser zwei Geraden ist der dritte Eckpunkt des Dreiecks. Du wirst merken, dass diese Methode nicht so exakt ist, wenn man ein großes Dreieck zeichnen möchte. Man zeichnet schnell ein paar Millimeter daneben, und das ist sichtbar.
2. Zeichne wieder zunächst eine Seite des Dreiecks. Platziere die Spitze eines Zirkels an einem der beiden Eckpunkte und zeichne einen Kreis vom anderen Eckpunkt aus nach oben. Wiederhole dies mit dem anderen Eckpunkt. Der Schnittpunkt der beiden Kreislinien ist der dritte Eckpunkt. Für ein großes Dreieck benötigst Du allerdings einen sehr großen Zirkel.
3. Schließlich zeigen wir, wie man ein gleichseitiges Dreieck falten kann. Nimm hierfür ein rechteckiges Blatt Papier, zum Beispiel im A4 Format. Falte das Papier einmal längs in der Mitte und klappe es wieder auf.

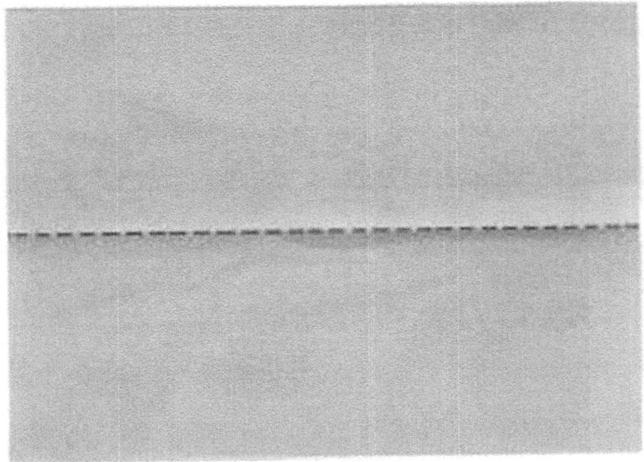

Abb. 4.35: Falten eines gleichseitigen Dreiecks, erster Schritt.

Das Blatt hat nun in der Mitte einen Längsknick; siehe Abbildung 4.35. Lege einen Finger auf eine Ecke des Blatts (A) und falte den nächst gelegenen Eckpunkt (B) bis zum Knick (C). Dann gilt: $AB = AC$, und wegen der Symmetrie mit dem ersten Längsknick als Spiegelachse gilt außerdem: $AC = BC$. Das Dreieck ABC ist gleichseitig. Der Knick AD ist nun eine Symmetrieachse des Dreiecks ABC, also ist der Winkel bei A gleich 60° und das Dreieck ABD hat Winkel mit den Größen $30°, 60°$ und $90°$. Zwei dieser Dreiecke bilden zusammen unser gleichseitiges Dreieck.
Falte das Blatt abschließend entlang der Strecke DC und beende Dein Dreieck indem Du die überstehende Ecke entlang der Kante des Dreiecks

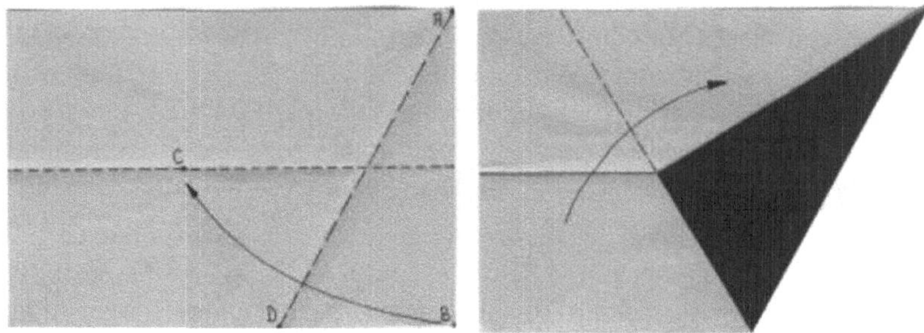

Abb. 4.36: Falten eines gleichseitigen Dreiecks, zweiter Schritt.

wegknickst. Das so gefaltete Dreieck kann als Schablone zum Ausschneiden eines gleichseitigen Dreiecks aus einer Pappe verwendet werden.

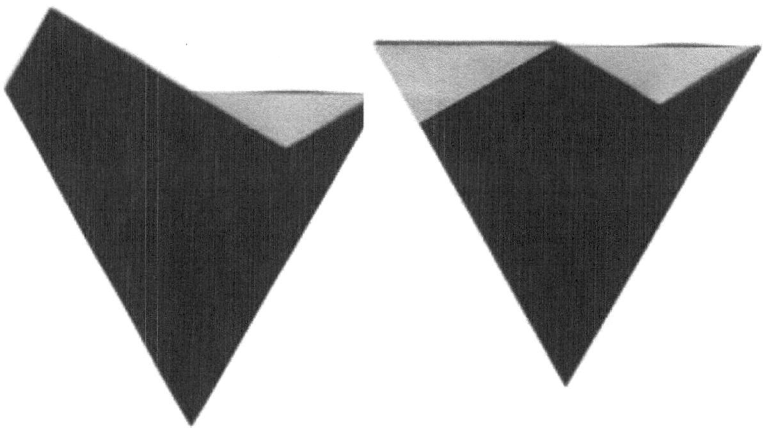

Abb. 4.37: Falten eines gleichseitigen Dreiecks, Abschluss.

Einige Berechnungen in diesem Buch finden an gleichseitigen oder halben gleichseitigen Dreiecken statt. Wenn man ein gleichseitiges Dreieck von einem Eckpunkt aus in zwei kongruente Dreiecke teilt, erhält man zwei rechtwinklige Dreiecke mit den Winkeln $30°, 60°$ und $90°$. Wenn das gleichseitige Dreiecke die Seitenlänge 2 hat, hat die längste Seite des rechtwinkligen Dreiecks ebenfalls eine Länge von 2. Die kürzeste Seite hat dann Länge 1 und die verbleibende Seite ist die Höhe h des gleichseitigen Dreiecks. Wir können h mit Hilfe des Satzes von Pythagoras berechnen: $1^2 + h^2 = 2^2$, also $h = \sqrt{3}$. In einem solchen Dreieck gelten also die folgenden Verhältnisse:

$$\text{längste Seite} : \text{kürzeste Seite} : \text{Höhe} = 2 : 1 : \sqrt{3}.$$

Man erhält also die kürzeste Seite, indem man die längste Seite halbiert, und die Höhe, indem man die kürzeste Seite mit $\sqrt{3}$ multipliziert.

5

Eine kühle Sicht der Wahrheit
- Beweisen und Begründen in der Mathematik

Ferdinand Verhulst

Vorbemerkung der Herausgeber

Beweise in der Mathematik sind nicht bei allen beliebt, nicht einmal bei all denen, die Mathematik eigentlich gut finden. Auch deshalb geht es in diesem Kapitel um Beweise und die wichtige Rolle, die sie für die Mathematik spielen: Beweise dienen zur Erklärung, warum ein Sachverhalt richtig ist, sie vertiefen das Verständnis und bahnen oftmals den Weg zu neuen Erkenntnissen und überraschenden Einsichten. Dies wird an einer Reihe von Beispielen erläutert. Es wird auch ein kurzer Einblick in die Debatte über Grundlagenprobleme bei Beweisen in der Mathematik gegeben.

An mathematischen Vorkenntnissen ist Grundwissen über ebene Geometrie (z. B. Pythagoras) und Zahlen (Brüche, irrationale Zahlen ...) erforderlich.

Vorwort

Man erzählt über den Mathematiker Euklid (ca. 300 v. Chr.), dass einer seiner Studenten, nachdem Euklid ihm einen Beweis erklärt hatte, seinen Lehrer fragte: „Was habe ich jetzt davon?“ Euklid rief einen Diener herein und sagte: „Gib diesem Studenten drei Geldstücke, er möchte etwas verdienen mit dem, was er lernt.“
Dieses Kapitel richtet sich an diejenigen, die etwas verstehen wollen. Wirtschaftlicher Erfolg ist zwar wichtig, wir wollen jedoch auch begreifen, wie Dinge funktionieren und wie wir zu einer Form von Wahrheit gelangen können. Der französische Mathematiker Dieudonné nannte als Motivation für den Wunsch, die Dinge zu verstehen, „die Ehre des menschlichen Geistes“. Das mag pathetisch klingen, hat jedoch einen wahren Kern. Wenn ein Reh aus dem Wald kommt um auf einer Wiese zu grasen, streckt es ab und zu den Kopf in die Höhe, um zu sehen, ob Gefahr droht. Wenn der Mensch sich in der Natur umsieht, achtet er auch auf Gefahren, aber gleichzeitig betrachtet

F. Verhulst, S. Walcher (eds.), *Das Zebra-Buch zur Geometrie*, Springer-Lehrbuch, DOI 10.1007/978-3-642-05248-4_5,

er die Bäume, die Wolken, den Horizont, die Farben und er beobachtet diese Dinge, um Veränderungen und Phänomene in der Natur zu begreifen. Der Student von Euklid tut nicht viel mehr als das Reh auf der Wiese.
Polya [13] nennt noch einen weiteren Grund, sich mit mathematischer Argumentation auseinander zu setzen. Es ist in den meisten Disziplinen wie zum Beispiel in der Rechtswissenschaft, in der Physik oder in der Psychologie sehr schwer, durch Beobachtungen und Schlussfolgerungen absolute Sicherheit zu erlangen. Mit mathematischer Argumentation verfügt man dagegen über einen sicheren Standard, um Gedankengänge und Evidenz von unterschiedlicher Art beurteilen zu können und sie auf ihren Wahrheitsgehalt hin zu analysieren.

Danksagung: Eine erste Version des niederländischen Zebra-Buchs ist ausführlich kommentiert worden durch die Zebra-Redaktion, durch Prof. Jan Aarts, Dr. Geertje Hek und durch Prof. Gerke Nieuwland. Einige Beispiele stammen von Prof. Aarts, Dr. Taoufik Bakri, Dr. Manuel Nepveu und aus [1], [2], [13]. Für die endgültige Version ist allein der Autor verantwortlich.

5.1 Einleitung

Die Mathematik ist ein Fach, mit dem man sehr viel *tun* kann, ein aktives Fach. Man kann berechnen, wie stark eine Brücke sein muss, um Lastwagen tragen zu können, wie die Gestalt einer Flugzeug-Tragfläche optimiert werden kann, um so wenig Treibstoff wie möglich zu verbrauchen oder wie sich das Klima über die nächsten Jahrhunderte entwickeln wird. Es gibt sehr viele Bereiche, in denen die Mathematik eine große Rolle spielt, zum Beispiel bei der Schaltung von Ampeln oder beim Abspielen einer CD. Wenn wir also mit der Mathematik schon so viel tun können, warum sollten wir uns dann noch die Mühe machen, Sätze zu beweisen? Einer der großen Mathematiker des 20. Jahrhunderts, Hermann Weyl, schließt sich L.E.J. Brouwer mit folgender Aussage an:

Mathematik ist mehr ein Tun als eine Lehre.

Andererseits wollen wir auch Gewissheit haben und versuchen deshalb eine Balance zwischen der praktischen Anwendung der Mathematik und dem Beweisen zu finden. Einige Mathematiker beschäftigen sich nur mit Rechnen und Anwenden, andere nur mit Beweisen, wieder andere befassen sich mit beidem. Alle drei Einstellungen sind vertretbar, solange man in jedem Fall beim Gebrauch der Mathematik kritisch bleibt.
Als Beispiel wollen wir uns nun zwei klassischen Problemen aus dem Bereich der natürlichen Zahlen 0,1,2,3,... widmen. (Mehr zu den natürlichen Zahlen wird später gesagt.)
Pierre de Fermat (1601-1665) war als Anwalt tätig, beschäftigte sich aber auch intensiv mit der Mathematik. Er hat sich unter anderem für die Primzahlen interessiert. (Wenn Du nicht weißt was für Zahlen das sind, siehe Abschnitt

5.3.1.) Viele versuchten zu Fermats Zeit Formeln für die Bestimmung von Primzahlen zu finden. So wie viele andere Mathematiker studierte Fermat den Ausdruck

$$2^k - 1,$$

wobei für k eine natürliche Zahl gewählt wird. Erhält man, wenn man für k eine Primzahl einsetzt, stets wieder eine Primzahl?
Zunächst scheint diese Vermutung zu stimmen: $2^2 - 1 = 3$, $2^3 - 1 = 7$, $2^5 - 1 = 31$, $2^7 - 1 = 127$, sind alle vier Primzahlen. Nehmen wir noch zwei größere Primzahlen: $k = 17$ oder 31. Auch für diese Zahlen liefert uns die Formel Primzahlen. (Die Rechnung ist hier etwas länger.) Für $k = 127$ erhalten wir eine 39-stellige Primzahl, diese war von 1876 bis zur Mitte des 20. Jahrhunderts die größte bekannte Primzahl. Trotzdem ist die Behauptung nicht wahr. Die Formel liefert nicht immer Primzahlen, denn $2^{11} - 1 = 2047 = 23 \times 89$ ist keine Primzahl.

Abb. 5.1: Fermat und seine Muse.

In diesem Fall haben wir also recht schnell ein Gegenbeispiel gefunden, bereits für $k = 11$ ist unsere Vermutung nicht mehr richtig. Es ist jedoch nicht immer so einfach, ein Gegenbeispiel zu finden. Betrachten wir zum Beispiel die berühmte Goldbachsche Vermutung (Goldbach 1690-1764) aus dem Jahre 1742: Jede gerade Zahl größer als 4 ist die Summe von zwei ungeraden Primzahlen. Zum Beispiel $6 = 3 + 3, 8 = 5 + 3, 10 = 7 + 3$ und so weiter. Man kann diese Vermutung mit Hilfe des Computers überprüfen, wobei man bereits zu schwindelerregend hohen Zahlen gelangt ist. Für alle überprüften Zahlen stimmt die Vermutung. Da es jedoch unendlich viele gerade natürliche Zahlen gibt, kann man so mit einem Computer nie beweisen, dass die Goldbachsche Vermutung wirklich immer gilt. Für die Aussage über die Formel von Fermat haben wir schnell ein Gegenbeispiel gefunden, und wer sagt uns, dass es nicht auch eine unglaublich große Zahl gibt, für welche die Goldbachsche Vermutung nicht gilt? Die Frage nach der Richtigkeit dieser Vermutung ist bis heute nicht geklärt. Nur ein Beweis oder ein Gegenbeispiel kann uns in dieser Frage Klarheit verschaffen.
Wir haben mit der Feststellung begonnen, dass Mathematik ein Fach der Taten ist. Aus verschiedenen Gründen interessieren wir uns aber auch für die Frage, ob ein Beweis dafür gegeben werden kann, dass eine mathematische Aussage wahr ist. Wenn wir zum Beispiel ein Raumfahrzeug ins All schicken, das dort einige Jahre lang Aufnahmen vom Saturn machen soll, werden wir vorher Berechnungen über diese Reise mit dem Computer anstellen. Diese Berechnungen und die Rechenmethoden müssen ausgiebig auf ihre Korrektheit

getestet sein. Zudem ist für viele Menschen die Suche nach der Wahrheit ein innerliches Bedürfnis. Diese Einstellung haben wir wahrscheinlich von den alten Griechen übernommen. Später werden wir sehen, dass das Herleiten eines Beweises auch Hintergrundwissen und Einsicht in die Bedeutung einer Behauptung oder eines Satzes liefert. Ein Beweis ist zugleich eine bessere und ausführlichere Erklärung einer Behauptung und trägt so zur Weiterentwicklung der Mathematik bei.

5.2 Was ist beweisbar?

Die Frage ob etwas wahr ist, und inwieweit es wahr ist, beschäftigt die Menschen schon seit Jahrhunderten. Am Anfang steht immer eine Behauptung (oder etwas schwächer eine Vermutung), dies führt dann zu einem Gedankengang, der zeigen soll, dass die Behauptung oder Vermutung wahr ist. Betrachten wir zunächst einige Beispiele.

5.2.1 Rechtsprechung

Abb. 5.2: Justitia.

Jan wird beschuldigt, ein Portemonnaie aus einer Jacke gestohlen zu haben und wird vor eine Person geführt, die darüber urteilen soll. Das könnte zum Beispiel ein Lehrer, ein Elternteil oder vielleicht sogar ein Polizist oder ein Richter sein. Der Vorwurf ist eindeutig und Jan streitet ab, etwas damit zu tun zu haben. Nun gibt es einen Zeugen, der Jan bei den Jacken herum hantieren gesehen hat. Jan behauptet aber: „Ich habe nur nachgesehen, ob mein Fahrradschlüssel in meiner Jackentasche war. Ich dachte, dass ich vergessen hatte mein Fahrrad abzuschließen.“ Der Zeuge wird befragt, ob er gesehen hat wie Jan ein Portemonnaie genommen hat. „Nein“, entgegnet dieser, „das nicht, aber Jan wurde letztes Jahr schon einmal bei einem Diebstahl erwischt!“ Oh, jetzt begeben wir uns auf dünnes Eis. Darf ein solches Argument von demjenigen, der über diese Tat urteilen soll, berücksichtigt werden? Jan leugnet weiter. Und was ist jetzt die Wahrheit? Wenn keine weiteren Beweismittel, wie zum Beispiel eine Untersuchung von Jans Taschen oder seines Schließfachs verfügbar sind, dann muss Jan freigesprochen werden. Wahrheitsfindung ist in der Rechtsprechung eine schwierige Angelegenheit. Oft wird eine Vielzahl von Indizien, die alle für sich allein nicht überzeugend sind, insgesamt als Beweis angesehen. In vielen Fällen ist das berechtigt. Auf diese Weise entstehen allerdings auch Fehler, und Menschen werden zu Unrecht verurteilt, oder aus Mangel an Beweisen freigesprochen. Im letzteren Fall folgt in höherer Instanz oft doch noch eine Verurteilung. Das Gesetz ist meistens in Ordnung, die Schwierigkeit liegt darin, es an die Situationen des wirklichen Lebens anzupassen.

5.2.2 Wirtschaft

Nun zu einer anderen Art von Behauptungen. Zwei politische Parteien konkurrieren bei einer Wahl. Partei S sagt, dass die Sozialausgaben drastisch erhöht werden müssten, das sei fair und moralisch richtig. Partei K ist der Meinung, dass dann andere Ausgaben zu kurz kämen, oder dass dann die Steuern erhöht werden müssten. Das fördere allerdings die Arbeitslosigkeit, und bewirke, dass mehr Menschen Sozialhilfe benötigten. Wer hat nun Recht?
Man könnte sagen, dass eine Antwort auf diese Frage objektiv mit ökonomischen Argumenten zu finden sein müsste, doch so einfach ist es nicht. Wirtschaftswissenschaftler scheinen sich manchmal völlig zu widersprechen, außerdem zeigt sich bei näherem Hinsehen, dass sowohl Partei S als auch Partei K die Situation stark vereinfachen. Die Zusammenhänge in einer Gesellschaft sind sehr komplex. Die Wirtschaftswissenschaft hat sich in den letzten fünfzig Jahren stark entwickelt, kann allerdings immer noch keine guten Vorhersagen treffen. Was ist Wahrheit in dieser Frage? Das NRC-Handelsblad schrieb dazu in einem Jahresrückblick am 29. Dezember 2006:

> *Was erhält man, wenn man ein hochentwickeltes ökonomisches Modell und einige der klügsten Köpfe der Welt kombiniert? Die Antwort auf diese Frage lautete 2006: Ungenaue Vorhersagen über die wirtschaftliche Entwicklung.*

Doch wir sollten nicht zu streng über die Wirtschaftswissenschaftler urteilen. Die ökonomische Realität ist sehr komplex und schwer in Modellen zu beschreiben. Es wird noch komplizierter, weil moralisch-politische Abwägungen ebenfalls eine Rolle spielen. Das ist in der Mathematik und in den Naturwissenschaften nicht der Fall.

5.2.3 Physik

Nun zu einer wiederum anderen Art von Aussage: Eisen dehnt sich bei Erwärmung aus. Ist das wahr? In einer ersten Reaktion würde man sofort zustimmen, doch dann kommt ein Schlaumeier, der ein Buch über Astronomie gelesen hat. Er erzählt uns, dass sich in der Atmosphäre der Sonne Eisenatome befinden. Die Temperaturen dort sind so hoch, dass sich von den Eisenatomen einige Elektronen abgelöst haben, aber es sind immer noch Eisenatome. „Ja" sagt derjenige, der die Aussage gemacht hat, „natürlich habe ich nicht an solche extreme Bedingungen gedacht". An was denn dann? „An ein Stück Eisen unter irdischen Gegebenheiten, zum Beispiel in einem Labor." Hierfür ist die Aussage sicher wahr, aber wie wahr ist die Aussage? Man kann es tausendmal probieren, und sie scheint jedes Mal zu stimmen. Man kann es eine Million Mal wiederholen und das Eisen wird sich immer noch ausdehnen. Aber wer sagt, dass die Aussage immer stimmt? Es kommt noch ein weiterer Aspekt hinzu: Wir wissen sehr viel von Festkörpern. Wir wissen, dass die Moleküle

und Atome in einem Festkörper nach einem festen Muster aneinander gebunden sind und auch, dass sich bei Erwärmung die Teilchen schneller in ihrem Gitter bewegen. Sie benötigen dann mehr Platz, und das nennen wir „ausdehnen". In dieser physikalischen Fragestellung, was wahr ist, können wir unsere Behauptung durch wiederholbare Experimente belegen und eine allgemeine Theorie über Festkörper bestätigen. Das gibt der Aussage: „Eisen dehnt sich bei Erwärmung unter irdischen Bedingungen aus" eine sehr große *Glaubwürdigkeit.* Also betrachten wir die Aussage als wahr.
Dieses Beispiel verdeutlicht zugleich, warum die Naturwissenschaften erfolgreich sind. Man kann in diesen Fächern Probleme isolieren, Experimente wiederholen und solide Theorien entwickeln. In dem Fall der Rechtsprechung kann man die Straftat nicht nochmal wie einen Film abspielen, eine Theorie ist meistens schwer zu finden. Bei polit-ökonomischen Fragen verändern sich die Umstände dauernd und die Wirtschaftswissenschaftler sind sich meistens über die Theorie nicht einig.

5.2.4 Beweise in der Mathematik

Wie sieht das jetzt in der Mathematik aus? Wann ist auf diesem Gebiet etwas wahr? Wir betrachten zunächst drei verschiedene Aussagen, in der Mathematik nennen wir eine solche Aussage auch *Satz.*

Satz 1: Die Summe der Winkel in einem Dreieck beträgt immer 180°.

Satz 2: Es gibt unendlich viele Primzahlen.

Satz 3: $\sqrt{2}$ ist irrational.

Das scheinen drei vernünftige Aussagen zu sein, doch sind alle drei recht ungenau.
Satz 1 hat für uns eine Bedeutung, wenn wir wissen, was ein Dreieck ist. Weiter ist der Satz wahr, wenn das Dreieck in einer Ebene liegt. Für ein Dreieck auf der Oberfläche einer Kugel zum Beispiel gilt die Aussage nicht.
Satz 2 hat für uns eine Bedeutung, wenn wir wissen was Primzahlen sind und den Begriff „unendlich" kennen. Der Satz ist wahr.
Für Satz 3 ist ebenfalls Vorwissen nötig. Wir müssen wissen, was für eine Operation „Wurzelziehen" ist und weiter, was der Begriff „irrational" bedeutet.

Bei mathematischen Aussagen muss man also offensichtlich zunächst den Kontext definieren, auf den sich die Aussagen beziehen, sowie die Begriffe, die darin verwendet werden. Danach hat die Aussage (hoffentlich) eine Bedeutung und kann dann wahr oder falsch sein. Die Richtigkeit einer Aussage zeigen wir mit Hilfe eines Beweises.
Zwischen Definitionen und (bewiesenen) Sätzen liegt allerdings meistens ein lange Phase des Experimentierens. So kann man etwa ausprobieren, ob die Formel $2^k - 1$ für verschiedene Primzahlen k wieder eine Primzahl liefert (manchmal ja, manchmal nein), oder auch Rechenexperimente und Beweisversuche für die Goldbachsche Vermutung aus der Einleitung durchführen.

(Es ist bis heute nicht bekannt, ob sie wahr ist.) Diese Phase des Probierens und des Formulierens von Vermutungen ist meistens in Mathematikbüchern nicht beschrieben. Trotzdem ist diese Phase unentbehrlich und dauert oft sehr lange.
In der experimentellen Phase der Mathematik, beim Formulieren von Vermutungen und in der späteren Phase des Beweisens ist es notwendig, alles worüber wir sprechen und alle Begriffe, die wir gebrauchen, genau zu definieren. Einige Menschen finden diese vielen Definitionen irritierend. Sie halten es lieber ungenau, so lässt sich einfacher darüber sprechen. Doch die Mathematik ist unmöglich ohne Exaktheit. Darin sind sich alle Mathematiker einig.

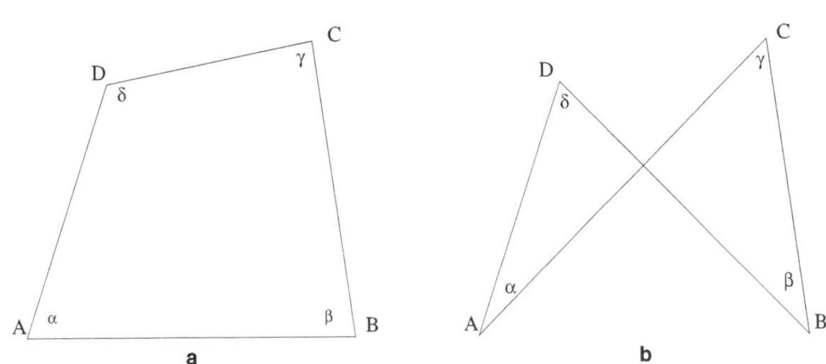

Abb. 5.3: Die Figur in **a** ist ein Viereck, die in **b** auch?

Wir geben ein Beispiel für die Notwendigkeit von Definitionen und Verabredungen. Dazu betrachten wir ein Viereck (siehe Abbildung 5.3 **a**) in der zweidimensionalen Ebene mit Eckpunkten A, B, C, D. Mit dem Wissen, dass die Summe der Winkel in einem Dreieck in der Ebene immer 180° beträgt, lässt sich leicht beweisen, dass die Summe der Winkel in einem Viereck immer gleich 360° ist: $\alpha + \beta + \gamma + \delta = 360°$ (bitte nachprüfen!). Gehen wir nun von den gleichen Eckpunkten A, B, C, D aus, und betrachten das Viereck $ABCD$ in Abbildung 5.3 **b**. Man sieht schon, dass hier $\alpha + \beta + \gamma + \delta < 360°$. Ah, denken wir uns, das ist kein Viereck, weil sich zwei Seiten schneiden. Es war allerdings nicht vorher verabredet, dass das verboten ist. Wenn wir bei unserem Satz bleiben wollen, dass die Summe der Winkel in einem Viereck immer 360° beträgt, müssen wir eine Definition eines Vierecks geben, sodass sich zwei Seiten nicht schneiden dürfen.
In Fächern wie Wirtschaftswissenschaften oder Soziologie gibt es weniger Übereinstimmung und mehr Richtungsstreit. Die eine Schule zieht vor, die Gesellschaft zu betrachten, um dann auf mehr oder weniger philosophische Art Schlüsse aus dem Gesehenen zu ziehen. Die andere Schule ist der Meinung, dass man alles messen und zählen muss, woraufhin dann statistische Aussagen über die Gesellschaft möglich sind. Außerdem gibt es viele weitere verschiedene Richtungen wegen unterschiedlicher politischer Grundhaltungen.

Mathematiker haben unter solchen Problemen selten zu leiden, obwohl es natürlich stilistische Unterschiede im Betreiben der Mathematik gibt.
Nach den Definitionen und der experimentellen Phase, in der Vermutungen aufgestellt werden, folgt in der Mathematik die Beweisführung als dritte Phase. Dazu werden wir im Folgenden einige Beispiele betrachten. Es wäre etwas langweilig, in diesem Buch andauernd Definitionen geben zu müssen, deshalb beschränken wir uns auf einige wenige Themengebiete der Mathematik und halten dadurch die Anzahl der benötigten Definitionen möglichst gering.

5.3 Beweisbeispiele

In diesem Abschnitt führen wir zunächst einige mathematische Begriffe ein und betrachten dann exemplarisch einige mathematische Beweise.

5.3.1 Begriffe

Natürliche Zahlen

Zu Anfang ist es hilfreich, sich mit einigen Mengen vertraut zu machen. Eine Menge, die Du wahrscheinlich bereits kennst, ist die Menge der natürlichen Zahlen $\mathbb{N}$. Diese Menge besteht aus den Zahlen 0, 1, 2, 3,... (die Punkte bedeuten: „und so weiter“). Etwas genauer: Wenn n eine natürliche Zahl ist (zum Beispiel die Zahl 3), dann ist $n+1$ auch eine natürliche Zahl. Dass jede natürliche Zahl n einen *Nachfolger* $n+1$ hat, benutzen wir später, um den Begriff der *Induktion* einzuführen. Die natürlichen Zahlen nennen wir die Elemente der Menge $\mathbb{N}$. Da wir in den natürlichen Zahlen unbegrenzt weiter zählen können, hat diese Menge unendlich viele Elemente. In der Mathematik ist es sehr praktisch, Abkürzungen zu verwenden. Wenn wir zum Beispiel ausdrücken wollen, dass n ein Element der Menge der natürlichen Zahlen ist, schreiben wir

$$n \in \mathbb{N}.$$

So sparen wir viele Worte, was für den erfahrenen Mathematiker sehr angenehm ist. Die meisten Anfänger müssen sich erst ein wenig an solche Schreibweisen gewöhnen.
An dieser Stelle sollten wir uns bewusst machen, dass wir bereits einen großen Schritt gemacht haben. Aus dem Alltag kennen wir den Begriff „Anzahl“, zum Beispiel 4 Äpfel oder 8 Autos. In der Mathematik ist 4 (oder 8) jedoch eine „Zahl“ und damit ein Element der unendlichen Menge $\mathbb{N}$. Offenbar verwenden wir unsere Erfahrungen mit dem Begriff „Anzahl“ um eine ganz andere Welt mit unendlich vielen Elementen zu ersinnen. Es ist faszinierend, diese Gedankenwelt mit ihren eigenen Regeln und Gesetzen zu untersuchen.

Ganze Zahlen

Jetzt betrachten wir auch die Gegenzahlen der natürlichen Zahlen (natürliche Zahlen mit -1 multipliziert) und erhalten so die ganzen Zahlen, bestehend aus allen natürlichen Zahlen und diesen negativen Zahlen. Wir nennen dies die Menge der ganzen Zahlen $\mathbb{Z}$. Jede natürliche Zahl ist eine ganze Zahl. Die Menge der natürlichen Zahlen ist also eine Teilmenge der Menge der ganzen Zahlen. Wir schreiben das als

$$\mathbb{N} \subset \mathbb{Z}.$$

Gerade und ungerade

Es ist interessant, bestimmte Teilmengen von $\mathbb{N}$ zu unterscheiden. Zunächst die geraden Zahlen: Das sind alle Zahlen, die in dem Sinn durch 2 teilbar sind, dass das Ergebnis dieser Division stets wieder eine natürliche Zahl ist. Formal aufgeschrieben heißt das: n ist gerade, wenn $n = 2m$ für eine natürliche Zahl m gilt. Also sind zum Beispiel 2, 14 und 34 gerade. Mit dieser Definition ist die Zahl 0 auch gerade.

Ungerade Zahlen sind natürliche Zahlen, die nicht durch 2 teilbar sind. Man kann jede ungerade Zahl in der Form $2m + 1$ mit einer natürlichen Zahl m schreiben.

Weiter werden wir annehmen, dass wir durch Vereinigung der Menge der geraden und der Menge der ungeraden Zahlen die Menge aller natürlichen Zahlen erhalten. Das scheint intuitiv klar zu sein, ist es aber nicht! Wir wissen bereits, dass sich jede gerade Zahl als $2m$ mit einer natürlichen Zahl m schreiben lässt. Die darauf folgende gerade Zahl ist $2m+2$. Zwischen diesen beiden Zahlen befindet sich genau eine ungerade Zahl der Form $2m + 1$. Sind wir damit fertig? Noch nicht ganz, denn wir müssen noch zeigen, dass sich diese Argumentation wiederholen lässt für jede natürliche Zahl $m = 1, 2, 3, \ldots$. Mathematisch lässt sich diese anscheinend offensichtliche Tatsache mit dem Prinzip der *Induktion* beweisen. Diese Beweismethode wird im folgenden Abschnitt noch ausführlicher behandelt.

Schließlich stellen wir noch fest, dass wir hier die geraden Zahlen als Teilmenge von $\mathbb{N}$ betrachtet haben. Wir können diesen Begriff auf die Menge der ganzen Zahlen ausweiten, womit dann beispielsweise auch -2 oder -8 gerade sind.

Primzahlen

Es gibt noch eine besondere Teilmenge von $\mathbb{N}$, die Du wahrscheinlich bereits kennst, die Primzahlen. Das sind natürliche Zahlen, die nur durch zwei natürliche Zahlen teilbar sind, und zwar durch 1 und durch sich selber. Eigentlich gilt das auch für die Zahl 1, die man allerdings aus verschiedenen praktischen Gründen, die hier nicht weiter wichtig sind, nicht zu den Primzahlen zählt. Die ersten zwanzig Primzahlen sind:

$$2, 3, 5, 7, 11, 13, 17, 19, 23, 29, 31, 37, 41, 43, 47, 53, 59, 61, 67, 71, \ldots.$$

Es gibt natürlich nur eine gerade Primzahl: 2. Eine gute Frage ist, ob die Folge der Primzahlen irgendwann aufhört. Mit anderen Worten, gibt es endlich viele oder unendlich viele Primzahlen? Wir werden sehen, dass es unendlich viele sind. Bereits die alten Griechen kamen zu dieser Erkenntnis. Man sieht auch, dass es schon viele Primzahlen gibt, die kleiner als 100 sind. Es sind genau 25 (oben fehlen noch $73, 79, 83, 89, 97$). Eine interessante Frage ist auch, ob sich in jedem Hunderterabschnitt (ungefähr) gleich viele Primzahlen befinden, oder ob die Abstände zwischen den Primzahlen größer werden. Wenn die Verteilung der Primzahlen ungefähr gleich bliebe, dann wäre die Anzahl der Primzahlen, die kleiner als eine natürliche Zahl N sind, proportional zu N. Der Mathematiker Gauß vermutete, dass diese Anzahl allmählich abnimmt und die Anzahl der Primzahlen kleiner als N proportional ist zu $N/log(N)$. Mit dieser Vermutung hat Gauß recht behalten, siehe [2].

Rationale Zahlen

Auch die nächste Menge, mit der wir uns nun beschäftigen, kennst Du bereits. Es handelt sich um die Menge der Bruchzahlen $\mathbb{Q}$. Bruchzahlen werden meistens rationale Zahlen genannt und lassen sich als Quotient von zwei ganzen Zahlen schreiben. Sie haben also die Form p/q mit zwei ganzen Zahlen p und q (natürlich gilt hier $q \neq 0$). Für $q = 1$ erhalten wir die ganzen Zahlen. In diesem Sinn sind die ganzen Zahlen also auch rationale Zahlen, aber natürlich sind diese nicht so interessant wie andere rationale Zahlen. Wir erhalten dabei auch eine Menge „überflüssiger“ Brüche, beispielsweise $2/4, 3/6, 4/8$. Durch Kürzen erhalten wir für alle drei Brüche $1/2$. Oft fordern wir daher beim Umgang mit rationalen Zahlen, dass alle gemeinsamen Faktoren von p und q heraus gekürzt sind. In anderen Worten, wir vereinbaren meistens beim Umgang mit rationalen Zahlen der Form p/q, dass p und q ganze Zahlen mit größtem gemeinsamen Teiler (auch ggT) 1 sind.

Reelle Zahlen

Zum Abschluss betrachten wir die Menge der reellen Zahlen $\mathbb{R}$. Da eine allgemeine Definition für diese Zahlen nicht so leicht ist, verzichten wir hier darauf. Du kennst aber bereits viele reelle Zahlen. Zunächst sind alle Elemente von $\mathbb{Q}$ reelle Zahlen, aber auch $\sqrt{2}$, $\sqrt{3}$, π (wir gehen jetzt davon aus, dass Du die Operation Wurzelziehen kennst). Wenn wir alle ganzen Zahlen auf einer Geraden einzeichnen, jeweils mit dem Abstand eins, dann haben wir eine Gerade mit unendlich vielen Lücken. Die Gerade ist natürlich unendlich lang, aber davor fürchten wir uns in der Mathematik nicht, es spielt sich alles nur in unseren Köpfen ab. Die Lücken können wir jetzt mit rationalen Zahlen füllen. Das funktioniert, weil man Paare rationaler Zahlen mit beliebig kleinem Abstand finden kann. Dazu gibt es am Ende des Abschnitts eine Aufgabe.

Unsere Zahlengerade scheint nun komplett ausgefüllt zu sein. Eine Zahl wie $\sqrt{2}$ ist jedoch, wie wir noch sehen werden, nicht rational (also kein Element von $\mathbb{Q}$). Wir werden später einen Satz darüber formulieren. Also wird unsere Zahlengerade durch die rationalen Zahlen merkwürdigerweise noch nicht ganz komplett. Wenn wir alle rationalen Zahlen durch einen Punkt auf der Geraden markieren (das sind unendlich viele Punkte, die unendlich dicht aneinander liegen), dann sind dazwischen trotzdem noch unendlich viele Lücken für die irrationalen Zahlen. Diese sind nach Definition diejenigen reellen Zahlen, die nicht in $\mathbb{Q}$ liegen. Wie gesagt werden wir uns die Menge $\mathbb{R}$ nicht im Detail ansehen. Wir beschränken uns darauf für einige Zahlen zu beweisen, dass sie reell sind aber nicht rational. Mehr zu diesem Thema steht im Zebra-Buch *Blik op Oneindig* [4].

5.3.2 Wie ein Beweis aussieht

Wir werden einen klassischen Satz mit einer Methode beweisen, die schon von Euklid formuliert worden ist. Wir nummerieren die einzelnen Beweisschritte um sie später besser besprechen zu können. Das ist allgemein in einem Beweis jedoch nicht üblich.

Satz 5.3.1
Es gibt unendlich viele Primzahlen in $\mathbb{N}$.

Beweis 1. Wir nehmen an, dass die Anzahl der Primzahlen endlich ist. Wir benennen diese Primzahlen mit $p_1, p_2, p_3, \cdots, p_N$, wobei wir sie der Größe nach geordnet haben. Also ist $p_1 = 2, p_2 = 3$, und so weiter. Es gibt also genau N Primzahlen.
2. Eine *Folgerung* hieraus ist, dass jede Zahl, die größer ist als p_N, keine Primzahl ist. Also ist jede Zahl größer als p_N teilbar durch gewisse von diesen N Primzahlen.
3. Wir definieren nun eine Zahl G als das Produkt aller N Primzahlen.

$$G = p_1 \cdot p_2 \cdot p_3 \cdot \cdots \cdot p_N.$$

4. Betrachte die Zahl $G + 1$. Diese Zahl ist durch keine der gegebenen Primzahlen teilbar. Bei der Division durch eine beliebige unserer N Primzahlen bleibt immer ein Rest. Als Beispiel zeigen wir hier, dass $G + 1$ nicht durch p_3 teilbar ist:

$$\frac{G+1}{p_3} = p_1 p_2 p_4 \cdots p_N + \frac{1}{p_3}.$$

Das Produkt $p_1 p_2 p_4 \cdots p_N$ ist eine natürliche Zahl und $1/p_3$ ist ein echter Bruch, also ist $G + 1$ nicht durch p_3 teilbar. Analog können wir zeigen, dass $G + 1$ durch keine von den N Primzahlen teilbar ist.
5. Das ist ein Widerspruch zur *Folgerung* aus dem 2. Schritt, woraus wir nun schließen, dass unsere Annahme aus dem 1. Schritt falsch war. □

Das Symbol □ bedeutet, dass ein Beweis abgeschlossen ist.

> Um zu verdeutlichen, dass ein Beweis abgeschlossen ist, wird oft statt dem Symbol □ auch *qed* geschrieben. Das ist eine Abkürzung für *quod erat demonstrandum*, Lateinisch für „was zu beweisen war".

Für diesen Satz gibt es noch viele weitere Beweise. Obwohl Geschmäcker natürlich verschieden sind, sind sich die meisten Mathematiker darüber einig, dass dies ein schöner Beweis ist. Wieso schön? Was hat Mathematik mit Schönheit zu tun, es geht doch nur um die Wahrheit? John Keats, ein Dichter des 19. Jahrhunderts schreibt:

> *Schönheit ist Wahrheit, Wahrheit Schönheit, – Das ist alles, was wir auf Erden wissen, und alles, was wir wissen müssen.*

Doch nicht nur Dichter der Romantik sprechen über Schönheit. Mathematiker finden einen Beweis schön, wenn er kurz und klar ist. Doch eigentlich verdeutlicht das nur, dass der menschliche Geist nicht in der Lage ist einen langen, komplizierten Beweis zu überblicken. Das Schönheitsempfinden bei einigen Beweisen illustriert die Grenzen des Menschen.
Der Fall liegt anders, wenn ein Beweis eine Idee enthält, die helfen kann auch andere mathematische Aussagen zu beweisen. Dann hat der Beweis „Tiefe" und lehrt uns mehr über die Mathematik. Vielleicht sollten wir das doch schön finden.

Wir werden einen weiteren Satz formulieren und beweisen, wobei ein neuer Aspekt hinzu kommt. Wir setzen Wurzelziehen und Quadrieren einer Zahl als bekannt voraus.

> **Satz 5.3.2**
> Die Zahl $\sqrt{2}$ ist irrational.

Beweis 1. Wir nehmen an, dass $\sqrt{2}$ rational ist. Das heißt es existieren positive ganze Zahlen p und q sodass $\sqrt{2} = p/q$.
2. Unter der Annahme, dass der Bruch p/q vollständig gekürzt ist, also p und q teilerfremd sind, können p und q nicht beide gerade sein, denn dann wären sie beide noch durch 2 teilbar. Also ist p oder q ungerade, oder p und q sind beide ungerade.
3. Quadrieren der Gleichung liefert: $2 = p^2/q^2$.
4. Multiplizieren beider Seiten mit q^2 liefert: $2q^2 = p^2$.
5. Offensichtlich ist p^2 das Zweifache einer natürlichen Zahl $(2q^2)$, also ist p^2 gerade. Daraus folgt weiter, dass auch p gerade ist.
6. Da p gerade ist, existiert eine natürliche Zahl m mit $p = 2m$.
7. Wir setzen $p = 2m$ in die Gleichung aus Schritt 4 ein. Das liefert: $2q^2 = 4m^2$,

und wenn wir links und rechts durch 2 teilen: $q^2 = 2m^2$.
8. Jetzt ist q^2 das Doppelte einer natürlichen Zahl, also ebenfalls gerade. Also ist auch q gerade.
9. Im 2. Schritt haben wir festgestellt, dass p und q nicht beide gerade sein können. Im 8. Schritt haben wir jedoch gefolgert, dass beide gerade sind. Widerspruch! Wir schließen daraus, dass die Annahme aus 1. falsch war, also $\sqrt{2}$ irrational ist. □

Ist dieser Beweis korrekt? Ja, das ist er. Es sind jedoch einige Zwischenschritte dabei, die genauer bewiesen werden müssen, der größte davon in Schritt 5: Wenn p^2 gerade ist, ist auch p gerade. Wir formulieren daraus einen neuen Minisatz und beweisen diesen:

Satz 5.3.3
Falls p eine ganze Zahl und p^2 gerade ist, so ist p ebenfalls gerade.

Beweis 1. Wir nehmen an, dass p ungerade ist. Also existiert eine ganze Zahl n sodass $p = 2n + 1$.
2. Also gilt weiter $p^2 = (2n+1)^2 = 4n^2 + 4n + 1$.
3. $4n^2$ ist gerade, $4n$ ist gerade, also ist die Summe der beiden ebenfalls gerade, dazu wird 1 addiert. Also ist p^2 ungerade.
4. Die Annahme aus dem 1. Schritt, dass p ungerade ist, führt zu der Schlussfolgerung, dass p^2 ungerade ist. Widerspruch! Also ist die Annahme aus Schritt 1 falsch und p ist gerade. □

Wir müssten diesen Minisatz eigentlich vor dem Satz über die Irrationalität von $\sqrt{2}$ beweisen, da er im 5. Schritt des Beweises dazu verwendet wird. Dann wäre allerdings nicht ersichtlich, wofür wir den Minisatz benötigen. Viele mathematische Texte sind schwer lesbar, weil zunächst nur Teilresultate bewiesen werden, deren Nutzen man zu dem Zeitpunkt noch gar nicht begreift. Später werden diese dann im Beweis des „wichtigen Satzes“ benötigt, den der Autor liefert. In der Praxis funktioniert die Mathematik meistens so, wie wir es hier gemacht haben: Zunächst eine Argumentationskette verfassen, die einen Beweis liefern soll, dann die Stellen identifizieren, an denen die Beweisführung noch nicht ganz schlüssig und korrekt ist, und zuletzt diese Stellen ausbessern, sodass wir einen wirklichen Beweis erhalten.

Wir geben noch einen anderen Beweis von Satz 5.3.2, in dem wir ohne Satz 5.3.3 auskommen. Der Beweis wird dadurch etwas kürzer, aber Du denkst Dir wahrscheinlich „Wie kommt man auf eine solche Argumentation?“.

Alternativer **Beweis** zu Satz 5.3.2
1. Wir nehmen an, dass $\sqrt{2}$ rational ist. Das heißt es existieren positive ganze Zahlen p und q sodass $\sqrt{2} = p/q$. Weiter nehmen wir an, dass der Bruch p/q

vollständig gekürzt ist, also ist q positiv und so klein wie möglich.
2. Quadrieren der Gleichung liefert: $2 = p^2/q^2$.
3. Multiplizieren mit q^2: $2q^2 = p^2$.
4. Subtrahieren von pq auf beiden Seiten: $2q^2 - pq = p^2 - pq$.
5. Faktorisieren: $q(2q - p) = p(p - q)$.
6. Da $2q \neq p$ und $p \neq q$ können wir durch $(p - q)$ und durch q teilen und erhalten:

$$\frac{p}{q} = \frac{2q - p}{p - q} = \frac{q}{p - q} - 1.$$

7. Der Ausdruck ganz rechts muss positiv sein, also gilt

$$\frac{q}{p - q} > 1.$$

8. Wegen $q > 0$ folgt aus Schritt 7, dass $p > q$ und $p - q < q$.
9. Jetzt haben wir in Schritt 6 einen Bruch für p/q mit dem positiven Nenner $p-q$, der kleiner ist als q (Schritt 8). Das ist ein Widerspruch zu Schritt 1 (q so klein wie möglich). Also können wir daraus schließen, dass $\sqrt{2}$ nicht rational ist. □

Jetzt folgt ein Beispiel für eine ganz andere Art von Beweis. Für diesen Beweis setzen wir die Definition eines Dreiecks in einer Ebene als bekannt voraus. Der Einfachheit halber (das ist nicht notwendig) betrachten wir ein spitzwinkliges Dreieck, also ein Dreieck, in dem alle Winkel zwischen 0° und 90° groß sind. Außerdem verwenden wir den Begriff „Quadrat", das ist ein Viereck in der Ebene, dessen Winkel alle 90° betragen und dessen Seiten alle gleichlang sind. Weiterhin benötigen wir eine Vorstellung von einer Geraden in der Ebene und den Begriff der Steigung einer Geraden.

Satz 5.3.4
In jedem spitzwinkligen Dreieck in einer Ebene kann man ein Quadrat finden, dessen vier Eckpunkte alle auf den Seiten des Dreiecks liegen.

Wie beweist man so etwas? Zunächst beschreiben wir das Dreieck etwas genauer durch Eckpunkte A, B, C, Winkel α, β, γ und gegenüberliegende Seiten a, b, c; siehe Abbildung 5.4. Wir können natürlich auf der Seite c, der Grundseite des Dreiecks, ein kurze Strecke einzeichnen und als Grundseite des Quadrats betrachten. Wenn wir hieraus ein Quadrat konstruieren, hat dieses wahrscheinlich zwei Eckpunkte, die nicht auf den Seiten a und b des Dreiecks liegen. Falls das doch erfüllt wäre, wäre das ein großer Zufall (siehe Abbildung 5.4). Wie bekommen wir einen Eckpunkt auf Seite b?
Es ist einfacher, zunächst einen Punkt P auf der Grundseite c des Dreiecks zu wählen. Dann zeichnet man eine Lotgerade senkrecht zu c durch P und bezeichnet ihren Schnittpunkt mit der Seite b als Q. Die Verbindungsstrecke

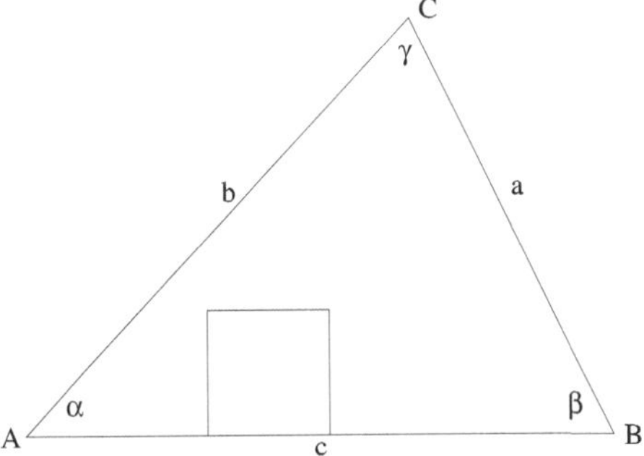

Abb. 5.4: Skizze zu Satz 5.3.4.

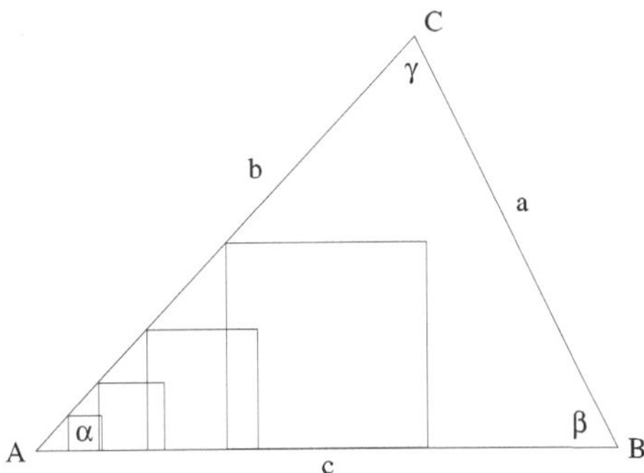

Abb. 5.5: Wachsende Quadrate.

PQ ist nun die erste Seite unseres gesuchten Quadrats (siehe Abbildung 5.5 oder 5.6).

Jetzt liegen bereits drei Eckpunkte auf den Seiten des Dreiecks. Nur der vierte Eckpunkt befindet sich noch innerhalb (oder außerhalb) des Dreiecks. Jedoch ist diese Konstruktion schon sehr vielversprechend, weshalb wir ihr den Namen „Konstruktion C" geben. Man sieht sofort, dass das Quadrat sehr klein wird, wenn wir den Punkt P sehr nah am Eckpunkt A wählen, dann liegt der vierte Eckpunkt sicherlich nicht auf der Seite a. Wenn wir mit P immer näher an A heranrücken, verschwindet das Quadrat im Eckpunkt A. Umgekehrt wächst das Quadrat, je weiter sich P von A entfernt (siehe Abbildung 5.5) und irgendwann wird schließlich der vierte Eckpunkt des Quadrats auf der Seite a liegen. Klar! Oder vielleicht doch nicht?

Diese Überlegungen weisen darauf hin, dass die Konstruktion eines solchen Quadrates möglich ist. Das Unbefriedigende an unserer Argumentation ist jedoch, dass unser „Beweis" nur auf Bildern und Zeichnungen beruht, und vielleicht mehr suggestiv als korrekt ist. Letzteres ist zum Glück nicht der

Fall. Unter Berücksichtigung unserer Überlegungen schreiben wir jetzt den Beweis auf.

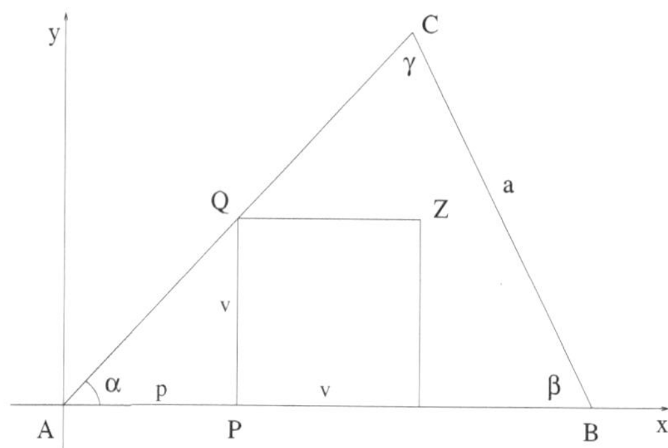

Abb. 5.6: Zu den Koordinaten des Punktes Z.

Beweis zu Satz 5.3.4
1. Betrachte ein beliebiges spitzwinkliges Dreieck, wie es in Abbildung 5.4 beschrieben ist. Lege dieses in ein Koordinatensystem, sodass der Punkt A im Ursprung liegt und die x-Achse entlang der Grundseite c des Dreiecks verläuft (siehe Abbildung 5.6).
2. Bei der oben erwähnten Konstruktion C nennen wir den vierten Eckpunkt, der noch auf keiner Seite des Dreiecks liegt, Z. Bei Ausführen der Konstruktion C für verschiedene Punkte P liegen die resultierenden Punkte Z auf einer Kurve, die wir bestimmen werden.
3. Wenn wir die Seitenlänge unseres Quadrats mit v bezeichnen und der Punkt P den Abstand p zum Eckpunkt A des Dreiecks hat, dann gilt $\tan\alpha = v/p$, also $p = v/\tan\alpha$.
4. Die Koordinaten des vierten Eckpunktes Z sind dann also: $x = p + v = v/\tan\alpha + v = v(1 + 1/\tan\alpha)$ und $y = v$.
5. Um eine Gleichung für die Kurve, auf der sich Z befindet, zu erhalten, setzen wir y für v ein und finden so den Zusammenhang zwischen x und y: $x = y(1+1/\tan\alpha)$. Also liegt der Punkt Z auf der Geraden mit der Gleichung:

$$y = \frac{\tan\alpha}{1 + \tan\alpha} x.$$

6. Die Gerade, welche die Grundseite c enthält, hat Steigung 0, die Gerade, welche die Seite b des Dreiecks enthält, hat Steigung $\tan\alpha$. Es gilt

$$0 < \frac{\tan\alpha}{1 + \tan\alpha} < \tan\alpha,$$

sodass die Gerade, auf welcher die Punkte Z liegen, die bei Konstruktion C entstehen, innerhalb des Dreiecks liegt und die Seite a schneidet. Dieser

Schnittpunkt liefert dann den gesuchten vierten Eckpunkt des Quadrats (siehe Abbildung 5.7). □

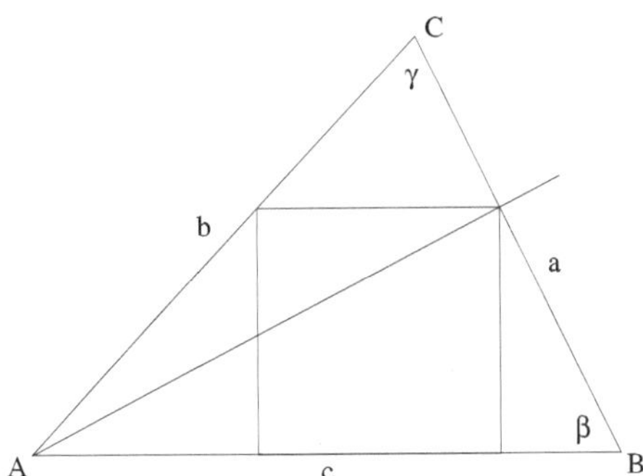

Abb. 5.7: Quadrat mit allen Eckpunkten auf den Seiten des Dreiecks.

Schritt 5 ist schwierig, und wahrscheinlich etwas gewöhnungsbedürftig. Die Koordinaten x und y werden im 4. Schritt mit dem freien Parameter v berechnet. Dabei ist v die jeweilige Seitenlänge der Quadrate, die wir konstruieren. Dann eliminieren wir den Parameter v, und als ob wir ein Kaninchen aus einem Zylinder zaubern, erhalten wir den Zusammenhang zwischen den Koordinaten x und y des Punktes Z.

Anmerkung. Wenn Du den Begriff der Ähnlichkeit kennst, kannst Du den Beweis abkürzen.
Nach Schritt 2 geht es dann weiter: Betrachte Abbildung 5.6 und verbinde die Punkte A und Z durch eine Gerade. Diese Gerade schneidet die Seite a im Punkt Z_1. Durch zentrische Streckungen des Quadrats, mit Zentrum A, erhalten wir ähnliche Quadrate. Für das gesuchte Quadrat strecken wir unser erstes Quadrat mit dem Faktor AZ_1/AZ (wobei AZ der Abstand zwischen A und Z ist).

Aufgabe 5.1
Behauptung: Die Zahl $G+1$ im Beweis von Satz 5.3.1 liefert uns eine Formel, durch die man aus einer Menge gegebener Primzahlen eine neue Primzahl bestimmen kann. Probiere diese Rechnung mit den ersten drei Primzahlen aus: $G = 2 \rightarrow G+1 = 3; G = 2 \cdot 3 \rightarrow G+1 = 7; G = 2 \cdot 3 \cdot 5 \rightarrow G+1 = 31$.
a) Beweise: $G+1$ ist ungerade.
b) Zeige, dass die Behauptung falsch ist.

Aufgabe 5.2
Betrachte zwei verschiedene rationale Zahlen, zum Beispiel p/q und r/s. Zeige, dass zwischen diesen beiden rationalen Zahlen immer noch eine weitere liegt, wie nah beieinander sie auch gewählt sind.

Aufgabe 5.3
Im 6. Schritt des Beweises zu Satz 5.3.4 werden zwei Ungleichungen verwendet. Beweise diese.

Aufgabe 5.4
Betrachte noch einmal Satz 5.3.4. Gibt es genau ein solches Quadrat, oder gibt es mehrere, die die geforderten Bedingungen erfüllen?

Aufgabe 5.5
Beweise: Falls m eine Primzahl ist, dann ist $\sqrt{m}$ irrational.

Aufgabe 5.6
Berechne (algebraisch) die Nullstellen der Funktion $f(x)$ mit $f(x) = x^3 + 3x^2 - 25x + 21$, also die Lösungen der Gleichung

$$x^3 + 3x^2 - 25x + 21 = 0.$$

Zeige, dass es nicht mehr als drei Nullstellen (Lösungen) gibt.

Aufgabe 5.7
Positive natürliche Zahlen a, b, c, die der Gleichung

$$a^2 + b^2 = c^2$$

genügen, werden auch Pythagoreische Tripel genannt (a und b kann man als Längen der Katheten eines rechtwinkligen Dreiecks auffassen, c ist dann die Länge der Hypotenuse. In diesem Dreieck gilt der Satz von Pythagoras, woraus der Name dieser Tripel abgeleitet ist). Wir nehmen an, dass das Zahlentripel (a, b, c) in dem Sinn vereinfacht ist, dass der größte gemeinsame Teiler der Zahlen gleich 1 ist.
a) Gib drei Beispiele Pythagoreischer Tripel an.
b) Zeige, dass a und b nicht beide gerade oder ungerade sein können.

Aufgabe 5.8
Viele Beweise sind lang und kompliziert. Man könnte versucht sein zu denken „Es wird schon stimmen", doch dass ist gefährlich. Ein bekanntes abschreckendes Beispiel ist folgender „Beweis", dass $1 = 2$ gilt:
Schritt 1: Betrachte zwei gleiche Zahlen a und b.
Schritt 2: Multipliziere mit a, dann gilt $a^2 = ab$.
Schritt 3: Addiere auf beiden Seiten a^2 dazu: $a^2 + a^2 = a^2 + ab$
Schritt 4: Dies entspricht der Gleichung $2a^2 = a^2 + ab$
Schritt 5: Subtrahiere auf beiden Seiten $2ab$: $2a^2 - 2ab = a^2 + ab - 2ab$.
Schritt 6: Dies entspricht der Gleichung $2a^2 - 2ab = a^2 - ab$.
Schritt 7: Es gilt also offenbar: $2(a^2 - ab) = 1(a^2 - ab)$.
Schritt 8: Dividiere links und rechts durch $a^2 - ab$. Man erhält die Gleichung $2 = 1$.
Welcher Schritt (oder welche Schritte) ist (oder sind) falsch?

5.4 Der Stil eines mathematischen Beweises

Wir haben bereits einige Beispiele mathematischer Beweise gesehen. Jetzt wollen wir noch ein paar allgemeine Anmerkungen dazu machen. Außerdem werden wir einige nützliche Beweistechniken behandeln. Man sollte jedoch nicht glauben, dass man damit alle Sätze beweisen kann. Oft sind neue Ideen und überraschende Erkenntnisse nötig, um ein Problem lösen zu können.

5.4.1 Wie ausführlich muss ein Beweis sein?

Abb. 5.8: Der englische Mathematiker G.H. Hardy.

Beim Beweis von Satz 5.3.2 haben wir gesehen, dass Schritt 5 etwas „zu groß" war. Also haben wir im Satz 5.3.3 die Korrektheit von Schritt 5 bewiesen. Auch die Schritte 6 und 8 könnte man noch beweisen, aber so kommt man nie zu einem Ende. Mathematiker handhaben dieses Problem, indem sie eine Aussage, wie sie zum Beispiel in Schritt 6 gebraucht wird, „trivial" nennen. Mit „trivial" meint man „selbsterklärend", „nicht der Mühe wert, genauer erklärt zu werden".

Der Nachteil daran ist natürlich, dass die Trivialität einer Aussage stark von den eigenen Vorkenntnissen, dem persönlichen Wissenstand und den eigenen Erfahrungen abhängt. Trotzdem sind sich Mathematiker aus demselben Teilgebiet meistens einig in der Frage, ob ein Beweisschritt trivial ist oder nicht.

Sehen wir noch ein Beispiel einer Aussage an, über deren Trivialität sich streiten lässt. Betrachte eine natürliche Zahl $a > 1$ und alle Teiler von a, also alle natürlichen Zahlen $a_1, a_2, \ldots$ durch die man a teilen kann, sodass das Ergebnis wieder eine natürliche Zahl ist. Wenn zum Beispiel $a = 54$ gilt, dann sind 2 und 9 Teiler von a (es gibt noch mehr). Wir haben dazu den folgenden Satz:

Satz 5.4.1
Für $a \in \mathbb{N}$ mit $a > 1$ ist der kleinste aller Teiler ($\neq 1$) von a eine Primzahl.

Trivial? Nun, eigentlich nicht ganz, und einige Mathematiker würden auch sagen „überhaupt nicht". Hier folgt ein Beweis.

Beweis 1. Falls a eine Primzahl ist, sind wir bereits fertig. Sei nun a keine Primzahl und a_1 ihr kleinster Teiler.

2. Wir nehmen an, dass a_1 keine Primzahl ist.
3. Aus der Annahme in Schritt 2 folgt weiter, dass natürliche Zahlen b und c existieren, sodass $a_1 = bc$.
4. Dann sind also b und c Teiler von a, die kleiner sind als a_1. Wir hatten aber a_1 als kleinsten Teiler von a gewählt. Widerspruch! □

G.H. Hardy (1877-1947) war ein berühmter Mathematiker aus der ersten Hälfte des 20. Jahrhunderts. Ein bekanntes und populäres Buch von ihm ist 'A Mathematician's Apology', in dem Hardy erklärt, wie ein Mathematiker denkt und wie schön die Mathematik ist. Er kokettierte ziemlich damit, dass er ein reiner Mathematiker war, der sich von Anwendungen fern hielt. In einer anderen Geschichte über ihn heißt es, dass er während einer Vorlesung in Oxford einen Beweis führte und dabei eine bestimmte Aussage „trivial" nannte. Dann hielt er plötzlich inne und fragte „Ist das wirklich trivial?" Er verließ den Hörsaal um in die Bibliothek zu gehen und nachzuschlagen. Nach einer halben Stunde (!) kam er zurück mit den Worten „Ja, es ist trivial!".

Abb. 5.9: Euklid gemäß einer Phantasie-Darstellung aus der italienischen Renaissance.

Ein gutes Beispiel zum Einfluss von Hintergrundwissen und Erfahrung auf die Trivialität einer Aussage ist in der Ebenen Geometrie, der Geometrie von Geraden, Kreisen, Dreiecken und Vielecken in der Ebene zu finden. Ungefähr 300 v. Chr. entstanden Euklids *Elemente*, die eine sehr präzise Darstellung mathematischer Sätze und ihrer Beweise enthalten. Bis zur Mitte des 20. Jahrhunderts bildeten diese Sätze den Kern des Mathematikunterrichts in der Schule. Jeder, der an diesem Unterricht teilgenommen hatte, war vertraut mit Euklids Begriffen und seinen Beweisführungen. Ein einmaliges Buch über sehr interessante Ideen in der Euklidischen Geometrie wurde Mitte des 20. Jahrhunderts von O. Bottema [3] verfasst. Dieses Buch kann in Bezug auf Stil und Themenwahl als einer der letzten Vertreter einer 2300 Jahre langen Ära Euklidischer Geometrie angesehen werden.

Sehen wir uns zwei Sätze und deren Beweise aus diesem Buch an. Kapitel 3 von [3] beginnt mit zwei Sätzen und den dazugehörigen Beweisen über Lotgeraden, die durch einen Punkt verlaufen (drei Geraden die durch einen Punkt verlaufen heißen „kopunktal"). Hier folgt der Text:

Aus Kapitel 3 von [3]:

1. Dass die Mittelsenkrechten m eines Dreiecks sich in einem Punkt schneiden, folgt direkt, wenn man m_a und so weiter als geometrischen Ort derjenigen Punkte auffasst, die zu B und C den gleichen Abstand haben, und den Schnittpunkt von zwei Mittelsenkrechten mit m bezeichnet.
Mit Hilfe dieses Satzes hat Gauß einen sehr einfachen Beweis dafür geliefert, dass sich die Höhen in einem Dreieck in einem Punkt schneiden (Abbildung 5.10). Er konstruierte ein ABC umbeschriebenes Dreieck $A'B'C'$ mit parallelen Seiten zum ersten Dreieck; aus den Eigenschaften eines Parallelogramms folgt, dass AB' und AC' beide die gleiche Länge wie BC haben, sodass sich die Höhen von ABC als Mittelsenkrechte von $A'B'C'$ erweisen.

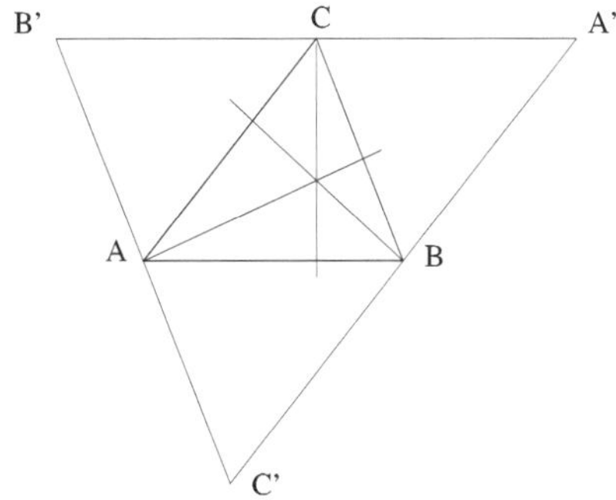

Abb. 5.10: In einem Dreieck schneiden sich die drei Höhen in einem Punkt.

Für den Leser von heute geht das wahrscheinlich etwas sehr schnell. Das unterstreicht, wie vertraut die Menschen aus Bottemas Zeiten (ungefähr der ersten Hälfte des 20. Jahrhunderts) mit der Ebenen Geometrie waren. Die Details, die uns in diesem Beweis fehlen, wurden damals als „trivial" betrachtet. Wir werden auf diesen Satz später in einer Aufgabe zurück kommen.

5.4.2 Bemerkungen zur Logik

Viele Menschen glauben, dass man für den Umgang mit der Mathematik viel Logik benötigt. Wir wollen hier gleich klarstellen, dass dies nicht der Fall ist. Logik ist ein schönes Fach, jedoch verwenden Mathematiker in ihrer Praxis meistens nur die „natürliche" Logik, die den meisten Menschen vertraut ist. Dafür wollen wir nun einige Beispiele angeben. Behauptungen werden in der Logik übrigens „Propositionen" genannt, wir werden hier aber weiter das Wort „Behauptung" verwenden. Außerdem gibt es in der Logik einen ganz eigenen Gebrauch von Symbolen, die es ermöglichen, Gedankengänge sehr knapp und übersichtlich aufzuschreiben. Eine Aussage kann zum Beispiel mit

A bezeichnet werden, die Negation der Aussage bezeichnet man dann mit $\neg A$. Abgesehen von diesem Abschnitt werden wir solche Symbole nur selten verwenden.

- Eine mathematische Aussage ist „wahr“ oder „falsch“, also gilt immer A oder $\neg A$, einen Mittelweg gibt es nicht. Ob man über die Wahrheit einer Aussage entscheiden kann, ist natürlich einen andere Sache.
  Beispiele:
  „Die Zahl 11 ist eine Primzahl.“ (wahr)
  „Das Verhältnis zwischen Umfang und Durchmesser eines Kreises ist bei jedem Kreis in der Ebene gleich, nämlich die Zahl π.“ (wahr)
  „In einem gleichseitigen Dreieck beträgt die Größe der Innenwinkel 70°. “ (falsch)
- In der oben beschriebenen Notation kann man die Aussage „Die Zahl 11 ist eine Primzahl“ mit A bezeichnen; $\neg A$ heißt dann „Die Zahl 11 ist keine Primzahl“.
- Wenn die Aussage B aus Aussage A folgt, dann ist das eine neue, dritte Aussage. Wir schreiben dafür „$A \to B$“ (Implikation).
- Dabei ist es wichtig zu begreifen, dass wenn „$A \to B$“ gilt, Aussage B nicht wahr sein muss. Dazu müsste nämlich auch Aussage A wahr sein. Betrachte zum Beispiel die Aussagen „$\pi^2 = 1$“, „$\pi = \pm 1$“ und „$\pi^2 = 1 \to \pi = \pm 1$“. Die letzte Aussage ist wahr. Die erste Aussage, unser Ausgangspunkt „$\pi^2 = 1$“, ist jedoch falsch und die zweite in diesem Falle ebenfalls. Mathematiker verwenden wahre Implikationen in Beweisführungen. Man zeigt damit, dass wenn A wahr ist, auch B wahr ist: $A \to B$.
- Mit der Umkehrung muss man jedoch vorsichtig sein. Wenn $A \to B$, dann ist $B \to A$ die Umkehrung der Aussage. Allerdings ist, wenn $A \to B$ wahr ist, die Umkehrung nicht auch zwangsläufig wahr. Ein Beispiel aus dem Alltag: A: Es regnet. B: Die Straße ist nass.
- Vielfach werden Eigenschaften oder Merkmale mit Definitionen verwechselt, das hat auch mit Umkehrungen zu tun. Zum Beispiel aus der Aussage „Katzenartige Tiere haben scharfe Zähne“ wird die Schlussfolgerung „Dieses Tier hat scharfe Zähne, also ist es katzenartig“ gezogen. Das Tier könnte jedoch genauso gut ein Hecht sein, oder ein Wolf. „Scharfe Zähne“ ist eine Eigenschaft katzenartiger Tiere, keine definierende Beschreibung. Zur Illustration ein simples Beispiel aus der Mathematik: „Ein Dreieck hat Seiten und Ecken“, und die Schlussfolgerung „Die Figur in Abb. 5.3 **a** hat Seiten und Ecken, ist also ein Dreieck“. Solche Fehler scheinen einfach vermeidbar, werden aber dennoch oft gemacht.

Viele logische Betrachtungen und viele der oft interessanten Gedankengänge und Paradoxa, die man dabei antrifft, sind in diesem Buch und bei der praktischen Arbeit mit Mathematik nicht zu finden. Die Logik spielt in der Informatik eine wichtige Rolle, zum Beispiel bei Ansätzen, mit Hilfe eines Computers Beweise nachzuprüfen (siehe Abschnitt 5.5.5).

5.4.3 Widerspruchsbeweis

Abb. 5.11: Sherlock Holmes.

Einige Widerspruchsbeweise haben wir bereits gesehen, zum Beispiel in den Beweisen zu den Sätzen 5.3.1, 5.3.2 und 5.3.3. Bei einem solchen Beweis nimmt man an, dass die Aussage des Satzes falsch ist. Im weiteren Verlauf erhält man dann zwingend eine falsche Aussage, oder einen Widerspruch zur Annahme. Also muss dann die Aussage des Satzes wahr sein.

Auf ähnliche Weise geht der berühmte Detektiv Sherlock Holmes vor. Er erklärt seinem Freund Watson etwas ungeduldig wie man ein Verbrechen aufklärt:

> *„Wie oft habe ich Dir gesagt, dass wenn wir alles Unmögliche ausgeschlossen haben, das Verbleibende, wie unwahrscheinlich es auch erscheinen mag, wahr sein muss."*

Wir geben noch ein einfaches Beispiel für einen Widerspruchsbeweis. Wieder erhalten wir einen Widerspruch (oder eine Unmöglichkeit) wenn wir annehmen, dass die „Behauptung" falsch ist.

Behauptung:
Wenn ein Postbote in einer Straße mit 53 Adressen 228 Briefe austragen muss, dann liefert er an mindestens einer Adresse 5 oder mehr Briefe ab.

Beweis 1. Wir nehmen an, dass an jeder Adresse höchstens 4 Briefe abgeliefert werden.
2. Der Postbote trägt dann höchstens 4 mal 53, also 212 Briefe aus.
3. Es bleiben also $228 - 212 = 16$ Briefe übrig.
4. Die Annahme ist also falsch und es werden an mindestens einer Adresse mehr als 4 Briefe ausgeliefert. □

Hier ein weiteres Beispiel für einen Beweis durch Widerspruch, dieses Mal zu einem etwas interessanteren Satz.

Satz 5.4.2
Für eine reelle Zahl $a > 0$ gilt: Wenn a irrational ist so ist $\sqrt{a}$ ebenfalls irrational.

Beweis 1. Annahme: $\sqrt{a}$ ist rational.
2. Also existieren natürliche Zahlen p und q sodass $\sqrt{a} = p/q$.
3. Quadrieren des Ausdrucks aus 2. liefert: $a = p^2/q^2$.
4. p^2 und q^2 sind natürliche Zahlen, also folgt aus der Annahme im 1. Schritt, dass a rational ist. Widerspruch. □

Der Widerspruchsbeweis beruht auf der Logik, die wir im vorigen Abschnitt behandelt haben. Wir wollen Aussage A beweisen. Jedenfalls gilt immer entweder A oder $\neg A$, eine weitere Möglichkeit ist ausgeschlossen. Nehmen wir nun an dass $\neg A$ wahr ist. Wenn daraus etwas Unsinniges folgt, dann kann $\neg A$ nicht wahr sein und es bleibt nur A.

5.4.4 Vollständige Induktion

Eine Beweismethode, die bei Aussagen über (fast) alle natürlichen Zahlen meistens gute Ergebnisse liefert, beruht auf dem „Prinzip der vollständigen Induktion". Wir erwähnten den Begriff „Induktion" bereits im letzten Kapitel. Betrachten wir zunächst ein Beispiel.
Nehmen wir an, dass wir die natürlichen Zahlen von 1 bis n aufsummieren wollen. Wenn n sehr groß ist, dann kann das eine sehr aufwendige Rechnung werden. Man kann jedoch eine bemerkenswert einfache Formel verwenden. Wir formulieren daraus einen Satz:

Satz 5.4.3
Für alle $n \in \mathbb{N}$ gilt:

$$1 + 2 + \cdots + n = \frac{1}{2}n(n+1).$$

Diese Formel stimmt jedenfalls für $n = 1$, denn $1 = \frac{1}{2}1(1+1)$; für $n = 2$ stimmt sie auch und ebenso für $n = 3$. Auf diese Weise kommen wir allerdings nicht weiter. Wir interessieren uns schließlich dafür, ob die Formel auch für beliebig große n stimmt. Die Idee bei der Induktion ist es nun, zu beweisen, dass *falls eine Formel für ein bestimmtes n richtig ist, diese Formel auch für die darauf folgende Zahl stimmt.* Im Beweis werden wir dies für ein beliebiges n zeigen, doch zunächst wollen wir annehmen, dass die Formel zum Beispiel für $n = 17$ gilt. Es gilt also

$$1 + 2 + 3 + \cdots + 17 = \frac{1}{2} \cdot 17 \cdot 18.$$

Jetzt können wir die Aussage auch für $n = 18$ beweisen. Denn

$$\begin{aligned} 1 + 2 + 3 + \cdots + 17 + 18 &= \frac{1}{2} \cdot 17 \cdot 18 + 18, \\ &= \frac{1}{2} \cdot 18(17 + 2) = \frac{1}{2} \cdot 18 \cdot 19. \end{aligned}$$

Wir werden dieses Argument jetzt für ein „allgemeines" n ausführen, wobei wir auf die gleiche Weise vorgehen.

Beweis zu Satz 5.4.3
Wir halten fest, dass die Aussage für $n = 1$ und für $n = 2$ wahr ist, denn $1 + 2 = 3$ und $\frac{1}{2} \cdot 2(2+1) = 3$. Nehmen wir nun an, dass die Formel richtig ist für ein festes n. Wir zeigen unter dieser Voraussetzung weiter, dass unsere Formel auch für $n + 1$ gilt:

$$\begin{aligned}1 + 2 + \cdots + n + (n+1) &= \frac{1}{2}n(n+1) + (n+1) \\ &= (n+1)(\frac{1}{2}n + 1) \\ &= \frac{1}{2}(n+1)(n+2).\end{aligned}$$

Das ist die Formel für die Summe bis $n+1$, wobei wir in unserer ursprünglichen Formel n durch $n + 1$ ersetzt haben. □

Das Prinzip der vollständigen Induktion, das wir hier im Beweis verwendet haben, funktioniert also folgendermaßen: Wir haben eine Behauptung oder Aussage in der eine beliebige natürliche Zahl n vorkommt. Wir stellen fest, dass die Behauptung für bestimmte n wahr ist, zum Beispiel n = 1 oder n = 2. Weiter nehmen wir an, dass die Behauptung für ein beliebiges n stimmt und beweisen damit, dass sie auch für n + 1 gilt. Da die Behauptung zum Beispiel für n = 1 oder n = 2 bereits überprüft wurde, ist so gezeigt, dass sie für jede natürliche Zahl gilt.

Abb. 5.12: Gauß im Jahre 1828.

> Einer der großen Mathematiker der Geschichte ist Carl Friedrich Gauß (1777-1855). Als er noch Schüler war, bekam seine Klasse die Aufgabe, alle Zahlen von 1 bis 100 zu addieren. Die Schüler fingen fleißig an zu rechnen, bis auf Carl, der nach ein paar Minuten zufrieden aus dem Fenster sah. Daraufhin fragte der Lehrer ihn, warum er nicht rechne, worauf Carl antwortete: 5050. Große Verwunderung machte sich breit. Wie kam er darauf? Tja, erklärte Carl, $1 + 99 = 100, 2 + 98 = 100$, so macht man weiter bis $49 + 51$, das gibt dann schon 4900, dann fehlen nur noch 50 und 100, die zählt man noch dazu.

Die Methode von Gauß ist sehr schlau, unsere Formel ist allerdings noch etwas praktischer. Das Prinzip der vollständigen Induktion liefert uns eine mächtige Beweismethode, die auf den ersten Blick ziemlich aufwendig erscheint. Der Vorteil dieser Methode ist jedoch die damit verbundene Routine. Wenn diese Beweismethode funktioniert, muss man sich über die Beweisführung kaum noch Gedanken machen. Hier eine weitere Aussage, die man auf diese Weise beweisen kann.

> **Satz 5.4.4**
> Für alle $n \in \mathbb{N}$ ist $n^3 + 2n$ durch 3 teilbar.

Beweis Für $n = 1$ ist die Behauptung wahr. Nehmen wir an, dass die Behauptung für ein bestimmtes n gilt und beweisen dann, dass sie auch für $n+1$ gilt, also dass $(n+1)^3 + 2(n+1)$ durch 3 teilbar ist. Wir beginnen damit, die Klammern aufzulösen:

$$\begin{aligned} (n+1)^3 + 2(n+1) &= n^3 + 3n^2 + 3n + 1 + 2n + 2, \\ &= (n^3 + 2n) + 3(n^2 + n + 1). \end{aligned}$$

Der erste Term in Klammern ist nach unserer Annahme durch 3 teilbar, der zweite Term ebenfalls, da $(n^2 + n + 1)$ eine natürliche Zahl ist. Die Summe zweier Zahlen, die durch 3 teilbar sind, ist auch durch 3 teilbar. □

Nicht nur Gleichungen sondern auch Ungleichungen können oft per Induktion nachgewiesen werden. In vielen mathematischen Formeln findet man den Ausdruck $n!$ (sprich: n Fakultät). Das ist nichts anderes als eine Abkürzung für das Produkt der ersten n natürlichen Zahlen: $n! = 1 \cdot 2 \cdot 3 \ldots n$. Um festzustellen, wie groß $n!$ eigentlich ist, vergleichen wir diese Funktion mit 2^n. Das ist, wie wir wissen, eine sehr schnell wachsende (exponentielle) Funktion von n. Wir setzen einige Zahlen ein:

$$\begin{aligned}
&n = 1, \;\; n! = 1, \;\; 2^n = 2,\\
&n = 2, \;\; n! = 2, \;\; 2^n = 4,\\
&n = 3, \;\; n! = 6, \;\; 2^n = 8,\\
&n = 4, \;\; n! = 24, \;\; 2^n = 16,\\
&n = 5, \;\; n! = 120, \; 2^n = 32.
\end{aligned}$$

Für $n = 1, 2, 3$ ist 2^n größer als $n!$, ab $n = 4$ scheint $n!$ jedoch schneller zu wachsen. Das wollen wir nun als Satz formulieren und beweisen.

Satz 5.4.5
Für alle natürliche Zahlen $n \geq 4$ gilt $n! > 2^n$.

Beweis Für $n = 4$ ist die Behauptung dieses Satzes wahr. Wir nehmen an, dass die Behauptung für ein festes $n > 4$ wahr ist, und schätzen dann $(n+1)!$ wie folgt ab:

$$\begin{aligned}
(n+1)! = (n+1)n! &> (n+1)2^n,\\
&> 2 \cdot 2^n = 2^{n+1}.
\end{aligned}$$

Jetzt noch eine etwas aufwendigere Formel, die sich später als nützlich erweisen wird.

Satz 5.4.6
Für alle $n \in \mathbb{N}$ gilt

$$1^2 + 2^2 + \cdots + n^2 = \frac{1}{6}n(n+1)(2n+1).$$

Beweis Für $n = 1$ gilt die Formel: $1 = \frac{1}{6}1(1+1)(2+1)$. Die Formel gelte für ein festes n. Wir berechnen:

$$\begin{aligned}
1^2 + 2^2 + \cdots + n^2 + (n+1)^2 &= \frac{1}{6}n(n+1)(2n+1) + (n+1)^2\\
&= \frac{1}{6}(n+1)[n(2n+1) + 6(n+1)]\\
&= \frac{1}{6}(n+1)(2n^2 + 7n + 6)\\
&= \frac{1}{6}(n+1)(n+2)(2n+3).
\end{aligned}$$

Das ist genau die Formel, welche entsteht, wenn wir n durch $n+1$ ersetzen. Wir folgern mit dem Prinzip der vollständigen Induktion, dass die Formel für alle n richtig ist. □

5.4.5 Zurückführen auf eine bekannte wahre Aussage

Zum Beweis, dass eine Behauptung wahr ist, ist es manchmal möglich die Aussage in eine andere Form zu bringen. Dabei stellt sich oft heraus, dass wir dadurch bereits die Richtigkeit der Behauptung, oder zumindest die Behauptung als beweisbar erkennen. Zunächst ein simples Beispiel, das wir nicht einmal als Satz formulieren.

Wir suchen die Lösungen der Gleichung

$$x^4 - 13x^2 + 36 = 0.$$

Das ist eine Gleichung vierten Grades (der Grad ist die höchste Potenz von x, die in der Gleichung vorkommt), für deren Lösung wir keine Formeln gelernt haben. Setze $y = x^2$, das liefert die Gleichung:

$$y^2 - 13y + 36 = 0,$$

eine quadratische Gleichung mit den Lösungen 4 und 9 für y. Für x haben wir also die Lösungen $\pm 2, \pm 3$.
Durch die Substitution $y = x^2$ haben wir die „schwierige" Gleichung vierten Grades zurückführen können auf eine Gleichung zweiten Grades, die wir leicht lösen können.

Wir betrachten ein weiteres Beispiel. Dieser Satz scheint selbstverständlich zu sein, wenn man eine Skizze dazu zeichnet. Das wäre allerdings kein Beweis, im Gegensatz zu dem Folgenden.

Satz 5.4.7
Betrachte den Kreis C in der Ebene mit Mittelpunktskoordinaten $(0,0)$ und Radius $r > 0$. Jede Gerade in der Ebene hat mit dem Kreis C keinen, genau einen oder genau zwei Schnittpunkte.

Beim folgenden Beweis setzen wir die Tatsache als bekannt voraus, dass eine quadratische Gleichung $0, 1$ oder 2 reelle Lösungen hat.

Beweis Wir bezeichnen die Koordinaten in der Ebene mit x und y (siehe Abbildung 5.13). Für einen Punkt, der auf dem Kreis C liegt, gilt dann $x^2 + y^2 = r^2$. Betrachte ein beliebige Gerade, gegeben durch die Gleichung $y = ax + b$ mit beliebigen reellen Zahlen a und b. Falls die Gerade den Kreis schneidet, hat der Schnittpunkt die Koordinaten x_s, y_s. Für einen solchen Schnittpunkt gelten zwei Gleichungen:

$$\begin{aligned} x_s^2 + y_s^2 &= r^2 && \text{(der Punkt liegt auf dem Kreis),} \\ y_s &= ax_s + b && \text{(der Punkt liegt auf der Geraden).} \end{aligned}$$

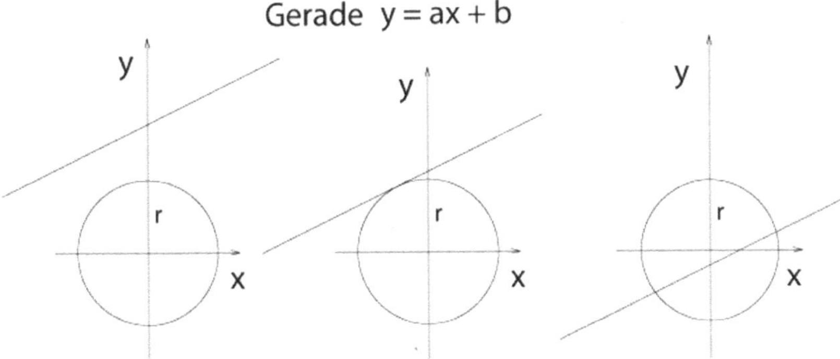

Abb. 5.13: Drei Möglichkeiten der Lage von Kreis und Gerade in der Ebene.

Wir quadrieren die zweite Gleichung und setzen dies in die erste Gleichung ein. Wir erhalten

$$x_s^2 + (ax_s + b)^2 = r^2,$$

oder nach Umformen

$$(1 + a^2)x_s^2 + 2abx_s + b^2 - r^2 = 0.$$

Diese quadratische Gleichung für x_s hat keine, genau eine oder genau zwei Lösungen. Eine Lösung für x_s eingesetzt in die Geradengleichung, liefert die dazugehörige y-Koordinate y_s. □

Wir haben die geometrische Aussage über den Schnittpunkt eines Kreises mit einer Geraden auf die Lösungen einer quadratischen Gleichung zurückgeführt. Das ist ein Problem, dessen Lösung bekannt ist, sodass der Beweis abgeschlossen ist. Wir merken noch an, dass die Annahme, der Mittelpunkt des Kreises C habe die Koordinaten $(0, 0)$ nicht unbedingt erforderlich ist. Wenn man einen beliebigen Mittelpunkt (x_0, y_0) wählt, muss man den Beweis ein bisschen abändern: Ersetze x durch $x - x_0$, y durch $y - y_0$, und so weiter. Der Rest ist leicht nachzurechnen. Für weitere geometrische Probleme dieser Art kann das Buch von Aarts [1] zu Rate gezogen werden.

5.4.6 Gibt es ein Rezept für Beweise?

Mit einem Beweis durch Widerspruch und mit dem Prinzip der vollständigen Induktion kann man schon eine Menge beweisen. Es wäre bequem, wenn wir mit noch ein paar solcher Ideen „alles" beweisen könnten. Dann wäre das Beweisen in der Mathematik eine Art Routine, doch das ist tatsächlich nicht möglich. Es gibt immer wieder Probleme, bei denen ein origineller und manchmal ein komplett neuer Ansatz nötig ist.
Außerdem kann ein Satz oft auf verschiedene Arten bewiesen werden. Für den

Satz von Pythagoras zum Beispiel gibt es mehr als 200 verschiedene Beweise. Im Buch von Bruno Ernst [6] sind 29 davon beschrieben, im Buch von Loomis [12] einige hundert.

Mehrere Beweise zu einem Satz

Warum sollten wir mehrere Beweise für einen Satz benötigen, ein Beweis reicht doch aus, um zu zeigen, dass der Satz wahr ist? Die Antwort auf diese Frage ist, dass ein Beweis die eigentliche Bedeutung und den Hintergrund eines Satzes aufklärt. Das Vorhandensein mehrerer Beweise erweitert also unseren Einblick in die Bedeutung eines Satzes. Hierfür wollen wir ein Beispiel geben.

Satz 5.4.8
Für alle natürlichen Zahlen n gilt

$$1^3 + 2^3 + \cdots + n^3 = (1 + 2 + \cdots + n)^2.$$

Das scheint ein merkwürdiger Satz zu sein. Auf der linken Seite des Gleichheitszeichens stehen dritte Potenzen, auf der rechten Seiten ein Quadrat, dennoch gilt die Gleichheit für beliebige $n \in \mathbb{N}$. Wir beweisen diesen Satz auf zwei Arten.

Beweis 1 zu Satz 5.4.8 (mit vollständiger Induktion)
1. Wir stellen fest, dass die Behauptung für $n = 1$ wahr ist.
2. Wir nehmen an, dass die Behauptung für ein festes n gilt.
3. Nun werden wir beweisen, dass die Behauptung dann auch für $n + 1$ wahr ist. Es gilt auf Grund der Annahme in Schritt 2:

$$\begin{aligned} 1^3 + 2^3 + \cdots + n^3 + (n+1)^3 &= (1 + 2 + \cdots + n)^2 + (n+1)^3 \\ &= \left(\frac{1}{2}n(n+1)\right)^2 + (n+1)^3. \end{aligned}$$

Für die zweite Zeile haben wir Satz 5.4.3 verwendet: $1+2+\cdots+n = \frac{1}{2}n(n+1)$.
4. Wir quadrieren und klammern dann in der zweiten Zeile $(n+1)^2/4$ aus:

$$\begin{aligned} 1^3 + 2^3 + \cdots + n^3 + (n+1)^3 &= \frac{1}{4}n^2(n+1)^2 + (n+1)^3 \\ &= \frac{1}{4}(n+1)^2(n^2 + 4(n+1)) \\ &= \frac{1}{4}(n+1)^2(n^2 + 4n + 4) \\ &= \frac{1}{4}(n+1)^2(n+2)^2 \\ &= \left(\frac{1}{2}(n+1)(n+2)\right)^2. \end{aligned}$$

5. Wir verwenden wieder Satz 5.4.3, hier für $(n+1)$ und in die andere Richtung. Dann gilt:

$$1^3 + 2^3 + \cdots + (n+1)^3 = (1 + 2 + \cdots + n + (n+1))^2.$$

6. Wir wissen schon, dass der Satz für $n = 1$ gilt (Schritt 1). Aus der Annahme, dass die Behauptung des Satzes für ein festes n gilt, folgt (Schritt 5) dass die Behauptung auch für $(n+1)$ gilt. Damit ist der Satz per vollständiger Induktion bewiesen. □

Jetzt ein ganz anderer Beweis.

Beweis 2 von Satz 5.4.8 (geometrisch)
Betrachte ein (großes) Quadrat mit Seitenlänge $1+2+\cdots+n$, siehe Abbildung 5.14.

Abb. 5.14: Geometrische Veranschaulichung von Satz 5.4.8.

Der Term auf der rechten Seite des Gleichheitszeichens ist also der Flächeninhalt dieses Quadrats. Der obere Randstreifen mit der Länge $1+2+\cdots+n$ und der Breite n hat den Flächeninhalt $(1+2+\cdots+n)\cdot n$, der rechte Randstreifen mit der Länge n und der Breite $1+2+\cdots+n$ natürlich ebenfalls. Zusammen hat die schraffierte Fläche also den Flächeninhalt O_n:

$$O_n = 2n(1 + 2 + \cdots + n) - n^2.$$

Wir ziehen n^2 ab, weil wir sonst das Quadrat, das in beiden Flächen enthalten ist, doppelt zählen würden. Wir verwenden wieder Satz 5.4.3 und erhalten:

$$O_n = 2n \cdot \frac{1}{2}n(n+1) - n^2 = n^3.$$

Wenn wir die gleiche Rechnung für die folgenden Streifen mit der Breite $n-1$ durchführen, erhalten wir $O_{n-1} = (n-1)^3$. Wir machen so weiter, bis wir beim Quadrat mit der Seitenlänge 1 (links unten) angelangt sind. Die Summe aller Flächeninhalte dieser Streifen ergibt genau den Term links vom Gleichheitszeichen in unserem Satz. □

Der erste Beweis dieses Satzes ist ziemlich rechenaufwendig, aber er liegt auf der Hand, wenn man ein wenig Erfahrung mit vollständiger Induktion hat. Der zweite Beweis ist nicht so offensichtlich. Er liefert allerdings einen geometrischen Hintergrund für den Satz.
Es gibt noch mehr Interessantes zu diesem Satz zu sagen, siehe [10].

Der unerwartete Gedankengang

Wie bereits erwähnt, ist ein Beweis nicht immer Routine. Wir wollen das noch einmal mit einem einfachen Problem illustrieren.

Züge des Springers
Eine normales Schachbrett hat $8 \times 8 = 64$ Felder. Wir betrachten einen Teil davon mit 5×5 Feldern, Abbildung 5.15. Links unten steht ein Springer auf einem weißen Feld. In wie vielen Zügen kann der Springer zum oberen, rechten Feld gelangen? In Abbildung 5.15 sieht man, dass das in 4 Zügen möglich ist. Mit 2 Zügen geht es sicherlich nicht, denn ein Springer kommt mit 2 Zügen höchstens 4 Felder weiter. Geht es auch mit 3 Zügen?

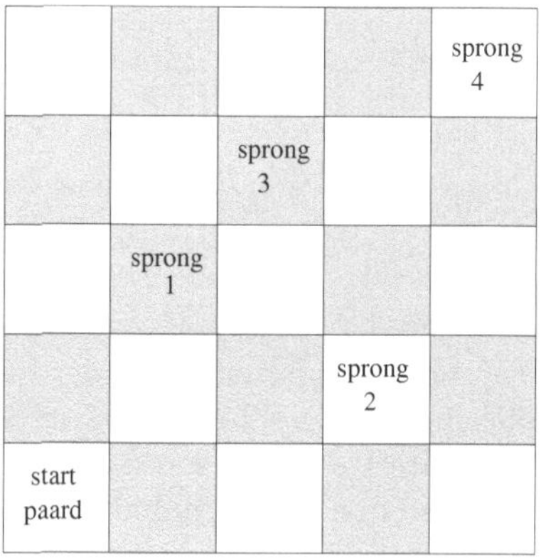

				sprong 4
		sprong 3		
	sprong 1			
			sprong 2	
start paard				

Abb. 5.15: Der Springer kommt in 4 Zügen von links unten nach rechts oben.

Man kann es ausprobieren, sooft man will, es klappt nicht. Wir vermuten, dass es nicht möglich ist. Aber wie beweist man das? Beim ersten Zug, zwei

Felder nach vorne, eins zur Seite, kommt der Springer vom weißen Startfeld auf ein schwarzes Feld. Im zweiten Zug landet der Springer wieder auf einem weißen Feld. Allgemein landet der Springer nach einer geraden Anzahl Züge auf einem weißen Feld, und nach einer ungeraden Anzahl Züge auf einem schwarzen Feld. Mit 3 Zügen kann der Springer also unmöglich das weiße Feld rechts oben erreichen.

Im nächsten Beispiel liefern wir einen überraschenden, kurzen Beweis. Was Kongruenz von Dreiecken bedeutet, wird als bekannt voraus gesetzt. Zwei Dreiecke sind kongruent (ein Dreieck kommt durch Verschieben, Drehen bzw. Spiegeln in der Ebene genau (deckungsgleich) auf dem anderen zu liegen), wenn sie zum Beispiel zwei Seiten mit gleichen Längen haben, und auch die von diesen beiden Seiten eingeschlossenen Winkel gleich groß sind. Diese Art von Kongruenz wird mit SWS (Seite-Winkel-Seite) bezeichnet.

Satz 5.4.9
In einem gleichschenkligen Dreieck $\triangle ABC$ $(a = b)$ sind die den beiden gleich langen Seiten gegenüber liegenden Winkel gleich groß $(\alpha = \beta)$.

Beweis $\triangle ABC$ ist kongruent zu $\triangle BAC$ (SWS), siehe Abbildung 5.16. Also gilt $\alpha = \beta$. □

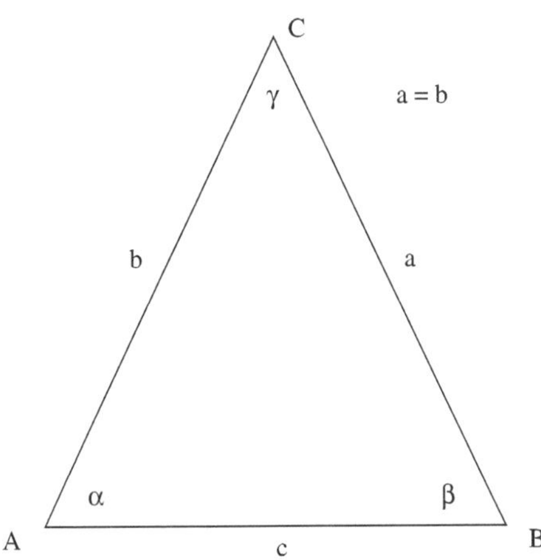

Abb. 5.16: Gleiche Seitenlängen ergeben gleiche gegenüberliegende Winkel.

Ein ganz anderes Beispiel für einen Beweis mit einem unerwarteten Gedankengang findet man in der Zeitschrift Euclides [7].

Satz 5.4.10
Betrachte die reellen Zahlen $\mathbb{R}$. Es ist möglich, irrationale Zahlen a und b in $\mathbb{R}$ so zu wählen, dass $a^b \in \mathbb{Q}$ (also rational ist).

Das klingt merkwürdig, doch der Beweis dazu ist noch merkwürdiger:

Beweis Aus Satz 5.3.2 wissen wir, dass $\sqrt{2}$ irrational ist. Jetzt gibt es zwei Möglichkeiten:

1. $\sqrt{2}^{\sqrt{2}}$ ist rational. In diesem Fall haben wir den Satz bereits bewiesen.
2. $\sqrt{2}^{\sqrt{2}}$ ist irrational. Betrachte in diesem Fall

$$\left(\sqrt{2}^{\sqrt{2}}\right)^{\sqrt{2}} = \sqrt{2}^2 = 2.$$

Aus dieser Rechnung folgt der Beweis des Satzes, also sind wir fertig. □

Wir haben also einen Beweis geführt, indem wir davon ausgehen, dass es nur zwei Möglichkeiten gibt, aber ohne zu wissen ob $\sqrt{2}^{\sqrt{2}}$ nun rational ist oder nicht. Das ist ein komischer Beweis. (Die Autoren in [7] nennen ihn einen „romantischen Beweis".)

Manchmal liefert ein unerwarteter Gedankengang auch Einblicke in die Zusammenhänge zwischen verschiedenen Teilgebieten der Mathematik. Das zeigt die Behandlung des folgenden Problems. Es ist größtenteils aus [2] entlehnt.

In Aufgabe 5.7 wurden die Pythagoreischen Tripel a, b, c eingeführt. Das sind positive natürliche Zahlen, die die Gleichung $a^2 + b^2 = c^2$ erfüllen und den größten gemeinsamen Teiler 1 haben. Die letzte Bedingung fügen wir hinzu um „überflüssige" Kombinationen auszuschließen. Das bekannte Beispiel $a = 3, b = 4, c = 5$ liefert eine unendliche Menge von Tripeln $3n, 4n, 5n$ für alle natürlichen Zahlen n, welche die Gleichung $a^2 + b^2 = c^2$ erfüllen. Nach unserer Definition zählen diese nicht als neue Kombination. Trotz dieser einschränkenden Bedingung gilt aber der folgende Satz:

Satz 5.4.11
Es gibt unendlich viele Pythagoreische Tripel.

Wir werden den Beweis in zwei Teile aufspalten und ihn nicht so formal streng aufschreiben, wie die vorangehenden Beweisbeispiele.

Beweis (erster Teil)
Zunächst stellen wir fest, dass in einem Pythagoreischen Tripel die Zahl c am größten ist. Teilen der Gleichung $a^2 + b^2 = c^2$ durch c^2 liefert:

$$\left(\frac{a}{c}\right)^2 + \left(\frac{b}{c}\right)^2 = 1.$$

Das bringt uns auf die Idee, dass die rationalen Zahlen a/c und b/c auf dem Kreis mit der Gleichung

$$x^2 + y^2 = 1$$

liegen. Betrachte diese Kreis in einem Koordinatensystem, Abbildung 5.17, und wähle einen Punkt auf der y-Achse, mit Koordinaten $(0, r)$ mit $0 < r < 1$ und r rational.

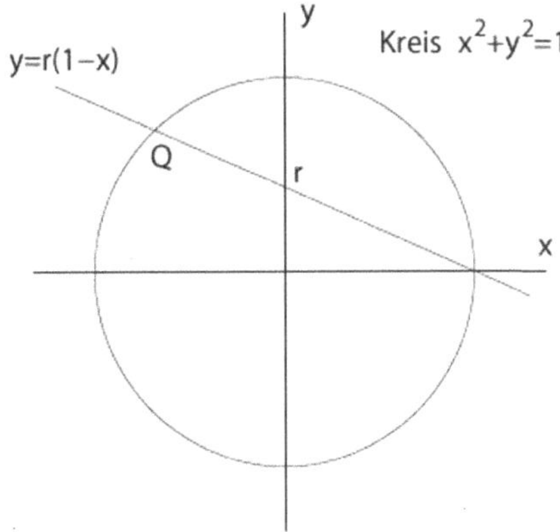

Abb. 5.17: Suche nach Punkten auf dem Kreis $x^2 + y^2 = 1$ mit rationalen Koordinaten.

Wir legen nun eine Gerade durch die Punkte $(1, 0)$ und $(0, r)$. Diese Gerade ist gegeben durch die Gleichung

$$y = r(1 - x)$$

(bitte nachrechnen) und schneidet den Kreis im Punkt Q. Der Schnittpunkt Q liegt sowohl auf dem Kreis, als auch auf der Geraden. Also gilt für die Koordinaten von Q:

$$\begin{aligned} x^2 + y^2 &= 1 && \text{(der Punkt liegt auf dem Kreis),} \\ y &= r(1 - x) && \text{(der Punkt liegt auf der Geraden).} \end{aligned}$$

Wir quadrieren die zweite Gleichung, setzen diese in die erste ein und erhalten

$$x^2 + r^2(1 - x)^2 = 1$$

und mit Ausmultiplizieren und Ausklammern von x^2 folgt

$$(1+r^2)x^2 - 2r^2x + r^2 - 1 = 0.$$

Mit der bekannten Formel für die Lösung quadratischer Gleichungen erhalten wir

$$x_{1,2} = \frac{2r^2 \pm \sqrt{4r^4 - 4(1+r^2)(r^2-1)}}{2(1+r^2)} = \frac{r^2 \pm 1}{1+r^2}.$$

Die Lösungen sind also $x_1 = 1$ und $x_2 = (r^2-1)/(r^2+1)$. Einsetzen in die Geradengleichung liefert für y: $y_1 = 0$ und $y_2 = 2r/(r^2+1)$. Es gibt also zwei Schnittpunkte: $(1,0)$ (was wir bereits wussten) und

$$Q : \left(\frac{r^2-1}{r^2+1}, \frac{2r}{r^2+1}\right).$$

Da wir r rational gewählt hatten, sind die Koordinaten von Q ebenfalls rational. Denn wir können schreiben $r = p/q$ mit natürlichen Zahlen p und q; Einsetzen in die Formel für die Koordinaten von Q ergibt wieder Quotienten natürlicher Zahlen. □

Wir können unendlich viele rationale Zahlen $0 < r < 1$ wählen, aus denen wir mit Hilfe dieser Konstruktion unendlich viele Pythagoreische Tripel erhalten, falls uns die Koordinaten von Q ein Tripel mit größtem gemeinsamem Teiler 1 liefern. Letzteres ist nicht immer der Fall, es gibt jedoch unendlich viele, die diese Bedingung erfüllen. Das wollen wir jetzt beweisen, was allerdings etwas unangenehmer wird.

Beweis (zweiter Teil)
Aus dem ersten Teil des Beweises folgt, dass

$$\left(\frac{r^2-1}{r^2+1}\right)^2 + \left(\frac{2r}{r^2+1}\right)^2 = 1,$$

oder

$$(r^2-1)^2 + (2r)^2 = (r^2+1)^2.$$

Wir können r als $r = p/q$ mit natürlichen Zahlen $p < q$ schreiben. Einsetzen liefert

$$\left(\frac{p^2}{q^2} - 1\right)^2 + \left(2\frac{p}{q}\right)^2 = \left(\frac{p^2}{q^2} + 1\right)^2,$$

oder

$$(q^2 - p^2)^2 + (2pq)^2 = (p^2 + q^2)^2.$$

Wir erhalten also ein Pythagoreisches Tripel $q^2 - p^2, 2pq, p^2 + q^2$, falls diese drei Zahlen den größten gemeinsamen Teiler 1 haben. Wir zeigen, dass wir bereits unendlich viele solcher Tripel finden, wenn wir $p = 1$ und q gerade

wählen. Das besagte Pythagoreische Tripel ist dann also $q^2-1, 2q, 1+q^2$. Wir führen wieder einen Widerspruchsbeweis.
Sei d ein gemeinsamer Primfaktor von q^2-1 und $2q$. Dann ist

$$\frac{q^2-1}{d} = q \cdot \frac{q}{d} - \frac{1}{d}$$

eine natürliche Zahl. $2q/d = m$ muss ebenfalls eine natürliche Zahl sein. Daraus folgt $q/d = m/2$. Aus unserer Annahme, dass q gerade ist, folgt weiter, dass $q \cdot \frac{q}{d}$ eine natürliche Zahl ist, jedoch ist $1/d$ keine natürliche Zahl. Widerspruch.
Die Zahlen q^2-1 und $2q$ haben also keinen gemeinsamen Primfaktor, also können sie beide keinen gemeinsamen Primfaktor mit $1+q^2$ haben. Damit können wir schließlich folgern, dass $q^2-1, 2q, 1+q^2$ mit einer geraden Zahl q immer ein Pythagoreisches Tripel ergibt. □

Das Interessante an diesem Beweis sind der unerwartete Ansatz und die geometrische Konstruktion der Pythagoreischen Tripel. Außerdem zeigt dieser Beweis eine Verbindung zwischen diesen Tripeln und den rationalen Punkten auf dem Einheitskreis auf. Wir erhalten also nicht nur einen Beweis, sondern auch neue Erkenntnisse und Einsichten über Pythagoreische Tripel.
Außerdem ist die „Geschichte" natürlich noch nicht zu Ende. Wir haben durch die Wahl von $p=1$ und geradem q unendlich viele Pythagoreische Tripel konstruiert, es gibt jedoch noch viel mehr solcher Tripel, die durch die Wahl anderer p und q entstehen. Hierüber kannst Du Dir selber noch Gedanken machen.

Aufgabe 5.9
Betrachte Satz 5.4.1 mit a_1 als kleinstem Teiler einer Zahl a, die keine Primzahl ist. Beweise die Abschätzung $a_1 \leq \sqrt{a}$.

Aufgabe 5.10
Zeige, dass für jede reelle Zahl a $(a \neq 1)$ und jede natürliche Zahl $n \geq 1$

$$a + a^2 + a^3 + \cdots + a^n = a\frac{1-a^n}{1-a}$$

gilt.

Aufgabe 5.11
Zeige für jede natürliche Zahl n:

$$1^3 + 2^3 + \cdots + n^3 = \frac{1}{4}n^2(n+1)^2.$$

Aufgabe 5.12
Betrachte eine positive, reelle Zahl a (beliebig aber fest) und eine beliebige natürliche Zahl n; beweise die Ungleichung

$$(1+a)^n \geq 1 + na.$$

Aufgabe 5.13
Der Beweis von Satz 5.4.7 ist nicht ganz vollständig. Finde den fehlenden Schritt. Rechne nach, was aus der Annahme $b^2 < r^2$, bzw. aus der Annahme $b^2 > r^2$ folgt.

Aufgabe 5.14
Beweise oder widerlege die folgende Behauptung: Gegeben sind in der Ebene ein Quadrat und ein gleichseitiges Dreieck mit gleichem Umfang. Das Quadrat hat dann stets den größeren Flächeninhalt.

Aufgabe 5.15
Die folgende Aufgabe ist aus [13]:
Ein Bär läuft vom Punkt P aus 1 km Richtung Süden. Danach läuft er 1 km Richtung Osten. An diesem Punkt angekommen, wendet er sich nach links und läuft 1 km Richtung Norden. Jetzt befindet er sich wieder an seinem Ausgangspunkt P. Welche Farbe hat der Bär?

5.5 Die Regeln des Spiels

Dieser Abschnitt enthält einige Anmerkungen zu den Grundlagen der Mathematik. Dabei gelangen wir zu philosophischen Fragen wie „Was ist Wahrheit?“ oder „Wie erkennen wir diese?“ Über dieses Thema ist schon sehr viel geschrieben worden; hier kann natürlich nur eine kleine Einführung gegeben werden. Abschließende Antworten auf die gestellten Fragen gibt es in den meisten Fällen nicht.

5.5.1 Axiomatik

Abb. 5.18: David Hilbert.

Wir haben bereits zahlreiche Beispiele von Sätzen über Geraden und Dreiecke in der Ebene betrachtet. Diese „Ebene Geometrie“ kann axiomatisch aufgebaut werden. Das Gleiche gilt für die Zahlentheorie. Wie sieht das in der Geometrie aus?
Zunächst werden Grundelemente festgelegt, die nicht genauer erklärt werden. In der Ebenen Geometrie sind das zum Beispiel *Punkt* und *Gerade*. Im Folgenden werden dann *Axiome* formuliert, die die Ausgangspunkte der mathematischen Theorie bilden. Axiome können nicht bewiesen werden, aber ausgehend von den erwähnten Grundelementen

und Axiomen kann dann die gesamte Ebene Geometrie mit Hilfe von Definitionen und Beweisen aufgebaut werden. Jedenfalls ist das nach klassischer Ansicht die ideale mathematische Theorie. Die alten Griechen betrachteten die Axiome als unantastbare Wahrheiten, an denen niemand zweifelte. Heutzutage sieht man sie eher als geeignete, aber doch ziemlich willkürliche Ausgangspunkte für eine mathematische Theorie.
Als Beispiel für ein Axiom wählen wir hier das sogenannte *Parallelenaxiom.* Wir stellen fest, dass es in einer Ebene Geradenpaare gibt, die keinen gemeinsamen Punkt haben, diese heißen parallel. Des Weiteren nennt man auch gleiche Geraden parallel. Das Parallelenaxiom lautet:
In einer Ebene gibt es zu jedem Punkt P und zu jeder Gerade m genau eine Gerade, die durch P und parallel zu m verläuft.

In [1] (Abschnitt 4) ist ein Beispiel zur Anwendung des Parallelenaxioms zu finden.

Satz 5.5.1
Wenn in einer Ebene für die Geraden l, m und n gilt, dass l und m sowie m und n parallel sind, dann sind auch l und n parallel zueinander.

Nun, das ist kein besonders aufregender Satz, für den Beweis benötigt man jedoch das Parallelenaxiom.

Beweis 1. Angenommen, l ist nicht parallel zu n.
2. Aus der Annahme in 1. folgt, dass l und n einen Schnittpunkt P haben.
3. Mit dem Parallelenaxiom folgt dann weiter, dass es genau eine Gerade durch den Punkt P gibt, die parallel zu m ist. Da l und n beide parallel zu m sind, gilt also $l = n$.
4. Der 3. Schritt liefert einen Widerspruch zur Annahme aus Schritt 1, also müssen l und n parallel sein. □

Zu Beginn des 20. Jahrhunderts gab es viele Untersuchungen und im Zusammenhang damit auch viele Diskussionen zum axiomatischen Aufbau der Mathematik. Einer der bedeutendsten Wortführer auf diesem Gebiet war David Hilbert (1862 - 1943). Er war der Meinung, dass die gesamte Mathematik, unser Wissen über die Wahrheit, durch geeignete Wahl von Grundelementen, wie Punkt und Gerade in der Ebenen Geometrie oder natürliche Zahlen in der Zahlentheorie, und eine dazu passende Wahl von Axiomen aufgebaut werden könne. Für die mathematische Argumentation wurde weiter die Legitimität der Verwendung von Techniken wie „vollständige Induktion“ und „Beweis durch Widerspruch“ als Ausgangspunkt genommen.
Das schien ein vernünftiger Standpunkt zu sein, er erwies sich jedoch als problematischer als zunächst angenommen.

Ein Beispiel für ein Axiomensystem in der Zahlentheorie ist dasjenige von Peano:
Wir betrachten eine Menge von Grundelementen, natürliche Zahlen genannt, wobei jedem Grundelement n ein Nachfolger n^+(wir schreiben auch $n^+ = n + 1$) mit den folgenden Eigenschaften zugeordnet ist:

1. 0 ist eine natürliche Zahl.
2. Es existiert kein n mit der Eigenschaft $n^+ = 0$.
3. Für zwei beliebige natürliche Zahlen n_1 und n_2 mit $n_1 \neq n_2$ gilt auch $n_1^+ \neq n_2^+$.
4. Falls eine Menge V, die 0 als Element enthält, die Eigenschaft hat, dass für jedes Element n von V auch der Nachfolger n^+ in V enthalten ist, so ist V die gesamte Menge der natürlichen Zahlen.

5.5.2 Intuitionismus

Der Amsterdamer Mathematiker L.E.J. Brouwer (1881 - 1996) formulierte ernsthafte Kritik an der axiomatischen Konzeption der Mathematik. Seiner Meinung nach ist Mathematik zuallererst „konstruktive Aktivität“, also mit anderen Worten ein „Fach der Taten“, mit Taten auf gedanklichem, geistigem Gebiet. Behauptungen und Sätze seien nur von Bedeutung, wenn sie von einem menschlichen Geist *konstruiert* worden sind. Mit dem Begriff der Unendlichkeit bekommen wir dann sofort Schwierigkeiten. Ebenso ist auch der Beweis von Satz 5.4.10 intuitionistisch inakzeptabel. Denn wir wissen bei dieser Beweisführung gar nicht, ob $\sqrt{2}^{\sqrt{2}}$ irrational ist.

Abb. 5.19: L.E.J. Brouwer bei seiner Promotion im Jahr 1907.

Allgemeiner gesagt, sieht Brouwer große Probleme bei Widerspruchsbeweisen. Ein solcher Beweis setzt immer voraus, dass eine Behauptung entweder wahr oder falsch ist, während eine weitere, dritte Möglichkeit offenbar logisch ausgeschlossen ist.
Deshalb werden sehr viele Beweise klassischer mathematischer Sätze durch die Intuitionisten über Bord geworfen, obwohl es nur in einer beschränkten Zahl von Fällen intuitionistische Ersatzversionen gibt. Das alles stieß bei Hilbert und einigen anderen Mathematikern auf Ablehnung und führte in der Zeit von 1910 bis 1930 zur sogenannten „Grundlagenkrise der Mathematik“. In dieser Krise spielte nicht nur Brouwer, sondern auch Gödel und viele andere Mathematiker eine wichtige Rolle.

5.5.3 Intermezzo: Der Platonismus

Ein Platonist in der Mathematik ist jemand, der davon ausgeht, dass alle mathematischen Wahrheiten unabhängig von der Menschheit existieren. Diese Wahrheiten müssen nur entdeckt werden. So existieren aus dieser Sicht die natürlichen Zahlen und zum Beispiel auch die Teilmenge der Primzahlen *als Idee unabhängig vom menschlichen Geist.* Ein Platonist ist der Meinung, dass die Primzahlen genauso existieren und so real sind wie Äpfel oder Stühle.
Viele Mathematiker sind Platonisten. Es gibt jedoch auch eine große Gruppe von Mathematikern, darunter so berühmte wie Henri Poincaré, die glauben, dass mathematische Ideen und Sätze durch den Menschen geschaffen werden. Sie werden nicht *entdeckt* sondern *erfunden.*
Das ist eine interessante Diskussion, doch für die alltägliche Arbeit mit Mathematik macht es keinen Unterschied, welchen Standpunkt man vertritt. Die Tatsache ob ein Mathematiker Platonist ist, ist also eigentlich nicht sehr relevant, hat aber großen Einfluss auf die Art, wie der Mathematiker mit Themen wie den „Grundlagen“ umgeht. Diese Eigenschaft hat der Platonimus mit allgemein weltanschaulichen Standpunkten gemeinsam.

Plato unterscheidet zwischen dem, was wir erleben und dem, was als „Idee“ existiert. Mit unseren Sinnen nehmen wir zum Beispiel „gute Taten“ wahr, oder können sechs Äpfel zählen, doch damit beziehen wir uns auf „das Gute“ oder „sechs als Zahl“. „Das Gute“ und „die Zahlen“ sind dann „Ideen“. Plato meint, dass das Erleben, die Sinneswahrnehmungen lückenhaft sind und verdeutlicht das mit seinem berühmten „Höhlengleichnis“. Eine Kurzfassung hiervon lautet wie folgt:

Vergleiche die Lage des Menschen bezüglich Erkenntnis und Unwissenheit mit der folgenden Situation. Stell Dir Menschen in einer unterirdischen Höhle vor. In dieser Höhle leben Menschen von klein auf, an Armen und Beinen gefesselt, sodass sie sich nicht bewegen und nur geradeaus blicken können. Hinter ihren Rücken brennt ein Feuer und zwischen den Gefangenen und dem Feuer befindet sich eine niedrige Mauer. Hinter dieser Mauer werden Gegenstände, Figuren und Tiere entlang getragen, welche über die Mauer herausragen. Die Gefangenen können nur die Schatten dieser Gegenstände an der gegenüberliegenden Wand beobachten. Wenn sie miteinander sprechen, würden sie dann nicht den Schattenbildern Namen geben, und glauben über die Figuren und Tiere selber zu sprechen? Sie würden niemals etwas anderes für das Wesentliche halten, als die Schatten der Dinge.

5.5.4 Gödels Bombe geht hoch

Nach den vielen philosophischen Diskussionen über die Grundlagen der Mathematik gab es um 1930 schockierende Neuigkeiten. Der Mathematiker Kurt

Gödel (1906 - 1978) beschäftigte sich in Wien mit der Frage, ob die *gesamte* Mathematik mit einigen geeigneten Axiomen als Ausgangspunkt logisch aufgebaut werden kann[1]. Das Schockierende ist, dass seine Antwort „nein“ lautete. Gödel verwendete hierfür den Begriff „entscheidbar“. Wenn eine mathematische Behauptung oder ihre Negation, im Rahmen eines Axiomensystems beweisbar ist, so ist die Behauptung entscheidbar. Betrachte zum Beispiel die Arithmetik, ein Teilgebiet der Zahlentheorie, das aus der Gesamtheit der Aussagen zu den natürlichen Zahlen besteht, welche aus logischen Begriffen und Argumenten aufgebaut werden können. Ein Beispiel ist die Aussage, dass es unendlich viele Primzahlen gibt. In seinem Unvollständigkeitssatz zeigte Gödel, dass ausgehend von einem Axiomensystem für die Arithmetik das Folgende gilt: Entweder existieren Aussagen die *nicht* entscheidbar sind oder das Axiomensystem ist widersprüchlich. Im Fall der Unentscheidbarkeit kann man im gegebenen Axiomensystem keinen Beweis dafür finden, ob die Behauptung wahr oder falsch ist.

Mit anderen Worten, wenn man die Arithmetik gut aufbaut (zum Beispiel mit einem Axiomensystem wie dem von Peano), dann gibt es wahre Behauptungen, die nicht durch logische Herleitung aus dem Vorgegebenen beweisbar sind. Man kann natürlich annehmen, dass das an den Axiomen (zum Beispiel von Peano) liegt und diese deshalb ändern oder ergänzen. Das kann für eine bestimmte Behauptung helfen, allerdings gibt es dann andere Behauptungen, die sich wieder als nicht entscheidbar erweisen.

Abb. 5.20: Gödel mit Einstein in Princeton, 1950.

Um zu verstehen, wie Gödel seine Ergebnisse verstand, ist es hilfreich zu wissen, dass er Platonist war. Seiner Meinung nach existiert die Mathematik objektiv, unabängig vom Menschen, und dabei sind auch einige nicht entscheidbare Wahrheiten. Nach Gödel sind diese Aussagen wahr, aber das ist von uns nicht mit Beweisen festzustellen, da die Methode des logischen Beweisens mit Hilfe der Axiome hier versagt.

Für David Hilbert, der die gesamte Mathematik axiomatisch aufbauen wollte waren Gödels Unvollständigkeitssätze ein schwerer Rückschlag. Gödel selbst sah das weniger als Problem, da für ihn neben dem deduktiven Ableiten von Sätzen aus Axio-

[1] Vornehmer gesagt: nur mit Hilfe formaler Logik (Aussagenlogik) aus den Axiomen abgeleitet.

men auch die intuitive Einsicht in mathematische Wahrheiten unverzichtbar ist.

5.5.5 Beweise und Computer

Wir haben bereits in der Einleitung festgestellt, dass man eine Vermutung, wie die von Goldbach, nicht beweisen kann, indem man Schritt für Schritt alle geraden natürlichen Zahlen durchgeht. Allerdings spielt der Computer eine wesentliche Rolle in der experimentellen Phase einer mathematischen Theorie. In vielen Bereichen der Mathematik werden heutzutage Berechnungen mit dem Computer angestellt, um Ideen zu testen und um Inspiration für neue Sätze zu finden.

Es gibt auch Beweise, die so lang sind und so viele einzelne Schritte benötigen um alle Möglichkeiten nachzurechnen, dass die Hilfe eines Computers unverzichtbar ist. Ein Beispiel hierfür ist der Beweis des Vier-Farben-Problems. Dieses Problem wurde 1852 als Vermutung formuliert, es geht, etwas ungenau gesagt, darum, dass *jede* Landkarte, mit beliebigen Landesgrenzen, höchstens vier verschiedene Farben benötigt. Hierbei müssen aneinander grenzende Länder natürlich verschiedene Farben haben. 1976 wurde diese Vermutung von Appel und Haken bewiesen, wobei sie ein sehr großes Computerprogramm mit langer Rechenzeit verwendeten, um alle möglichen Fälle und Beweisschritte nachzurechnen. Diese Rechnungen waren so kompliziert und so umfangreich, dass sie für einen Menschen nicht ausführbar waren.

Einige Mathematiker akzeptieren einen solchen Beweis nicht. Sie sind der Meinung, dass jeder Schritt, der zur Gesamtheit des Beweises gehört, von einem Menschen nachzurechnen sein muss. Wahrscheinlich ist das zu konservativ gedacht, und wir müssen einen solchen „Computerbeweis“ akzeptieren, es wird in Zukunft sicher noch mehr von dieser Sorte geben. Einen Schönheitspreis bekommen solche Beweise jedoch nicht.

Ein ganz anderes Projekt, bei dem Computer zum Einsatz kommen, ist das Projekt AUTOMATH. Es wurde 1967 durch den niederländischen Mathematiker N.G. de Bruijn begonnen. Die Idee dahinter ist, dass für die Entdeckung neuer Mathematik, neuer Sätze und Beweise, die Kreativität des menschlichen Geistes unentbehrlich ist, dass aber für das Kontrollieren der Korrektheit einer Argumentation der Computer eingesetzt werden kann. Hierbei ist es wichtig, für Sätze und Beweise eine äußerst präzise Sprachregelung zu entwickeln, sodass man mit einem Computerprogramm den Beweis Schritt für Schritt verifizieren kann. Das Projekt lief bis in die achtziger Jahre des 20. Jahrhunderts und konzentrierte sich vor allem auf die Sätze und Beweise eines Mathematikbuchs von E. Landau. Dieses Buch handelt von der Analysis und ist bereits so exakt formuliert, viel exakter als ein durchschnittliches Mathematikbuch(!), dass die Übersetzung in Automath-Sprache möglich war. Das Projekt ist abgeschlossen und man hat dabei so viel gelernt, dass es bis heute einen sehr großen Einfluss auf die Forschung auf dem Gebiet des Beweisens mit dem Computer hat.

5.5.6 Das Spiel mit den Regeln

Die Grundlagenkrise der Mathematik erreichte einen Höhepunkt in der ersten Hälfte des 20. Jahrhunderts. Sie beschäftigt die meisten Mathematiker der Gegenwart allerdings nicht mehr so sehr, wohl weil es keine definitive Antwort auf die fundamentalen Fragen gibt, und auch weil die tägliche Praxis der Mathematik weiter geht und oftmals zu nützlichen und schönen Ergebnissen führt. Die meisten Mathematiker sind zufrieden damit, dass sie an die Arbeit gehen können mit:

- einigen Grundbegriffen wie Punkt, Gerade und Zahl (abhängig vom Fachgebiet, auf dem sie sich bewegen);
- einem geeigneten System von Axiomen als Ausgangspunkt für Argumentationen;
- dem Gebrauch von Techniken wie vollständige Induktion und Widerspruchsbeweisen wie in Abschnitt 5.4.

Und doch hat die Diskussion über Grundlagen zu viel Einsicht und Klarheit geführt. Die Standpunkte und Ergebnisse dieser Erforschung der Fundamente ergänzen sich sehr viel mehr, als dass sie gegensätzlich sind.

5.6 Hinweise zu den Aufgaben

Hier folgen Hinweise, die bei den Aufgaben helfen sollen. Die Intention bei den Aufgaben ist, dass Du die Beweise selber genau und vollständig aufschreibst.

Aufgabe 5.1
a) Es gibt eine gerade Primzahl, 2, also ist G gerade.
b) Finde ein Gegenbeispiel.

Aufgabe 5.2
Nimm zum Beispiel das arithmetische Mittel von p/q und r/s.

Aufgabe 5.3
Wir wissen, dass $\tan\ \alpha > 0$, also gilt die linke Ungleichung. Weiter teilen wir $\tan\ \alpha$ durch eine Zahl größer als 1, also gilt auch die rechte Ungleichung

Aufgabe 5.4
Führe diese Konstruktion auch mit den zwei anderen Seiten durch, es gibt also mindestens drei.

Aufgabe 5.5
Folge dem Beweis von Satz 5.3.2. Nimm an, dass $\sqrt{m}$ rational ist: $\sqrt{m} = p/q$ mit natürlichen Zahlen p, q. Zeige, dass p^2 ein Vielfaches von m ist, und daraus folgt, dass p ein Vielfaches von m ist. Das führt zum Widerspruch.

Aufgabe 5.6
Die Lösungen sind $-7, 1, 3$. Zeige, dass die Funktion für $x < -7$ fallend, für $-7 < x < 1$ positiv, für $1 < x < 3$ negativ und für $x > 3$ steigend ist.

Aufgabe 5.7
b) Zeige: wenn a und b gerade sind, muss c auch gerade sein. Widerspruch, denn sie haben den größten gemeinsamen Teiler 1.
Zeige weiter, dass wenn a und b ungerade sind, c^2 gerade ist (durch 2 teilbar), aber kein Vielfaches von 4. Dann kann c keine natürliche Zahl sein. Widerspruch.

Aufgabe 5.8
Die Schritte $1 - 7$ sind richtig, aber weil $a = b$ wird in Schritt 8 durch Null geteilt.

Aufgabe 5.9
Sei a keine Primzahl, $a = a_1 m$ mit a_1 und m Teiler von $a, a_1 \leq m, a_1 > 1$. Dann gilt $\sqrt{a} = \sqrt{a_1 m} = \sqrt{a_1}\sqrt{m} \geq \sqrt{a_1}\sqrt{a_1} = a_1$.

Aufgabe 5.10
Für $n = 1$ stimmt die Formel. Die Aussage gelte für ein festes, beliebiges n, wir beweisen dass die Formel auch für $n + 1$ gilt:

$$\begin{aligned} a + a^2 + a^3 + \cdots + a^n + a^{n+1} &= a\frac{1-a^n}{1-a} + a^{n+1}, \\ &= a\left(\frac{1-a^n}{1-a} + a^n\right), \\ &= a\left(\frac{1-a^n}{1-a} + a^n\frac{1-a}{1-a}\right), \\ &= a\left(\frac{1-a^n+a^n-a^{n+1}}{1-a}\right), \\ &= a\left(\frac{1-a^{n+1}}{1-a}\right). \end{aligned}$$

Aufgabe 5.11
Wir können Satz 5.4.8 anwenden oder den Beweis direkt mit vollständiger Induktion führen.

Aufgabe 5.12
Für $n = 1$ ist die Aussage wahr. Es gelte die Aussage für ein festes, beliebiges n, wir beweisen, dass die Formel auch für $n + 1$ gilt:

$$\begin{aligned} (1+a)^{n+1} &= (1+a)^n(1+a), \\ &\geq (1+na)(1+a) = (1 + na + a + na^2). \end{aligned}$$

Führe diese Rechnung selber zuende.

Aufgabe 5.13
Fehlender Zwischenschritt: Die Gleichung ist quadratisch wenn der Koeffizient von x_s^2 ungleich Null ist. Das ist der Fall.
Wenn $b^2 < r^2$ gibt es zwei Schnittpunkte, wenn $b^2 > r^2$ hängt es von a ab: es gibt Schnittpunkte wenn $a^2b^2 \geq (1 + a^2)(b^2 - r^2)$.
Außerdem fehlt die Betrachtung des Falles senkrechter Geraden.

Aufgabe 5.14
Das Quadrat hat Seitenlänge d und Flächeninhalt d^2. Das Dreieck hat Seitenlänge a und es gilt $3a = 4d$. Berechne den Flächeninhalt des Dreiecks und verwende die Gleichheit der Umfänge.

Aufgabe 5.15
Der einzige Punkt auf der Erde, an dem man in einem solchen Dreieck wieder an seinen Ausgangspunkt zurück kommt ist der Nordpol. Also ist der Bär ein Eisbär, er hat also die Farbe ...

Arbeitsaufträge

Arbeitsauftrag 5.1
Beweise, dass die folgende Behauptung gilt:
Wenn die Quersumme einer natürlichen Zahl (die Summe ihrer Ziffern) durch drei teilbar ist, dann ist auch die Zahl selber durch drei teilbar.

Arbeitsauftrag 5.2
In Bruno Ernsts Buch [6] oder bei Loomis [12] oder im Internet, stehen einige Beweise des Satzes von Pythagoras. Überlege Dir, welche Einsichten und Erkenntnisse diese Beweise zur Bedeutung dieses Satzes liefern. Vergleiche insbesondere den Beweis von Euklid mit einem der anderen Beweise.

Arbeitsauftrag 5.3
Wir betrachten regelmäßige Vielecke (n-Ecke) in der Ebene.
Zeige, dass sich wenn n gerade ist, $n/2$ Diagonalen in einem Punkt schneiden. Für ungerade n schneiden sich *keine* drei Diagonalen in einem Punkt. Untersuche ob diese Behauptung wahr ist. Beginne zum Beispiel mit einem regelmäßigen Fünfeck.

Arbeitsauftrag 5.4
Formuliere die zwei eingerahmten Sätze aus [3] in Abschnitt 5.4.1 neu und beweise diese vollständig, mit allen Zwischenschritten.
Zeige, dass diese Beweisführung auch für andere Sätze verwendet werden kann (siehe hierzu Kapitel 3 aus [3]).

Arbeitsauftrag 5.5
Betrachte die Folge der Fibonacci-Zahlen $1, 1, 2, 3, 5, 8, 13, \ldots$, das ist eine Folge natürlicher Zahlen, bei der jede Zahl die Summe der beiden vorherigen ist. Allgemein gilt für eine Fibonacci-Zahl a_n

$$a_{n+2} = a_{n+1} + a_n, \;\; a_0 = 1, \;\; a_1 = 1.$$

Zeige:

$$a_{n+1}^2 - a_n a_{n+2} = (-1)^{n+1}.$$

5.7 Websites und Literatur

Wenn man bei einer Suchmaschine „mathematische Beweise" oder „mathematical proofs" eingibt, findet man sehr viele Seiten mit zum Teil lehrreichen, zum Teil amüsanten, aber auch falschen Meldungen und Berichten. Beweise zu Pythagoras findet man unter [14].
Eine moderne Übersicht über die Grundlagen der Mathematik ist [9]. In der sehr schönen Biographie von Brouwer [5] findet man einiges über Leben und Werk des Intuitionisten, die Grundlagenkrise, in die er verwickelt war und auch zahlreiche andere Diskussionen, an denen er beteiligt war.
Für Leserinnen und Leser, die nicht holländisch sprechen, sei als allgemeine Einführung [11] empfohlen. Außerdem wurden, so weit verfügbar, englische Übersetzungen der Bücher mit angegeben,
Die Geometrie, die wir betrachtet haben, war immer in Euklids Sinn aufgebaut. Man kann auch von einem anderen Axiomensystem ausgehen, siehe hierzu das folgende Kapitel.
Das AUTOMATH ARCHIVE findet man auf
http://www.automath.webhop.net/

Literaturhinweise

1. Aarts, J.M.: Meetkunde, planimetrie en stereometrie. Epsilon Uitgaven, Utrecht (2000)
   Englische Ausgabe:
   Aarts, J.M.: Plane and solid geometry. Springer, Berlin (2008)
2. Beukers, F.: Getaltheorie voor beginners. Epsilon Uitgaven, Utrecht (1999)
3. Bottema, O.: Hoofdstukken uit de Elementaire Meetkunde. Epsilon Uitgaven, Utrecht (2002)
   Englische Ausgabe:
   Bottema, O.: Topics in Elementary Geometry, 2nd ed. Springer, Berlin (2008)
4. Broek, L., van den, Rooij, A.,van: Blik op oneindig. Epsilon Uitgaven, Utrecht (2007)
5. Dalen, D., van: L.E.J. Brouwer. Bert Bakker, Amsterdam (2001)
6. Ernst, B.: De interessantste bewijzen voor de stelling van Pythagoras. Epsilon Uitgaven, Utrecht (2002)
7. Bewijzen en Redeneren. Euclides (Zeitschrift der Niederländischen Vereinigung von Mathematiklehrern), **4** (2006)
8. Gulik-Gulikers, I., van: Geschiedenis van de niet-Euclidische meetkunde. Epsilon Uitgaven, Utrecht (2005)
9. Horsten, L.: Eindig, Oneindig, meer dan Oneindig. Epsilon Uitgaven, Utrecht (2004)
10. Kindt, M.: Wat te bewijzen is. Nieuwe Wiskrant 25, (maart 2006)
11. Koch, H.: Einführung in die Mathematik. Springer, Heidelberg (2002)
12. Loomis, E.S.: The Pythagorean Proposition. Natl. Council of Teachers of Mathematics, (1968)
13. Polya, G.: How to solve it. Double Day Anchor Books (1957)
    Deutsche Ausgabe:
    Polya, G.: Schule des Denkens: Vom Lösen mathematischer Probleme, 4. Aufl. Francke (1995)
14. http://www.ies.co.jp/math/java/geo/pythagoras.html

6

Nicht-Euklidische Geometrie und ihre Geschichte

Iris van Gulik-Gulikers

Vorbemerkung der Herausgeber

Durch einen Punkt in der Ebene, welcher nicht auf einer gegebenen Geraden liegt, gibt es eine und nur eine dazu parallele Gerade. Diese (vielleicht offensichtlich erscheinende) Aussage ist eine Formulierung des sogenannten Parallelenpostulats der Ebenen Geometrie. In diesem Kapitel geht es um den axiomatischen Aufbau einer mathematischen Theorie, welchen in der Geometrie erstmals Euklid eingeführt hat: Aus wenigen (offensichtlich richtigen oder als richtig akzeptierten) Grundtatsachen werden weitere Eigenschaften und Beziehungen hergeleitet. Der Versuch, das Parallelenpostulat aus den „einfacheren" von Euklids Axiomen zu beweisen, hat Mathematiker jahrhundertelang vor unlösbare Probleme gestellt, bis man auf die Idee kam, die Beweisversuche aufzugeben und Modelle für Geometrien zu konstruieren, die nicht dem Parallelenpostulat genügen. So entstand die Nicht-Euklidische Geometrie. Inzwischen haben diese „seltsamen" Geometrien auch zahlreiche Anwendungen z. B. in der Physik gefunden.

Dieses Kapitel benötigt mehr Vorkenntnisse als die vorangegangenen; zu empfehlen ist insbesondere das Durcharbeiten von Kapitel 5 zum Thema Beweise. Es ist auch hilfreich (aber nicht zwingend notwendig), etwas tiefgehendere Kenntnisse der Euklidischen Geometrie zu haben.

Einleitung

Dieses Kapitel behandelt die Entwicklung der nichteuklidischen Geometrie im Lauf der Geschichte. Es erläutert den Entstehungsprozess der Geometrie und macht deutlich, dass die Geometrie keineswegs vor mehr als 2000 Jahren in Griechenland abgeschlossen wurde, sondern über Jahrhunderte ein aktives Forschungsgebiet der Mathematik war und noch immer ist.

F. Verhulst, S. Walcher (eds.), *Das Zebra-Buch zur Geometrie*, Springer-Lehrbuch,
DOI 10.1007/978-3-642-05248-4_6, © Springer-Verlag Berlin Heidelberg 2010

Die Geschichte beginnt mit Zweifeln am Aufbau von Euklids *Elementen* und mit Versuchen, das Parallelenaxiom aus anderen Axiomen und Postulaten herzuleiten. Erst im 19. Jahrhundert entdeckten Bolyai und Lobačevskiĭ, dass dies nicht möglich ist. Sie entwickelten eine Geometrie, in der die Negation des Parallelenaxioms angenommen wird. Es gibt zwei Varianten der nichteuklidischen Geometrie: die elliptische und die hyperbolische Geometrie. Ein Modell der hyperbolischen Geometrie, Poincarés Kreisscheibenmodell, spielt in den „Cirkellimieten" (Kreislimiten) von Escher eine große Rolle. Mit Hilfe des Dynamischen Geometrie-Systems Cabri können Ergebnisse im Rahmen dieses Modells erforscht werden, darunter auch der Satz, dass die Winkelsumme in einem Dreieck *nicht* gleich 180° ist.

> Schülerkommentar: „*Wenn man zum ersten Mal hört, dass die drei Winkel in einem Dreieck zusammen keine* 180° *ergeben, denkt man das kann doch nicht sein. Aber es geht doch. Das steht im Gegensatz zu allem, was man weiß. Und das ist schwer zu akzeptieren. Aber es ist sehr interessant.*"

Dieses Kapitel kann als Wahlthema verwendet werden für niederländische Oberstufenschüler mit Mathematik B12 in ihrem Profil, die den Unterbereich „Beweise in der ebenen Geometrie" bereits abgeschlossen haben. Die Entwicklung der nichteuklidischen Geometrie bietet eine schöne Gelegenheit, vorhandene Geometrie-Kenntnisse auszubauen und etwas über die Entwicklung einer mathematischen Disziplin zu lernen.

Schüler können dieses Kapitel selbstständig durcharbeiten. Die Bearbeitung der Aufgaben in den ersten fünf Abschnitten sollte etwa 20 Schulstunden in Anspruch nehmen. Das Kapitel schließt mit einigen Arbeitsaufträgen. In Absprache mit dem Lehrer kann ein Auftrag ausgewählt und in 10 bis 20 Schulstunden bearbeitet werden.

Zu diesem Kapitel ist auch ein Handbuch für Lehrer (in Niederländisch) erhältlich. Neben der ausführlichen Ausarbeitung aller Aufgaben wird kurz der Inhalt aller Abschnitte beschrieben. Zusätzlich werden einige Vorschläge für Arbeitsaufträge gemacht und Bewertungskriterien für verschiedene Formen der Präsentation geliefert. Lehrer können dieses Handbuch per email bei der Autorin anfordern.

6.1 *Die Elemente* von Euklid

Die ebene Geometrie, die man in der Schule lernt, basiert auf den *Elementen* von Euklid, einem griechischen Mathematiker, der um 300 vor Christus lebte und der einflussreichste Mathematiker des Altertums ist. Von seinem Leben ist wenig bekannt, außer dass er Lehrer in Alexandria war.

Abb. 6.1: Euklid. Relief am Dom von Florenz. (Foto: Deutsches Museum München)

Die Elemente stellen sein bedeutendstes Werk dar. Es liefert in 13 Bänden die älteste systematische Abhandlung über Geometrie. Es werden darin nacheinander die ebene Geometrie, die Arithmetik sowie die räumliche Geometrie behandelt. Es gilt hierzulande und auch in vielen anderen Ländern seit Jahrhunderten als Musterlehrbuch für das Studium der Geometrie. Es ist nach der Bibel das Buch, das in der westlichen Welt am häufigsten produziert und studiert wurde. Seit der Erfindung des Buchdrucks sind mehr als tausend Ausgaben erschienen, dazu sind außerdem viele tausend handschriftliche Kopien im Umlauf. *Die Elemente* wurde erstmalig 1482 gedruckt.

6.1.1 Axiomatischer Aufbau

Euklid liefert in seinem Werk einen axiomatischen Aufbau der ebenen Geometrie. Buch I beginnt mit 23 Definitionen, 5 Axiomen und 5 Postulaten, aus denen weitere Sätze logisch stringent hergeleitet werden. Euklid hält diesen Ausgangspunkt für notwendig und hinreichend als Fundament, auf dem das ganze Bauwerk der Geometrie durch logische Argumentation aufgebaut werden kann. Wenn man andere Ausgangspunkte betrachtet, entsteht auch eine andere, „neue" Geometrie. Das werden wir im Verlauf dieses Kapitels noch sehen. Die erste Seite von Euklids *Elementen* gibt einen Teil der 23 **Definitionen** wieder. Eine Definition ist eine präzise Umschreibung eines Begriffs.

Aufgabe 6.1
Betrachte die Zeichnungen auf der ersten Seite der *Elemente*. Von welchen Begriffen liefert Euklid Beschreibungen auf der ersten Seite seines Buches (siehe Abbildung 6.2)?

Die fünf **Axiome** in *Die Elemente* sind keine spezifischen geometrischen Eigenschaften, sondern „selbstverständliche Tatsachen", die man nicht verändern kann. Sie lauten wie folgt:

1. Dinge, die zu demselben gleich sind, sind auch untereinander gleich.
2. Wenn man zu gleichen Dingen Gleiches hinzufügt, sind die Ganzen gleich.
3. Wenn man von gleichen Dingen Gleiches abzieht, sind die Reste gleich.
4. Dinge, die einander decken, sind gleich.
5. Das Ganze ist größer als ein Teil davon.

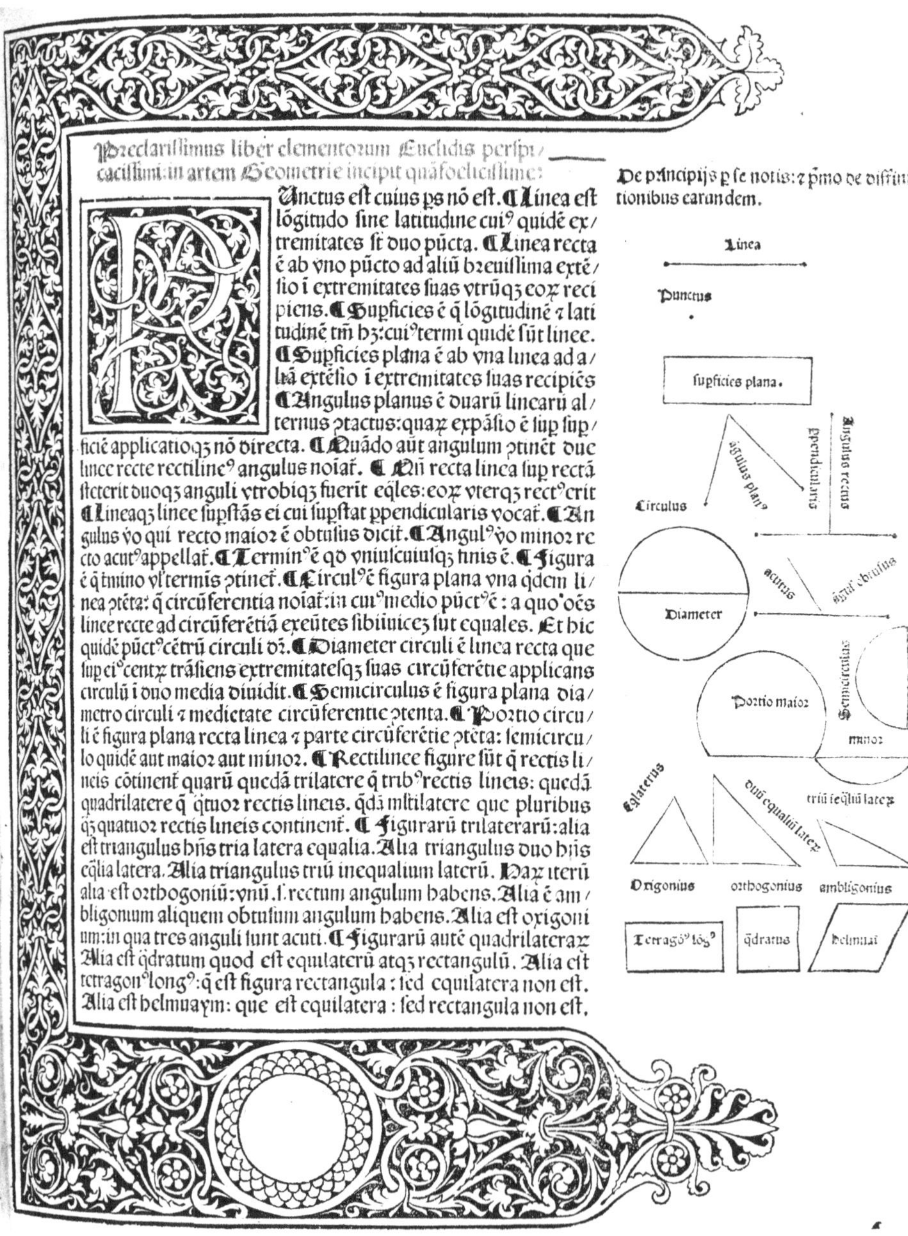

Preclarissimus liber elementorum Euclidis perspi-
cacissimi: in artem Geometrie incipit quafoelicissime:

Punctus est cuius ps nõ est. Linea est
lõgitudo sine latitudine cui⁹ quidẽ extremitates sũt duo pũcta. Linea recta
ẽ ab vno pũcto ad aliũ breuissima extẽsio i extremitates suas vtrũqz eorum reci
piens. Supficies ẽ q̃ lõgitudinẽ et lati
tudinẽ tm̃ hz: cui⁹ termi quidẽ sũt linee.
Supficies plana ẽ ab vna linea ad a-
liã extẽsio i extremitates suas recipiẽs
Angulus planus ẽ duarũ linearũ al-
ternus ptactus: quarum expãsio ẽ sup sup-
ficiẽ applicatioqz nõ directa. Quãdo aũt angulum ptinẽt due
linee recte rectiline⁹ angulus noiat. Qñ recta linea sup rectã
steterit duoqz anguli vtrobiqz fuerit eq̃les: eorum vterqz rect⁹ erit
Lineaqz linee supstãs ei cui supstat ppendicularis vocat. An
gulus vo qui recto maior ẽ obtusus dicit. Angul⁹ vo minor re
cto acut⁹ appellat. Termin⁹ ẽ qd vniuscuiusqz finis ẽ. Figura
ẽ q̃ tmino vl termis ptinet. Circul⁹ ẽ figura plana vna q̃dem linea ptẽta: q̃ circũferentia noiat: in cui⁹ medio pũct⁹ ẽ: a quo oẽs
linee recte ad circũferẽtiã exeũtes sibiinuicez sũt equales. Et hic
quidẽ pũct⁹ cẽtrũ circuli dr. Diameter circuli ẽ linea recta que
sup ei⁹ centrum trãsiens extremitatesqz suas circũferẽtie applicans
circulũ i duo media diuidit. Semicirculus ẽ figura plana dia-
metro circuli et medietate circũferentie ptenta. Portio circuli ẽ figura plana recta linea et parte circũferẽtie ptẽta: semicircu-
lo quidẽ aut maior aut minor. Rectilinee figure sũt q̃ rectis lineis cõtinent quarũ quedã trilatere q̃ trib⁹ rectis lineis: quedã
quadrilatere q̃ q̃tuor rectis lineis. q̃dã mltilatere que pluribus
q̃z quatuor rectis lineis continent. Figurarũ trilaterarũ: alia
est triangulus hñs tria latera equalia. Alia triangulus duo hñs
eq̃lia latera. Alia triangulus triũ inequalium laterũ. Harum iterũ
alia est orthogoniũ: vnũ .s. rectum angulum habens. Alia ẽ am-
bligonium aliquem obtusum angulum habens. Alia est oxigoni
um: in qua tres anguli sunt acuti. Figurarũ autẽ quadrilaterarum
Alia est q̃dratum quod est equilaterũ atqz rectangulũ. Alia est
tetragon⁹ long⁹: q̃ est figura rectangula: sed equilatera non est.
Alia est helmuaym: que est equilatera: sed rectangula non est.

Abb. 6.2: Die erste Seite der *Elemente* in der ersten Druckausgabe von 1482.

Aufgabe 6.2
Drücke die Axiome 1,2,3 und 5 algebraisch aus.

Die fünf **Postulate**, also „Arbeitshypothesen“ lauten in heutiger Sprache wie folgt:

1. Von einem Punkt zu einem anderen Punkt kann man eine Strecke ziehen.
2. Man kann eine Strecke zu einer Geraden verlängern.
3. Man kann einen Kreis mit jedem gegebenen Radius und jedem gegebenen Mittelpunkt zeichnen.
4. Alle rechten Winkel sind einander gleich.
5. Wenn bei einer Geraden, die zwei andere Geraden schneidet, die Summe der beiden Innenwinkel (Nachbarwinkel) an der gleichen Seite kleiner ist als die Summe von zwei rechten Winkeln, so werden sich die beiden Geraden auf der Seite schneiden, an der sich diese beiden Winkel befinden.

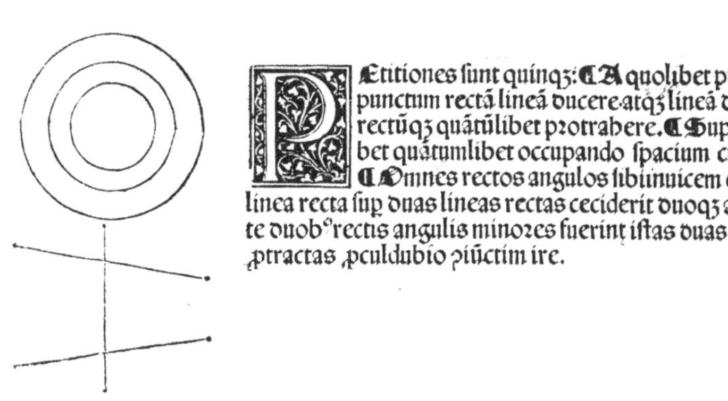

Petitiones sunt quinqȝ: A quolibet pũcto in quemlibet punctum rectã lineã ducere atqȝ lineã definitã in cõtinuũ rectũqȝ quãtũlibet protrahere. Super centrũ quodlibet quãtumlibet occupando spacium circuluȝ designare. Omnes rectos angulos sibiinuicem esse equales: Si linea recta sup duas lineas rectas ceciderit duoqȝ anguli ex vna parte duob⁹ rectis angulis minores fuerint istas duas lineas in eãdẽ ptẽ ptractas pculdubio piũctim ire.

Abb. 6.3: Die fünf Postulate in der ersten Druckausgabe der *Elemente* von 1482.

6.1.2 Das Parallelenpostulat

Euklids Postulate bilden die „Spielregeln“ des Beweisens. Wenn man diese Postulate anders wählt, erhält man auch eine andere Geometrie, was zu vielen Diskussionen unter Mathematikern führte. Es wurde vor allem das fünfte Postulat, über parallele Geraden, diskutiert. Euklid formulierte das fünfte Postulat, auch Parallelenpostulat genannt, in moderner Sprache wie folgt:

> Wenn zwei Geraden g und h durch eine dritte Gerade t geschnitten werden, und die Innenwinkel (Nachbarwinkel) α und β an einer Seite der Geraden zusammen kleiner als 180° sind, dann schneiden sich g und h auf dieser Seite von t.

Aufgabe 6.3
Stelle Euklids Formulierung des Parallelenpostulats in einer Zeichnung dar.

Bereits zu Euklids Zeiten war man, auf Grund des Kontrastes zwischen dem komplizierten Charakter des fünften Postulats und der Einfachheit der anderen Axiome und Postulate, von diesem Postulat besonders fasziniert. Es fällt auf, dass Euklid selber das Parallelenpostulat so lange wie möglich nicht verwendete (bis zu Satz 29). Dadurch entstand die Vermutung, dass das fünfte Postulat überflüssig ist und aus den anderen Axiomen und Postulaten abgeleitet werden kann. Man vermutete auch, dass man es durch ein anderes, einfacheres Postulat ersetzen könnte, das zu derselben Geometrie führt. Diese Vermutungen beschäftigten viele Mathematiker bis ins 19. Jahrhundert. Erst dann stellte sich heraus, dass weder das eine noch das andere möglich ist.

Abb. 6.4: John Playfair. (Foto: St. Andrews University Library.)

Auch der Schotte John Playfair beschäftigte sich mit dem Parallelenpostulat. 1795 veröffentlichte er eine Ausgabe von *Die Elemente* für Studenten. Er löste darin die schwierige Formulierung des Parallelenpostulats auf, in dem er es folgendermaßen formulierte:

> Durch einen gegebenen Punkt außerhalb einer gegebenen Geraden verläuft genau eine Gerade, die parallel zu dieser ist.

Dabei verwendete Playfair Euklids Definition paralleler Geraden:

> Parallele Geraden sind Geraden, die in derselben Ebene liegen und sich in beide Richtungen bis ins Unendliche verlängert in keinem Punkt schneiden.

Der Vorteil von Playfairs Formulierung gegenüber der von Euklid ist, dass sie weniger technisch ist und es außerdem einfacher ist, die Negation des Postulats zu formulieren. Aber es stellte sich heraus, dass mit diesem „Ersatz-Postulat" nichts gewonnen war, da aus Playfairs Postulat Euklids fünftes Postulat folgt. Der Anfang des Beweises hierfür ist wie folgt.

Gegeben:
Drei Geraden AB, CD und EF, für die gilt, dass AB und CD mit EF jeweils die Winkel AEF sowie EFC bilden und weiter, dass beide Winkel zusammen kleiner als 180° sind.

Zu zeigen:
AB und CD schneiden sich in der Richtung von A und C.

Beweis:
Zeichne eine Gerade GH durch E, die mit EF den Winkel GEF bildet, der ebenso groß ist wie EFD.

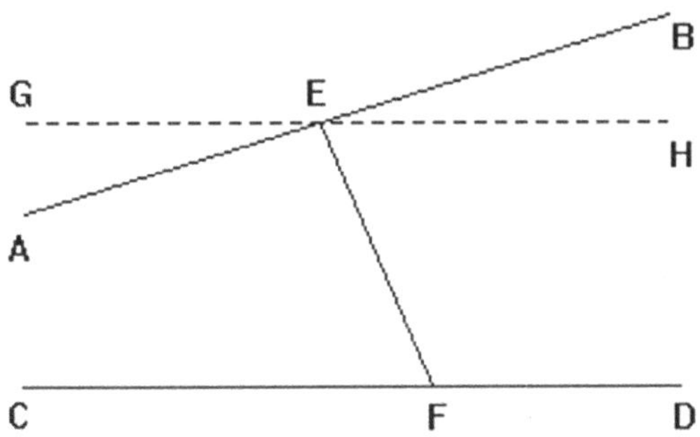

Abb. 6.5: Skizze zum Beweis.

Dann ist GH parallel zu CD (Wechselwinkel). Der Beweis kann abgeschlossen werden mit Hilfe der folgenden Schritte:

1. Von einem Punkt zu einem anderen Punkt kann man eine Gerade zeichnen.
2. Zeige, dass sich die Geraden AB und CD schneiden müssen.
3. Begründe, an welcher Seite sich die Geraden schneiden mit der Tatsache, dass die Geraden ein Dreieck mit Seite EF bilden müssen.
4. Zeige, warum Euklids fünftes Postulat schließlich bewiesen ist.

Aufgabe 6.4
Arbeite die beschriebenen Schritte des Beweises (dass aus Playfairs Postulat Euklids fünftes Postulat folgt) aus und erläutere die einzelnen Schritte.

6.1.3 Sätze, die ohne das Parallelenpostulat beweisbar sind

Dass Euklid wohl selbst Schwierigkeiten mit der selbstverständlichen Annahme des Parallelenpostulats hatte, wird daran deutlich, dass er so lange wie möglich versuchte, *Die Elemente* ohne Verwendung des fünften Postulats aufzubauen. Das gelang ihm mit den ersten 28 Sätzen, auch Propositionen genannt, des ersten Buches.
Um einen Eindruck zu vermitteln, welche Folgen die Annahme des Parallelenpostulats für die ebene Geometrie hat, werden wir hier einige Sätze in moderner Sprache formulieren, die man ohne das fünfte Postulat beweisen kann.

- Proposition I.5: In einem gleichschenkligen Dreieck sind die Basiswinkel gleich groß.
- Proposition I.6: Wenn in einem Dreieck zwei Winkel gleich groß sind, dann ist das Dreieck gleichschenklig.
- Proposition I.13: Ein rechter Winkel hat 90° und ein gestreckter Winkel hat 180°.
- Proposition I.15: Die sich gegenüber liegenden Winkel (Scheitelwinkel) von zwei sich schneidenden Geraden sind gleich groß.
- Proposition I.16: In einem Dreieck ist der Außenwinkel [der Winkel zwischen einer Seite und der Verlängerung einer anderen Seite] größer als jeder nicht angrenzende Innenwinkel.
- Proposition I.17: Zwei Winkel eines Dreiecks sind zusammen immer kleiner als 180°.
- Proposition I.27: Wenn zwei Geraden durch eine dritte Gerade geschnitten werden, sodass die beiden Wechselwinkel (oder Z-Winkel) gleich groß sind, so sind die Geraden parallel.
- Proposition I.28: Wenn zwei Geraden durch eine dritte Gerade geschnitten werden, sodass die beiden Stufenwinkel (oder F-Winkel) gleich groß sind, so sind die Geraden parallel.

Auch Kongruenzsätze für Dreiecke können ohne Verwendung des Parallelenpostulats bewiesen werden. Zwei Dreiecke sind kongruent (mit dem Symbol $\cong$ bezeichnet) wenn sie ähnlich und gleich groß sind.
Für kongruente Dreiecke muss gelten:

- Eine Seite und die zwei anliegenden Winkel sind gleich (WSW) (Proposition I.26).
- Eine Seite, ein anliegender Winkel und der gegenüberliegende Winkel sind gleich (SWW) (Proposition I.26).
- Zwei Seiten und der Winkel zwischen diesen beiden Seiten sind gleich (SWS) (Proposition I.4).
- Alle drei Seiten (SSS) sind gleich (Proposition I.8).

Einige der oben aufgeführten Sätze sind vielleicht bereits aus der Schule bekannt, wahrscheinlich jedoch nicht bewiesen worden. Euklid hingegen hat in *den Elementen* alle Sätze bewiesen.
Der Beweis von Proposition I.16 geht zum Beispiel so:

Gegeben:
Dreieck ABC.

Zu zeigen:
$\angle C_{23} > \angle B$ und $\angle C_{23} > \angle A$.

Beweis:
Bezeichne den Mittelpunkt von BC mit D.

Verlängere AD um die Strecke AD und bezeichne den neuen Endpunkt mit E.

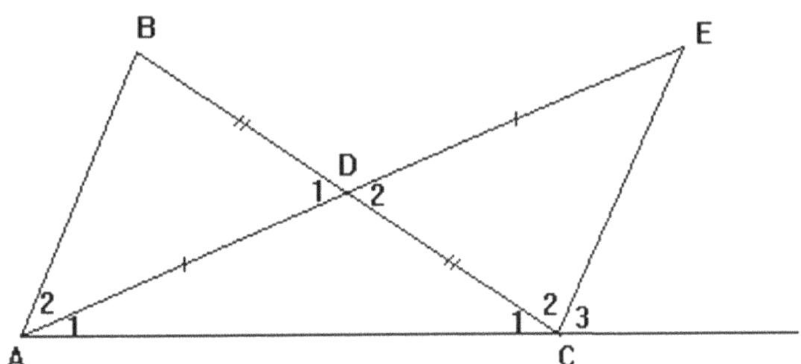

Abb. 6.6: Skizze zum Beweis von Euklids Proposition I.16.

Dann gilt $AD = DE$.
Weiter gilt $BD = DC$ und $\angle D_1 = \angle D_2$ (Proposition I.15).
Daraus folgt $\triangle BDA \cong \triangle CDE$ (SWS).
Also gilt $\angle C_2 = \angle B$.
Da CE durch den Winkel $\angle C_{23}$ verläuft, gilt $\angle C_{23} > \angle C_2$, also gilt $\angle C_{23} > \angle B$.

Aufgabe 6.5
Auf ähnliche Weise wie oben kann man beweisen, dass $\angle C_{23} > \angle A$ gilt. Beweise dies mit Hilfe des Mittelpunktes F von AC.

Aufgabe 6.6
Beweise Proposition I.28: Nimm an, dass $\angle EGB = \angle GHD$ gilt. Zeige weiter, dass AB parallel zu CD ist. Die vor I.28 genannten Propositionen dürfen verwendet werden.
Behalte bei diesem und auch bei den folgenden Beweisen die Struktur des Beweises von Proposition I.16 bei:

Gegeben:
Schreibe auf, was gegeben ist.

Zu zeigen:
Schreibe auf, was zu zeigen ist.

Beweis:
Führe den Beweis mit klaren Verweisen auf Axiome, Postulate oder früher bewiesene oder angenommene Sätze.

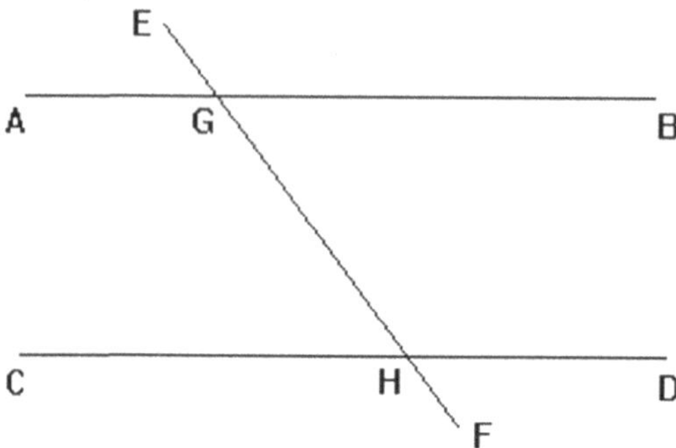

Abb. 6.7: Skizze zum Beweis von Euklids Proposition I.28.

6.1.4 Sätze, die mit dem Parallelenpostulat bewiesen werden

Für die Umkehrung von Proposition I.27 und Proposition I.28 muss in Satz I.29 zum ersten Mal das Parallelenpostulat verwendet werden. Man erhält dann den wahrscheinlich aus der Schule bekannten Satz, dass bei zwei parallelen Geraden, die durch eine dritte Gerade geschnitten werden, die Stufen- und Wechselwinkel gleich sind.
Bevor wir das beweisen, wollen wir zunächst eine wichtige Beweismethode betrachten: den Widerspruchsbeweis. Dieser Typ von Beweis wird uns später noch öfter begegnen. Ein Widerspruchsbeweis besteht aus den folgenden Schritten:

1. Nimm an, dass das Gegenteil (die Negation) der zu beweisenden Behauptung wahr ist.
2. Zeige dann, dass daraus etwas folgt, das unmöglich ist.
3. Aus dieser Unmöglichkeit folgt dann, dass die Behauptung, die zu beweisen war, wahr sein muss.

Als Beispiel werden wir den folgenden Satz, von dem jeder einsieht, dass er wahr sein muss, mit einem Widerspruchsbeweis zeigen:

> In einer (beliebigen) Gruppe von 13 Menschen haben mindestens zwei im selben Monat Geburtstag.

Der Widerspruchsbeweis dazu lautet:

1. Nimm an, dass alle 13 Personen in unterschiedlichen Monaten Geburtstag haben.
2. Dann müsste es 13 Monate geben. Das ist unmöglich.
3. Also müssen in einer Gruppe von 13 Menschen mindestens zwei im gleichen Monat Geburtstag haben.

Aufgabe 6.7
Beweise die Umkehrung von Proposition I.27 und I.28: Wenn zwei parallele Geraden durch eine dritte Gerade geschnitten werden, sind die Stufen- und Wechselwinkel gleich (Proposition I.29).
Zeige also: $\angle AGH = \angle GHD$ und $\angle EGB = \angle GHD$.

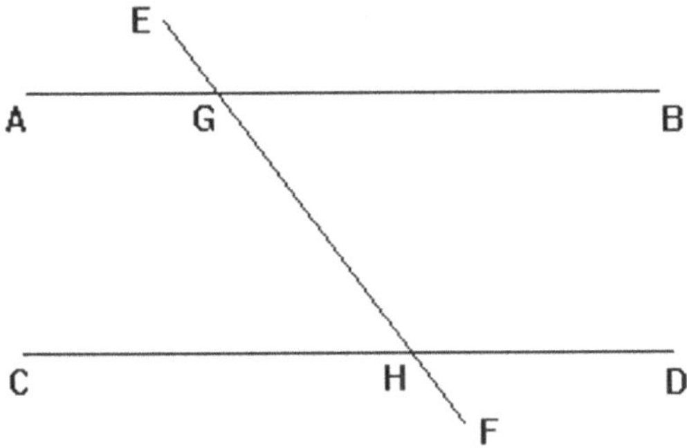

Abb. 6.8: Zum Beweis von Euklids Proposition I.29.

Anleitung: Beginne mit den Stufenwinkeln und verwende einen Widerspruchsbeweis. Nimm an, dass die Negation der Behauptung wahr ist ($\angle AGH \neq \angle GHD$) und zeige, dass daraus etwas folgt, das unmöglich wahr sein kann. Daraus folgt dann, dass die Behauptung wahr sein muss.
Die zuvor aufgeführten Propositionen und das Parallelenpostulat dürfen wieder verwendet werden.

6.1.5 Die Winkelsumme im Dreieck

Proposition I.32 von Euklid ist ein Satz, dessen letztem Teil die meisten sicher schon oft begegnet sind:

> In einem Dreieck ist der Außenwinkel [der Winkel zwischen einer Seite und der Verlängerung einer anderen Seite] gleich der Summe der beiden nicht anliegenden Innenwinkel, und die Summe der Winkel eines Dreiecks ergibt 180°.

Auch für den Beweis dieses Satzes darf das Parallelenpostulat verwendet werden.

Aufgabe 6.8
Beweise den ersten Teil dieser Proposition: In einem Dreieck ist der Außenwinkel gleich der Summe der beiden nicht anliegenden Innenwinkel.
Zeige also: $\angle ACD = \angle BAC + \angle ABC$.
Anleitung: Verwende eine Hilfslinie durch C parallel zu AB. Es dürfen nur die Sätze verwendet werden, denen wir bis hierhin begegnet sind.

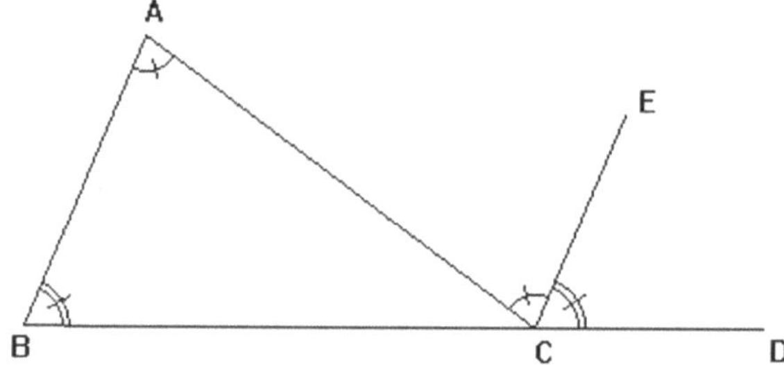

Abb. 6.9: Skizze zum Beweis des ersten Teils von Euklids Proposition I.32.

Aufgabe 6.9
Beweise den zweiten Teil der Aussage: In jedem Dreieck beträgt die Summe aller Winkel 180°. Zeige also: $\angle ABC + \angle BCA + \angle CAB = 180°$.

Wir haben nun gesehen, wie man den Satz über die Winkelsumme eines Dreiecks mit Hilfe des Parallelenpostulats beweisen kann. Es geht jedoch auch andersherum: Man kann zeigen, dass das fünfte Postulat gilt, wenn die Winkelsumme eines Dreiecks gleich 180° ist. Wenn man auch diese Aussage zeigt, ist bewiesen, dass der Satz über die Winkelsumme gleichwertig (man sagt auch äquivalent) zum Parallelenpostulat ist.

Um das zu beweisen, benötigen wir einen Hilfssatz:

> Durch einen nicht auf einer gegebenen Geraden r liegenden Punkt A verläuft stets eine Gerade, die einen beliebig kleinen Winkel $\angle AB_nB$ mit der ersten Geraden bildet.

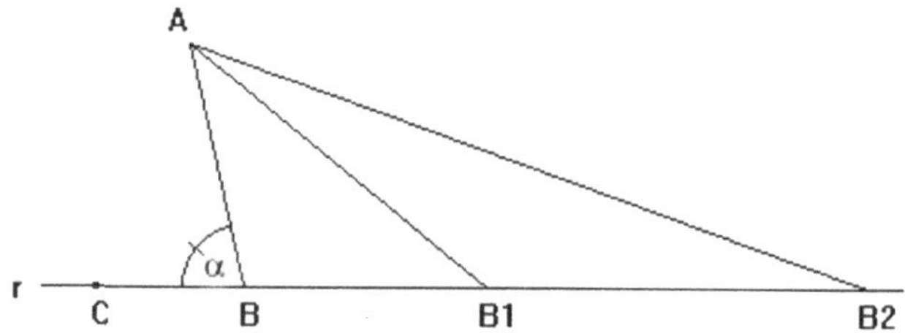

Abb. 6.10: Skizze zum Hilfssatz und seinem Beweis.

Der Beweis dieses Hilfssatzes geht so:

Gegeben:
Gerade r und Punkt A, nicht auf r gelegen.

B, C und B_n liegen auf r, sodass C und B_n auf verschiedenen Seiten von B liegen und sodass gilt: $BB_1 = BA, B_1B_2 = B_1A$, und so weiter.

Zu zeigen:
Wenn wir n hinreichend groß wählen, wird $\angle AB_nB$ beliebig klein.

Beweis: $BB_1 = BA$ (gegeben).
Das Dreieck ABB_1 ist also ein gleichschenkliges Dreieck und mit Proposition I.32 von Euklid gilt $\alpha = \angle CBA = \angle AB_1B + \angle BAB_1 = 2\angle AB_1B$.
Also gilt: $\angle AB_1B = \frac{1}{2}\alpha$.

Aufgabe 6.10
Zeige analog $\angle AB_2B = \frac{1}{4}\alpha$.

Fortsetzung des Beweises: Diesen Prozess kann man beliebig oft fortsetzen. Nach n Schritten finden wir einen Punkt B_n auf r, für den gilt: $\angle AB_nB = \left(\frac{1}{2}\right)^n \alpha$.

Wenn wir also n hinreichend groß wählen, ist $\angle AB_nB$ beliebig klein.

Der Beweis der Aussage „Wenn die Winkelsumme eines Dreiecks gleich 180° ist, gilt das fünfte Postulat“ geht nun wie folgt:

Gegeben:
AP und BQ sind Strecken, die auf derselben Seite von AB liegen, sodass $\angle BAP + \angle ABQ = 180° - \delta$ mit $\delta > 0$. (1)

Zu zeigen:
BQ schneidet AP (Parallelenpostulat).

Beweis:

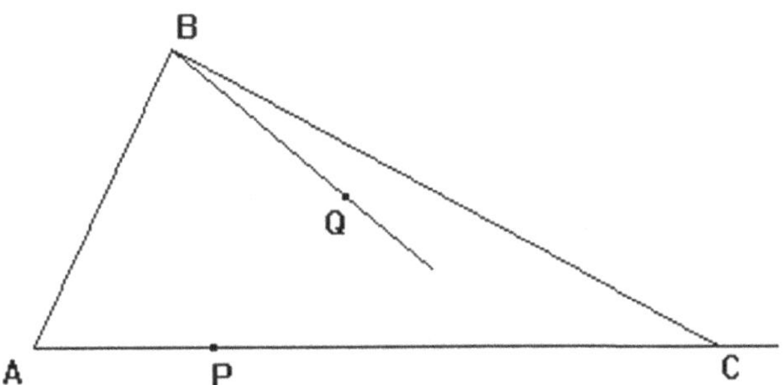

Abb. 6.11: Zum Beweis des Parallelenpostulats aus dem Winkelsummensatz.

Der Hilfssatz besagt, dass es auf AP einen Punkt C gibt, für den gilt
$\angle ACB < \delta$. (2)
Dann gilt $\angle BAP + \angle ABC = 180° - \angle ACB > 180° - \delta$. (3)
Also folgt aus (1) und (3): $\angle ABC > \angle ABQ$.
Der Punkt Q liegt also im Inneren von Dreieck ABC, das heißt, die Gerade BQ schneidet AC.

Aufgabe 6.11
Bei welchem Schritt im obigen Beweis verwenden wir den Satz, dass die Winkelsumme in einem Dreieck 180° beträgt?

6.1.6 Weitere Untersuchungen der *Elemente* von Euklid

Wer den Inhalt des ersten Buches von Euklids *Elementen* und der anderen 12 Bücher weiter untersuchen möchte, kann nach dem Durcharbeiten der Aufgaben den Arbeitsauftrag hierzu wählen. Die Bücher von Dijksterhuis [4] (in niederländischer Sprache) und Heath [10] (in englischer Sprache) liefern viele Informationen. Auch die folgende Internetseite (in englischer Sprache) kann als Ausgangspunkt gewählt werden:
http://aleph0.clarku.edu/~djoyce/java/elements/toc.html.

6.2 „Beweise" des Parallelenpostulats

Wie wir bereits gesehen haben, ist das fünfte Postulat weniger naheliegend als die anderen vier Postulate. Außerdem fiel es vielen Mathematikern schwer, es ohne Weiteres als unbewiesenen Satz anzunehmen. Sie versuchten deshalb einen Beweis dafür aus den übrigen Axiomen und Postulaten zu finden. Viele Mathematiker, darunter Ptolemäus, Proclus, Clavius, Wallis, Legendre und Saccheri meinten, einen solchen Beweis geliefert zu haben, obwohl sich im 19. Jahrhundert herausstellte, dass dies unmöglich ist. Bei näherer Untersuchung erweist sich oft, dass die „Beweise" auf Annahmen aufbauen, die gleichwertig zum Parallelenpostulat sind, also nur eine andere Formulierung des fünften Postulats darstellen. In anderen Fällen haben sich Mathematiker auf die Anschauung berufen und ihre Ergebnisse aus einer Zeichnung abgeleitet. Wir wissen natürlich bereits, dass das keinen formal sauberen Beweis liefert. In diesem Abschnitt werden wir zwei Beweisversuche des Parallelenpostulats betrachten. Zunächst werden wir noch darauf eingehen, wie man bei einem Beweis leicht in den Nebel geraten kann.

Es stellt sich die Frage, wie diese Mathematiker glauben konnten, einen Beweis gefunden zu haben, obwohl doch etwas an ihrem Beweis nicht stimmen kann. Wie schnell man sich bei einem Beweis irren kann, zeigt das folgende algebraische Beispiel:

1. Sei $a = b$.

2. Dann gilt $a^2 = ab$.
3. Daraus folgt $a^2 + a^2 = a^2 + ab$.
4. Das können wir zusammenfassen zu: $2a^2 = a^2 + ab$.
5. Also: $2a^2 - 2ab = a^2 + ab - 2ab$.
6. Vereinfacht: $2a^2 - 2ab = a^2 - ab$.
7. Das kann auch geschrieben werden als: $2(a^2 - ab) = 1(a^2 - ab)$.
8. Beide Seiten durch $(a^2 - ab)$ geteilt liefert also $2 = 1$.

Wir wissen natürlich alle, dass $2 \neq 1$ und doch scheint der Beweis zu stimmen.

Aufgabe 6.12
Versuche herauszufinden, in welchem Schritt des Beweises der Fehler steckt.

6.2.1 Wallis

Der englische Mathematiker John Wallis versuchte im siebzehnten Jahrhundert nicht das fünfte Postulat mit den ersten vier Postulaten zu beweisen, sondern nahm ein anderes Postulat an, das seiner Meinung nach naheliegender ist als das Parallelenpostulat. Aus den ersten vier Postulaten und diesem neuen Postulat versuchte er das Parallelenpostulat herzuleiten. Wallis' Postulat lautet wie folgt:

> Gegeben sei ein beliebiges Dreieck ABC und eine Strecke DE.
> Dann gibt es ein Dreieck DEF das ähnlich zum Dreieck ABC ist.

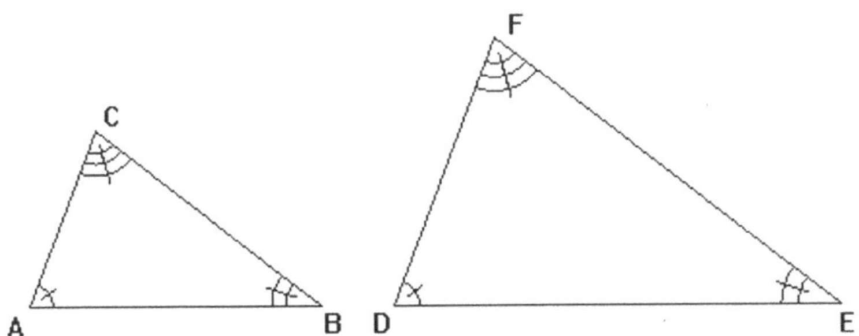

Abb. 6.12: Zum Postulat von Wallis.

Die Herleitung des Parallelenpostulats geht dann so:

Gegeben:
Eine Gerade ℓ und ein Punkt P, der nicht auf der Geraden liegt.

Zu zeigen:
Es gibt genau eine zu ℓ parallele Gerade m durch P.

Beweis:
Zeichne die Gerade m durch P parallel zu ℓ wie folgt: Konstruiere eine Lotgerade PQ auf ℓ, die durch P verläuft und zeichne m senkrecht zu PQ.
Zeichne eine weitere Gerade n durch P.
Es ist zu zeigen, dass n die Gerade ℓ schneidet.

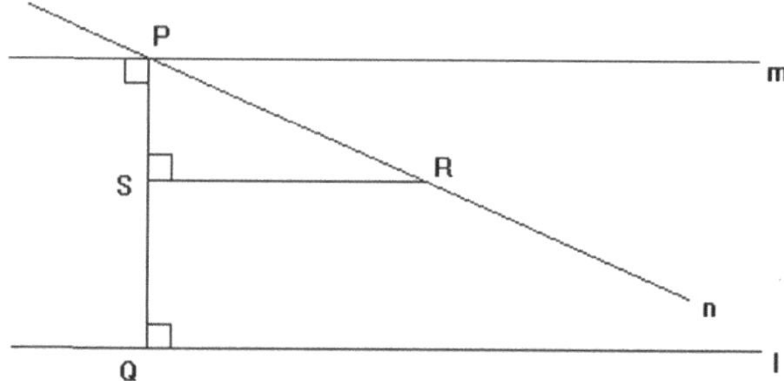

Abb. 6.13: Zu Wallis' Beweis des Parallelenpostulats: Nachweis, dass n und ℓ sich schneiden.

Wir betrachten den Teil von n, der von der Geraden m und der Strecke PQ eingeschlossen wird.
Für jeden Punkt R auf diesem Stück der Geraden zeichnen wir die Lotgerade RS auf die Strecke PQ.
Nun wenden wir Wallis' Postulat auf $\triangle PSR$ und Strecke PQ an. Daraus folgt, dass ein Punkt T existiert sodass $\triangle \cdots \approx \triangle PQT$.

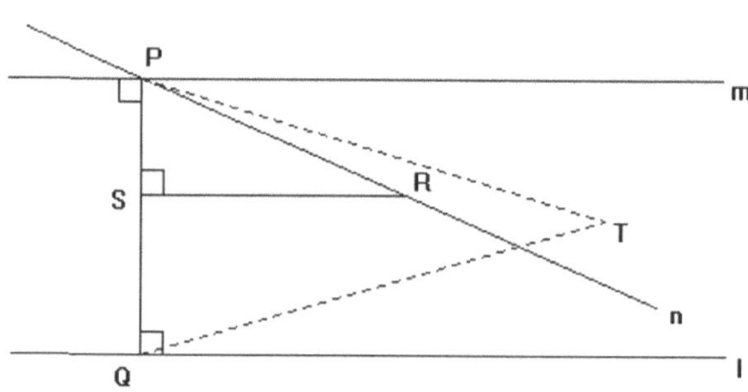

Abb. 6.14: Zu Wallis' Beweis des Parallelenpostulats: Das Dreieck $\triangle PQT$.

Wir nehmen an, dass T auf derselben Seite von PQ liegt wie R.
Wegen der Ähnlichkeit muss gelten: $\angle TPQ = \angle \ldots$.
Da beide Winkel die Strecke PQ als Schenkel haben und T auf derselben Seite von PQ liegt wie R, muss T auf n liegen.

Außerdem muss gelten, dass $\angle PQT = \angle \ldots$, das heißt $\angle PQT$ ist ein rechter Winkel. Also liegt T auch auf ℓ.
Also schneiden sich ℓ und n im Punkt T.
Und daraus folgt, dass m die einzige zu ℓ parallele Gerade durch P ist.

Aufgabe 6.13
Lies die obenstehende Herleitung des Parallelenpostulats gründlich durch. Ergänze die fehlenden Schritte.

Der Beweis von Wallis ist korrekt, dennoch ist damit das Parallelenpostulat nicht bewiesen. Es gibt nämlich keinen Grund, anzunehmen, dass Wallis' Postulat glaubwürdiger ist als Euklids fünftes Postulat. Wie sich zeigt, ist es zu diesem gleichwertig (äquivalent). Der Beweis, dass Wallis' Postulat aus dem Parallelenpostulat folgt, beginnt folgendermaßen:

Gegeben:
$\triangle ABC$.

Zu zeigen:
Es gibt ein Dreieck, das ähnlich zum Dreieck ABC (das heißt, drei gleiche Winkel wie Dreieck ABC hat), aber nicht dazu kongruent ist.

Beweis:
Wähle einen Punkt H zwischen A und C.
Wähle einen Punkt G zwischen A und B, sodass $\angle AGH = \angle ABC$. (1)

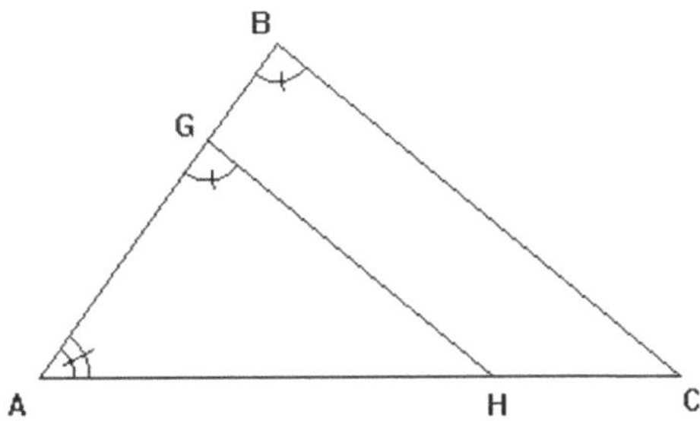

Abb. 6.15: Zum Beweis der Äquivalenz von Wallis' Postulat und Parallelenpostulat.

Aufgabe 6.14
Führe den Beweis zu Ende, indem Du zeigst, dass $\triangle ABC$ und $\triangle AGH$ drei gleiche Winkel besitzen. Es dürfen nur die Sätze verwendet werden, denen wir bisher begegnet sind und die mit Hilfe des Parallelenpostulats bewiesen werden können.

6.2.2 Saccheri

Viele Jahrhunderte lang beschäftigten sich Mathematiker mit dem Parallelenpostulat. Unter ihnen war auch der Mathematiker Girolamo Saccheri.

EUCLIDES
AB OMNI NÆVO VINDICATUS:
SIVE
CONATUS GEOMETRICUS
QUO STABILIUNTUR
Prima ipsa universæ Geometriæ Principia.
AUCTORE
HIERONYMO SACCHERIO
SOCIETATIS JESU
In Ticinensi Universitate Matheseos Professore.
OPUSCULUM
EX.^{MO} SENATUI
MEDIOLANENSI
Ab Auctore Dicatum.
MEDIOLANI, MDCCXXXIII.
Ex Typographia Pauli Antonii Montani. Superiorum permissu.

Abb. 6.16: Titelseite von Saccheris *Euclides ab Omni Naevo Vindicatus.*

Angesichts der Misserfolge seiner Vorgänger, die versuchten, das fünfte Postulat aus den anderen vier Postulaten herzuleiten, schlug der Italiener Saccheri in seinem 1733 veröffentlichten Werk *Euclides ab Omni Naevo Vindicatus („Euklid, von jedem Makel befreit")* einen anderen, neuen Weg ein. Er verwendete einen Widerspruchsbeweis: Er nahm die Gültigkeit der ersten 28 Sätze von Euklid an, die ohne das Parallelenpostulat bewiesen werden können, verwarf das fünfte Postulat und untersuchte die Folgerungen, die sich daraus ergeben. Er hoffte, so auf Widersprüche zu stoßen, da er von der Richtigkeit des fünften Postulats überzeugt war. Leider zog auch Saccheri, voreingenommen durch seine Euklidischen Überzeugung und Intuition, im entscheidenden Augenblick die falschen Schlüsse. Er verwarf das Ergebnis seiner Überlegungen zu Unrecht als widersprüchlich, wodurch er zu der Überzeugung kam, das Parallelenpostulat bewiesen zu haben.

Saccheri betrachtete Vierecke mit rechten Basiswinkeln und gleich langen auf der Basis stehenden Seiten. Solche Vierecke sind als Saccheri-Vierecke bekannt.

Wir werden sehen, dass es ohne Verwendung des Parallelenpostulats nicht möglich ist zu beweisen, dass auch $\angle C$ und $\angle D$ rechte Winkel sind. Dass diese beiden Winkel gleich sind, lässt sich allerdings auch ohne das Parallelenpostulat beweisen.

Aufgabe 6.15
Zeige mit Hilfe von Folgerungen aus den ersten vier Postulaten, dass $\angle C = \angle D$.

Für die Winkel an den Eckpunkten C und D gibt es drei mögliche Hypothesen, die für wahr gehalten werden können, aber noch zu beweisen sind:

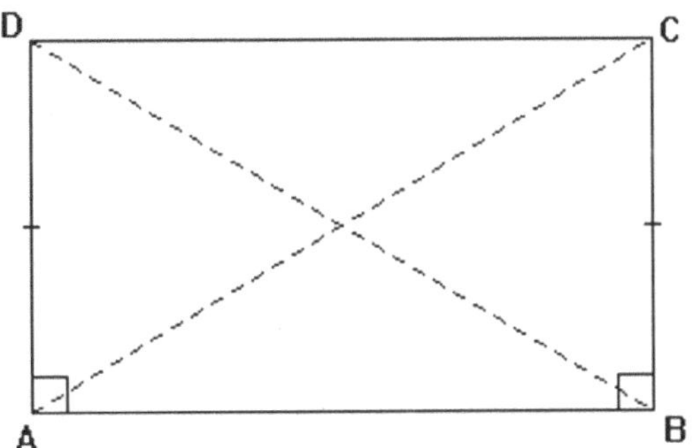

Abb. 6.17: Ein Saccheri-Viereck.

Hypothese 1: Die Winkel an den Eckpunkten C und D sind rechte Winkel.
Hypothese 2: Die Winkel an den Eckpunkten C und D sind stumpfe Winkel.
Hypothese 3: Die Winkel an den Eckpunkten C und D sind spitze Winkel.

Saccheris Ansatz war nun der folgende: Er nahm die Hypothese des stumpfen Winkels bzw. die Hypothese des spitzen Winkels als wahr an und versuchte zu zeigen, dass jede dieser beiden Hypothesen zusammen mit den ersten vier Postulaten (also ohne Verwendung des Parallelenpostulats) zu einem Widerspruch führt. Daraus würde folgen, dass die Hypothese der rechten Winkel wahr ist, und damit folgt das Parallelenpostulat.

Aufgabe 6.16
Zeige, dass aus der ersten Hypothese das Parallelenpostulat folgt. Zeige dazu, dass die Winkelsumme in einem Dreieck gleich 180° ist, denn daraus folgt das Parallelenpostulat (siehe Abschnitt 6.1). Hierbei dürfen nur Aussagen verwendet werden, die mit den ersten vier Postulaten bewiesen werden können. Verwende bei Deinem Beweis Abbildung 6.18.

Gegeben:
Viereck $ABHG$ mit rechten Winkeln an den Eckpunkten G und H.
D ist der Mittelpunkt der Strecke AC und E der Mittelpunkt der Strecke BC.
F, G und H sind Fußpunkte der Lotgeraden von den Punkten C, A und B auf die Gerade durch D und E.

Zu zeigen:
Die Winkelsumme im Dreieck ABC beträgt 180°.

Der **Beweis** besteht aus den folgenden Schritten:

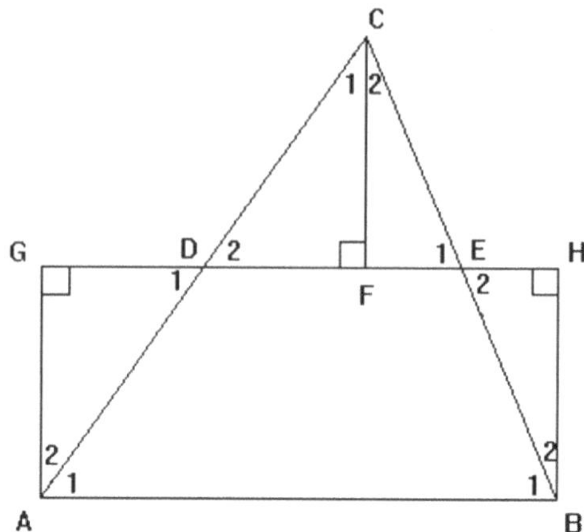

Abb. 6.18: Zum Beweis des Parallelenpostulats aus der Hypothese der rechten Winkel.

1. Viereck $ABHG$ ist ein Saccheri-Viereck mit Basiswinkeln $\angle G$ und $\angle H$. Zeige zunächst $\triangle ADG \cong \triangle CDF$ und $\triangle CEF \cong \triangle BEH$ und zeige, dass daraus $AG = BH$ folgt.
2. Zeige, dass die Winkelsumme S des Dreiecks ABC als $S = \angle A_{12} + \angle B_{12}$ geschrieben werden kann.
3. Erkläre, wie daraus folgt, dass die Winkelsumme des Dreiecks ABC gleich 180° ist.

Arbeite diese drei Schritte aus.

Wir haben damit gesehen, dass aus der Hypothese der rechten Winkel das fünfte Postulat folgt. Es war jetzt also Saccheris Aufgabe, zu zeigen, dass die anderen beiden Hypothesen tatsächlich zu einem Widerspruch führen. Wie er dabei vorging, soll hier kurz erläutert werden.

Die Hypothese des stumpfen Winkels

Saccheri gelang es über eine lange Reihe von Sätzen, mit Hilfe der ersten vier Postulate zu zeigen, dass die Hypothese des stumpfen Winkels zu einem Widerspruch führt, indem er folgenden Satz bewies, der meistens nach Legendre benannt wird:

> Die Summe der Winkel in einem Dreieck ist gleich oder kleiner als 180°.

Dieser Satz klingt etwas merkwürdig, weil man bereits in der Schule lernt, dass die Winkelsumme eines Dreiecks genau 180° beträgt. Wie wir aber bereits gesehen haben, kann das nicht ohne das Parallelenpostulat oder eine äquivalente Aussage bewiesen werden.

Saccheri benötigte einen Hilfssatz, um obigen Satz zu beweisen:

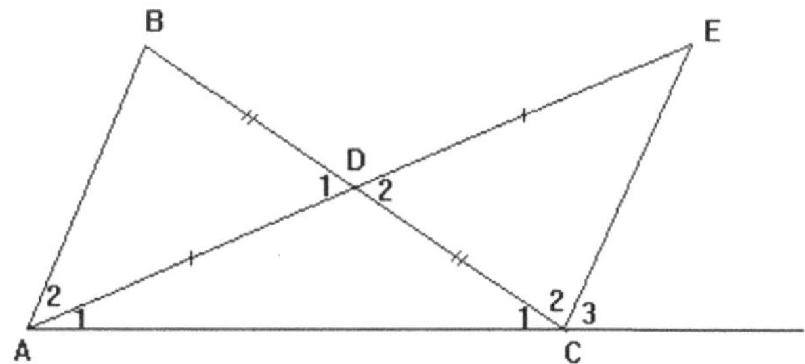

Abb. 6.19: Skizze zum Hilfssatz.

> Sei D der Mittelpunkt von BC und E der eindeutig bestimmte Punkt auf der Geraden durch A und D, für den gilt, dass A, D und E auf einer Geraden liegen, $E \neq A$ und $AD = ED$. Es gilt dann, dass die Winkelsumme von $\triangle AEC$ gleich der Winkelsumme von $\triangle ABC$ ist und $\angle A_1$ oder $\angle E$ ist kleiner oder gleich $\frac{1}{2}\angle A_{12}$.

Aufgabe 6.17
Beweise diesen Hilfssatz.
Anleitung: Zeige zunächst: $\triangle BDA \cong \triangle CDE$ und dann: $\angle A_1 + \angle E = \angle A_{12}$.

Der eigentliche Beweis (durch Widerspruch) des Saccheri-Legendre-Satzes geht wie folgt:

Gegeben:
Ein beliebiges Dreieck ABC.

Zu zeigen:
Die Summe der Winkel im Dreieck ABC ist kleiner oder gleich 180°.

Beweis:
Wir nehmen an, dass die Winkelsumme des Dreiecks ABC größer als 180° ist, $180° + p°$ für eine positive Zahl p.
Es ist nun möglich Dreieck ABC durch ein anderes Dreieck mit der gleichen Winkelsumme zu ersetzen, in dem jedoch ein Winkel höchstens so groß ist, wie die Hälfte von $\angle A$.(1)
Diesen Schritt können wir wiederholen, sodass wir ein neues Dreieck mit der Winkelsumme $180° + p°$ erhalten, mit einem Winkel der höchstens ein Viertel von $\angle A$ beträgt.
Wir können diesen Schritt so oft wiederholen, bis wir ein Dreieck mit der Winkelsumme $180° + p°$ erhalten, in dem ein Winkel höchstens $p°$ beträgt.
Die Summe der anderen beiden Winkel ist dann also größer oder gleich 180°,

was mit dem Satz, dass die Summe zweier beliebiger Winkel eines Dreiecks kleiner 180° ist zu einem Widerspruch führt.(2)
Damit ist der Beweis geführt.

Aufgabe 6.18
Welche Sätze werden zur Rechtfertigung der Schritte (1) und (2) benötigt?

Die Hypothese des spitzen Winkels

Saccheri gelang es also, die Hypothese des stumpfen Winkels zu einem Widerspruch zu führen. Damit bleibt die Hypothese des spitzen Winkels. Saccheri selbst glaubte, auch diese Hypothese erfolgreich zu einem Widerspruch geführt zu haben. Es erwies sich jedoch später, dass sein Beweis nicht wasserdicht ist. Saccheri war so überzeugt von der Wahrheit des Parallelenpostulats, dass er letztendlich eine falsche Schlussfolgerung zog. Wir werden hierauf jedoch nicht weiter eingehen, da dies den Rahmen der Schulmathematik übersteigt.

6.3 Die Begründer der nichteuklidischen Geometrie

„In der Geometrie sehe ich gewisse Mängel, die meiner Meinung nach erklären, warum diese Wissenschaft, abgesehen vom Übergang zur Analysis, bis heute keinen Schritt über den Zustand hinaus gekommen ist, in dem Euklid sie uns hinterlassen hat. Zu diesen Mängeln gehört auch die Unklarheit bei der grundlegenden Vorstellung mathematischer Größen, sowie die unklare Art, in der die Messung der Größen wiedergegeben wird, und schließlich die ungemein große Lücke in der Parallelentheorie, die bis heute von keinem Mathematiker geschlossen werden konnte.

Abb. 6.20: N.I. Lobačevskiĭ.

Nikolai Ivanovich **Lobačevskiĭ**, der von 1792 bis 1856 lebte, studierte das Parallelenpostulat und behauptete, dass dieses Postulat nicht bewiesen werden kann. Er entwarf eine neue, nichteuklidische Geometrie, indem er das fünfte Postulat durch ein anderes ersetzte. Lobačevskiĭs erstes Werk über nichteuklidische Geometrie stammt aus dem Jahre 1826. Es wurde nie gedruckt und die handschriftliche Version ging verloren. Seine erste Veröffentlichung, die zugleich die erste Veröffentlichung über nichteuklidische Geometrie ist, erschien 1829 auf Russisch im *Bulletin der Kasaner Universität.* Um seine Forschungen auch außerhalb Russlands zu verbreiten veröffentlichte Lobačevskiĭ 1840 in Berlin eine Zusammenfassung seiner neuen Geometrie: *Geometrische Untersuchungen zur Theorie der Parallellinien.*

Jahrhunderte lang war das Parallelenpostulat ein Problem, das die Mathematiker beschäftigte. Bereits im fünften Jahrhundert nach Christus versuchte der griechische Mathematiker Proclus, der einen Kommentar zu *Die Elemente* schrieb, das fünfte Postulat aus den anderen Axiomen und Postulaten herzuleiten. Viele weitere Mathematiker wie Wallis und Saccheri versuchten einen Beweis für das Parallelenpostulat zu finden. Erst im 19. Jahrhundert stellte sich heraus, dass das unmöglich ist. Diese Zeit, zu der sich Europa in Aufruhr befand, war reif für einen Durchbruch in der Forschung zum Parallelenpostulat.

Viele Augen richteten sich plötzlich auf zwei bis dahin unbekannte Mathematiker: den Russen Nikolai Lobačevskiĭ und den Ungarn János Bolyai. Sie schlugen beide unabhängig voneinander einen ganz neuen Weg ein: Sie suchten nach einer Möglichkeit, mit Hilfe der ersten vier Postulate und der Negation des fünften zu einer anderen Geometrie zu gelangen. Dies gelang ihnen tatsächlich und so kamen sie zu der Überzeugung, dass es unmöglich ist, das Parallelenpostulat mit Hilfe der ersten vier Postulate zu beweisen. Die Verneinung des fünften Postulats führt nämlich nicht zu einem Widerspruch, sondern zu einer anderen, nichteuklidischen Geometrie.

Die große Bedeutung dieser Entdeckung von Lobačevskiĭ und Bolyai begann man erst im Jahre 1860 zu begreifen, mit der Veröffentlichung eines Briefes des berühmten Mathematikers Gauß. Darin war zu lesen, dass Gauß von der Möglichkeit einer nichteuklidischen Geometrie überzeugt war und selber bereits zuvor einige wichtige Resultate auf diesem Gebiet erzielt, aber nie veröffentlicht hatte.

János **Bolyai** (1802 - 1860) erforschte gegen den Willen seines Vaters Farkas das Parallelenpostulat. Doch die Versuche des Vaters, János davon abzubringen, misslangen. Zwischen 1820 und 1823 bereitete János seine Arbeit über die nichteuklidische Geometrie vor. 1823 schrieb er an seinen Vater:

Abb. 6.21: J. Bolyai.

„Ich habe es noch nicht entdeckt, doch der Pfad dem ich folge führt so gut wie sicher zu meinem Ziel, wenn dieses Ziel denn erreichbar ist. Noch bin ich noch nicht so weit, ich habe jedoch bereits großartige Dinge herausgefunden, die mich erschüttert haben. Ich würde es auf ewig bedauern, wenn diese Dinge verloren gingen: Wenn Sie sehen, was ich beabsichtige, werden Sie mir sicher beipflichten. Nun kann ich schlicht sagen, dass ich aus dem Nichts eine andere Welt geschaffen habe. Alles was ich Ihnen bisher geschickt habe, ist verglichen mit einem Turm wenig mehr als ein Kartenhaus gewesen.“

Bevor János' Arbeit veröffentlicht wurde, kam er jedoch zu dem Schluss, dass Gauß ihm in Vielem voraus gewesen war, obwohl Gauß zuvor nichts auf diesem Gebiet veröffentlicht hatte. Das war ein herber Schlag für János. Dennoch wurde 1831 seine Arbeit als ein 26 Seiten umfassender Anhang im Buch seines Vaters über Beweisversuche zum Parallelenpostulat veröffentlicht.

János selber glaubte, dass sein Vater heimlich Gauß über seine Entdeckungen informierte und dass Gauß daraufhin versuchte, sie sich selber zuzuschreiben. 1848 entdeckte er, dass auch Lobačevskiĭ 1829 ein sehr ähnliches Werk verfasst hatte. Er geriet in eine tiefe Depression und veröffentlichte keine weiteren Forschungsergebnisse.

Aufgabe 6.19

Überlege, warum Gauß seine Arbeiten zur nichteuklidischen Geometrie nicht veröffentlichte.

Seit Beginn des 19. Jahrhunderts interessierte sich Carl Friedrich **Gauß** (1777 - 1855) für die Frage, ob mit einem anderen fünften Postulat nicht auch ein anderes widerspruchsfreies Gebäude möglich ist. Er diskutierte über dieses Thema unter anderem mit seinem guten Freund Farkas Bolyai, mit dem er gemeinsam an der Universität in Göttingen studiert hatte.
Gauß hat nie etwas über nichteuklidische Geometrie veröffentlicht. Aus seinen Notizbüchern und seiner Korrespondenz geht jedoch hervor, dass er bereits Jahrzehnte vor Anderen der eigentliche Entdecker der nichteuklidischen Geometrie war.

Abb. 6.22: C.F. Gauß.

Lobačevskiĭ und Bolyai entwickelten eine neue, nichteuklidische Geometrie. Darin wird Euklids Parallelenpostulat durch die Negation dieses Postulats ersetzt. Die anderen Axiome und Postulate bleiben gleich.
Es gibt zwei Varianten der nichteuklidischen Geometrie. Im ersten Fall, der von Lobačevskiĭ und Bolyai betrachtet wurde, wird das fünfte Postulat durch das folgende ersetzt:

> Es gibt *mehrere* zu einer Geraden ℓ parallele Geraden, die durch einen Punkt P verlaufen, welcher nicht auf ℓ liegt. (*Hyperbolische Geometrie*)

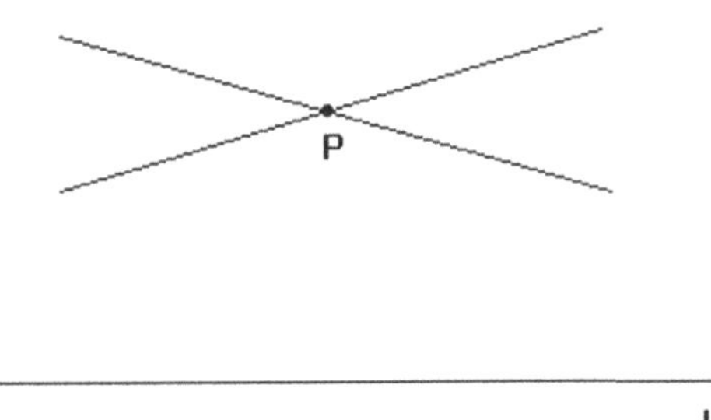

Abb. 6.23: Hyperbolische Geometrie.

Eine andere Möglichkeit ist, das Parallelenpostulat durch folgende Annahme zu ersetzen:

> Es gibt *keine* zu einer Geraden ℓ parallele Gerade durch einen Punkt P, der nicht auf ℓ liegt. (*Elliptische Geometrie*)

Dabei gilt Euklids Definition von Parallelität nach wie vor:

> Parallele Geraden sind Geraden, die in derselben Ebene liegen und einander nicht schneiden.

Aufgabe 6.20
Dass das hyperbolische und das elliptische Postulat im Widerspruch zum Parallelenpostulat stehen, folgt nicht direkt aus Euklids Formulierung des fünften Postulats. Aus welcher Formulierung kann man diesen Schluss direkt ziehen?

Aufgabe 6.21
Formuliere das hyperbolische und das elliptische Postulat so um, dass der Begriff der Parallelität nicht mehr darin vorkommt. Verwende dazu Euklids Definition von Parallelität.

Seit der Entdeckung der nichteuklidischen Geometrie begann man sich Fragen zur Konsistenz der Geometrie von Lobačevskiĭ und Bolyai zu stellen. Ein geometrisches System heißt konsistent, wenn es nicht möglich ist, dass eine Kette logischer Schlussfolgerungen aus den Axiomen und Postulaten zu einem Widerspruch führt. Diese Eigenschaft kann man zeigen, indem man ein Modell angibt, das heißt eine bekannte mathematische Struktur, die die Axiome und Postulate erfüllt. Um die Konsistenz der nichteuklidischen Geometrie zu beweisen, stellt sich also die Frage, wie diese Geometrie in einem Modell realisiert werden kann.
Der Italiener Eugenio Beltrami war 1868 der erste, der ein Modell für die hyperbolische Geometrie entdeckte. Dasselbe Modell wurde einige Jahre später auch von dem Deutschen Mathematiker Klein geliefert, weswegen dieses Modell heutzutage Beltrami-Klein-Modell genannt wird. Im Beltrami-Klein-Modell gelten die folgenden Vereinbarungen:

- *Punkte* werden durch Punkte im Inneren eines Kreises repräsentiert.
- *Geraden* werden durch offene Strecken repräsentiert, die Punkte auf der Kreislinie miteinander verbinden.

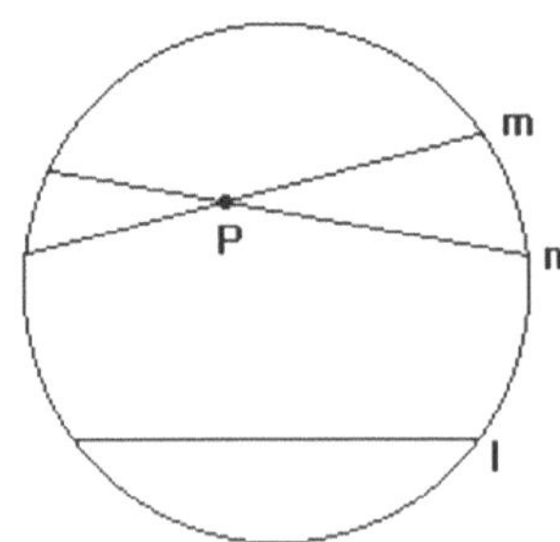

Abb. 6.24: Beltrami-Klein-Modell.

Aufgabe 6.22
Warum gilt das Parallelenpostulat nicht für das Beltrami-Klein-Modell?

Später fand Poincaré weitere Modelle für die hyperbolische Geometrie. In Abschnitt 6.4 und 6.5 werden wir Modelle der elliptischen und der hyperbolischen Geometrie betrachten, in denen Punkte, Geraden und Winkel nicht mehr die bis dahin verwendete Euklidische Bedeutung haben. Im Rahmen der Arbeitsaufträge kann das Beltrami-Klein Modell näher untersucht werden.

Die Geometrie von Lobačevskiĭ und Bolyai

Für einen ersten Einblick in die nichteuklidische Geometrie ist das Studium von Lobačevskiĭs Werk am besten geeignet, da er eine vollständige und vor allem in späteren Publikationen auch sehr saubere Erläuterung seines Systems liefert. Das Studium von Bolyais Werk ist wegen seiner Knappheit und der Verwendung unbekannter Notation viel komplizierter, die Ausgangspunkte sind jedoch dieselben. Deshalb werden wir hier lediglich einen kleinen Teil von Lobačevskiĭs Werk betrachten. Wir werden die Theorien von Lobačevskiĭ und Bolyai nicht weiter diskutieren, da wir vor allem an den Modellen interessiert sind, die sich daraus ableiten lassen.
Lobačevskiĭ setzt voraus, dass im Strahlenbündel durch den Punkt A mehr als eine Gerade existiert, die CB nicht schneidet (hyperbolisches Postulat):

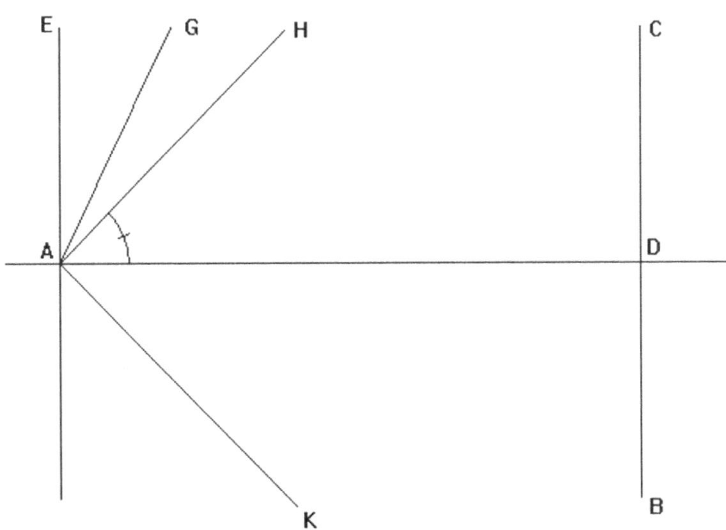

Abb. 6.25: Zu Lobačevskiĭs Geometrie.

Er betrachtet eine Gerade BC und einen Punkt A, der nicht auf der Geraden, aber in einer Ebene mit der Geraden liegt. AD ist die Lotgerade von A auf BC und AE ist senkrecht zu AD. In der Euklidischen Geometrie ist AE die einzige Gerade, die BC nicht schneidet. In der Geometrie von Lobačevskiĭ und Bolyai gibt es mehrere solcher Geraden durch A, die BC nicht schneiden. Die nicht-schneidenden Geraden werden von den schneidenden Geraden durch die Geraden AH und AK getrennt, die beide BC nicht schneiden. Diese beiden Geraden, die Lobačevskiĭ „Grenzparallele" nennt (heute wird auch der Name „Lobačevskiĭ-Parallele" verwendet), haben beide eine bestimmte „Richtung der Parallelität".
Der Winkel zwischen der Lotgeraden AD und einer der beiden Parallelen wird „Parallelitätswinkel" für die Lotlänge AD genannt. Lobačevskiĭ verwendete das Symbol $\Pi(a)$ um den Parallelitätswinkel in Abhängigkeit von der Länge a auszudrücken. In der Euklidischen Geometrie gilt stets $\Pi(a) = 90°$. In der Geometrie von Lobačevskiĭ ist Π eine Funktion von a, die gegen 90° geht, wenn a gegen 0 geht, und die gegen 0 strebt, wenn a unendlich groß wird.

6.4 Ein Modell der elliptischen Geometrie

Der deutsche Mathematiker Bernhard Riemann (1826 - 1866) ist der Entdecker der elliptischen Geometrie. Diese Geometrie wurde die Grundlage der Relativitätstheorie, mit der Albert Einstein zu Beginn des zwanzigsten Jahrhunderts die Physik auf den Kopf stellte.
Wir erhalten ein Modell für die ebene elliptische Geometrie, indem wir von einem Universum als Sphäre (Kugeloberfläche) ausgehen.

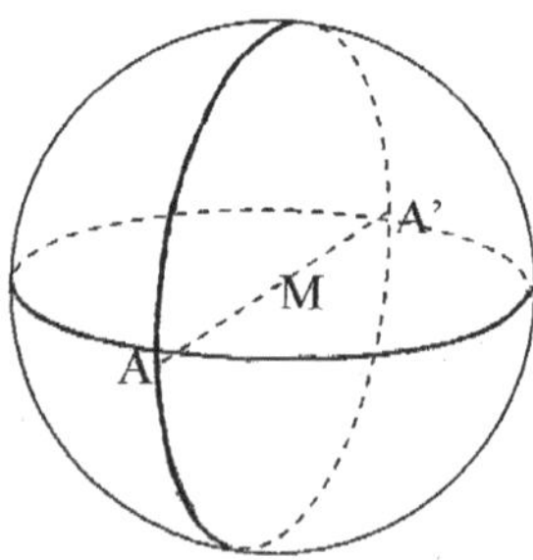

Abb. 6.26: Riemanns Modell der elliptischen Geometrie.

Alles innerhalb dieser Geometrie spielt sich dann auf dieser Sphäre ab. Die Objekte werden wie folgt definiert:

- Eine *Gerade* ist ein Großkreis, also der Durchschnitt der Sphäre mit einer Ebene, die durch den Mittelpunkt der Kugel verläuft. (Vergleiche dies mit Meridianen oder Längenkreisen, jedoch nicht mit Parallelkreisen oder Breitenkreisen, außer dem Äquator, da diese in Ebenen liegen, die nicht durch den Mittelpunkt der Kugel verlaufen.)
- Ein *Punkt* ist ein Punkt der Sphäre zusammen mit seinem „Gegenüber“ (Antipode)[1]. Dem Antipoden-Paar (A, A') entspricht also in diesem Modell ein Punkt.
- Der *Winkel* zwischen zwei Geraden ist der Winkel zwischen den Ebenen, in denen die Großkreise liegen.

Wir werden in diesem Kapitel einige Resultate der elliptischen Geometrie betrachten. Es ist dabei hilfreich eine Kugel zur Hand zu haben, auf der man zeichnen kann. Du kannst aber auch einfach eine Kugel in Dein Heft zeichnen.

6.4.1 Gilt das Parallelenpostulat?

Aufgabe 6.23
Wähle einen Punkt auf der Kugel und untersuche wie viele Strahlen (Abschnitte von Geraden) es gibt, die in diesem Punkt enden. Ist diese Anzahl von der Wahl des Punktes abhängig?

Aufgabe 6.24
Konstruiere beliebige Geraden (also Großkreise) auf der Kugel und untersuche ob diese sich schneiden.
Betrachte ein fest gewählte Gerade und wähle einen Punkt, der nicht auf dieser Geraden liegt. Wie viele Geraden verlaufen durch diesen Punkt, welche die gegebene Gerade nicht schneiden?
Welchen Schluss kann man hieraus über Euklids fünftes Postulat diesem Modell ziehen?

6.4.2 Die Winkelsumme im Dreieck

Da in der elliptischen Geometrie das fünfte Postulat nicht gilt, kann auch der Satz, dass die Winkelsumme jedes Dreiecks *gleich* 180° ist nicht mehr gelten, denn dieser ist, wie wir in Abschnitt 6.1 gesehen haben, äquivalent zum Parallelenpostulat.

Aufgabe 6.25
Ein Dreieck ist gegeben durch die Verbindungsstrecken zwischen drei Punkten, die nicht auf einer Geraden liegen.
Zeichne beliebige Dreiecke auf eine Kugel. Beachte dabei die Definition einer Geraden in diesem Modell.

[1] *Anmerkung der Übersetzer:* Diese Festlegung erscheint einem ungewöhnlich, und es ist auch nicht einfach, sich dies bildlich vorzustellen. Aber es hat einen guten Grund, dass man nicht einfach Punkte auf der Sphäre statt Antipoden-Paaren wählt. (Welchen?)

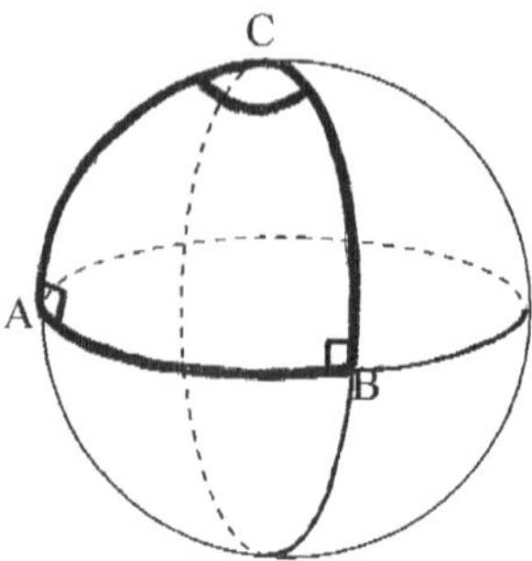

Abb. 6.27: Zur Winkelsumme im Dreieck.

Versuche die Winkelsumme der Dreiecke zu schätzen. Was gilt für die Winkelsumme für alle Dreiecke in der elliptischen Geometrie? Was ist die kleinste mögliche Winkelsumme? Und wie groß ist die größte mögliche Winkelsumme?

6.5 Ein Modell der hyperbolischen Geometrie: Poincarés Kreisscheibenmodell

Der französische Mathematiker Jules Henri Poincaré stellte 1906 in seinem Buch *La Science et l'hypothèse* ein Modell für die hyperbolische Geometrie im Inneren eines Kreises γ in der Euklidischen Ebene vor. In dieser Poincaré-Kreisscheibe gelten die folgenden Vereinbarungen:

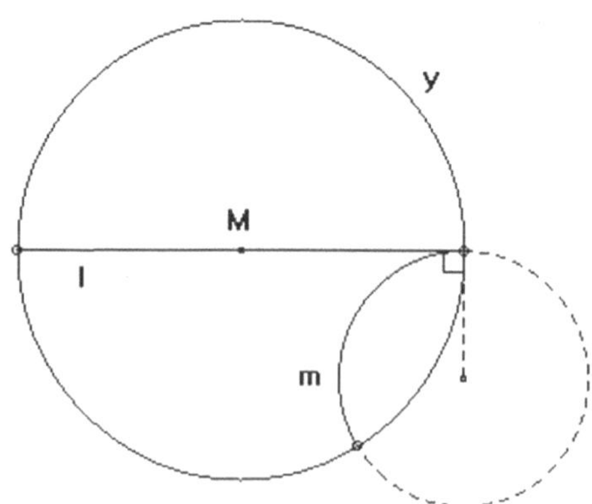

Abb. 6.28: Poincarés Kreisscheibenmodell.

- *Punkte* werden durch Punkte im Inneren eines Euklidischen Kreises repräsentiert.
- *Geraden* werden repräsentiert durch:
  - offene Kreisbögen (wie zum Beispiel m), die den Kreis γ senkrecht schneiden
  - offene Strecken, die durch den Mittelpunkt des Kreises γ verlaufen (wie zum Beispiel l), wobei man eine solche Strecke als Bogen eines Kreises mit unendlichem Radius auffassen kann.

  (Die Endpunkte der Kreisbögen und Strecken gehören also nicht zu den Geraden)
- *Winkel* zwischen zwei sich schneidenden Geraden in einem Punkt sind die Winkel zwischen den Tangenten der zwei sich schneidenden Kreisbögen in diesem Punkt.

6.5.1 Vorbereitungen mit Cabri

Wir werden in diesem Abschnitt einige Eigenschaften der Poincaré-Kreisscheibe untersuchen. Wir werden das nicht auf dem Papier tun, wie Poincaré um 1900, sondern mit Hilfe des Computers. Wir verwenden hierzu das vielleicht bereits bekannte Programm Cabri[2]. Um dieses Programm auch für das Modell der Poincaré-Kreisscheibe verwenden zu können, muss zunächst die Datei *hyperbol.men* von der Seite
http://members.home.nl/gulikgulikers/WiskundePagina.htm
heruntergeladen werden. Speichere die Datei auf Deiner Festplatte und sorge dafür, dass die Datei vom Typ *.men* ist. Starte Cabri und öffne die Datei *hyperbol.men*. Nun werden an der Standard-Symbolleiste am rechten Rand vier neue Schaltflächen für das Konstruieren und Messen innerhalb der Poincaré-Kreisscheibe, ab jetzt kurz P-Kreisscheibe, hinzugefügt.
Alle Konstruktionen beginnen mit einem Kreis, der P-Kreisscheibe, beliebiger Größe. Es gibt zwei Arten, einen solchen Kreis zu zeichnen:

Verwende die Standardoption von Cabri zum Zeichnen eines Kreises. Lege hierzu den Mittelpunkt und einen Punkt auf der Kreislinie fest.

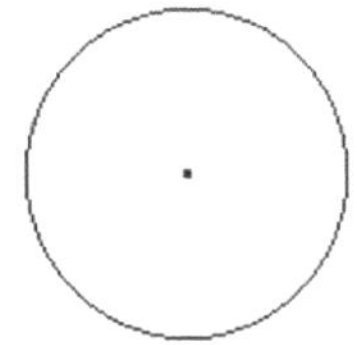

Abb. 6.29: Kreis mit Standardoptionen.

[2] Mehr Informationen (auf Niederländisch) über dieses Programm sind unter http://www.pandd.demon.nl/cabri.htm zu finden. Eine Demo-Version lässt sich von der Homepage von Cabri (http://www.cabri.com/download-cabri.html) herunterladen.

Verwende den Einheitskreis mit der Option **unit disc** (erste Option des Menüpunkts ganz rechts). Wähle den Mittelpunkt und einen Punkt auf der positiven x-Achse, der dann als Euklidischer Abstand 1 zum Mittelpunkt festgelegt wird. Der Rand des Einheitskreises wird **disc horizon** genannt und die Achsen werden grau dargestellt.
Diese Option muss verwendet werden wenn später nichteuklidische Abstände gemessen werden sollen. Der Einheitskreis kann auch über einen anderen bereits vorhandenen Kreis gezeichnet werden.

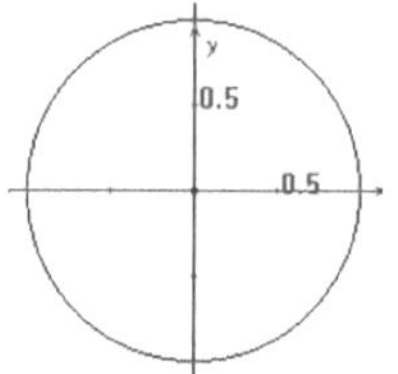

Abb. 6.30: Kreis mit Option **unit disc**.

Die wichtigsten Operationen, die für den Umgang mit der P-Kreisscheibe benötigt werden, sind in den folgenden Unterabschnitten aufgeführt.

Aufgabe 6.26
Probiere alle nun folgenden Operationen in Cabri aus.

Zeichnen von Figuren

Mit der ersten neuen Schaltfläche kann man unter anderem Punkte, Geraden und Standardfiguren zeichnen:

Gerade (**d-line**): Wähle zwei Punkte innerhalb der P-Kreisscheibe und klicke dann auf die P-Kreisscheibe. Verwende die Option **d-line (bnd points)**, wenn die zwei Punkte der Geraden auf dem Rand des Kreises liegen sollen. (Diese Punkte selber gehören dann nicht zur P-Kreisscheibe und werden uneigentliche Punkte genannt.)

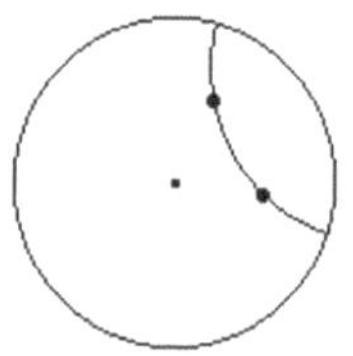

Abb. 6.31: Zeichnen einer Geraden.

Strecke (**d-segment**): Wähle zwei Punkte innerhalb der P-Kreisscheibe und klicke dann auf die P-Kreisscheibe.

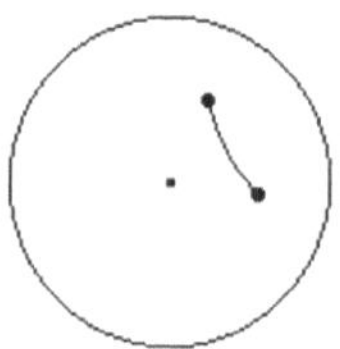

Abb. 6.32: Zeichnen einer Strecke.

Dreieck (**d-triangle**): Wähle drei Punkte innerhalb der P-Kreisscheibe und klicke dann auf die P-Kreisscheibe.

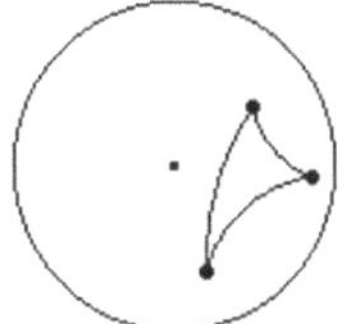

Abb. 6.33: Zeichnen eines Dreiecks.

Kreis (**d-circle**): Wähle einen Mittelpunkt und einen Punkt auf dem Rand des Kreises. Dann klicke auf die P-Kreisscheibe. Der Mittelpunkt ist der nichteuklidische Mittelpunkt des Kreises. Hierauf werden wir später noch zurück kommen.

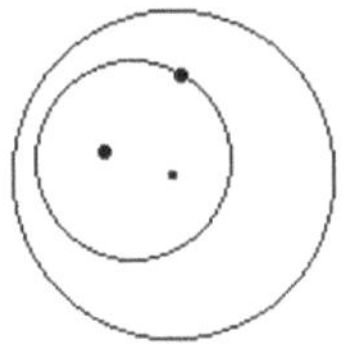

Abb. 6.34: Zeichnen eines Kreises.

Konstruktionen

Mit der zweiten neuen Schaltfläche können spezielle Geraden und Punkte gezeichnet werden:

Lotgerade durch einen Punkt auf der Geraden (**perpendicular at point**): Markiere die Gerade und den Punkt auf dieser Geraden. Klicke dann auf die P-Kreisscheibe. Für ein Lot auf eine Gerade durch den Mittelpunkt der P-Kreisscheibe muss die Standardoption von Cabri zum Erstellen einer Geraden und einer Lotgeraden verwendet werden.

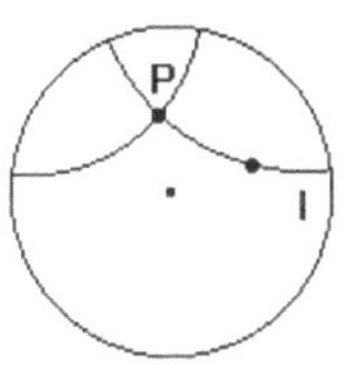

Abb. 6.35: Zeichnen eines Lots durch Punkt auf der Geraden.

Lotgerade durch einen Punkt außerhalb einer Geraden (**perpendicular from point**): Markiere die Gerade und den Punkt außerhalb der Geraden. Klicke dann auf die P-Kreisscheibe.

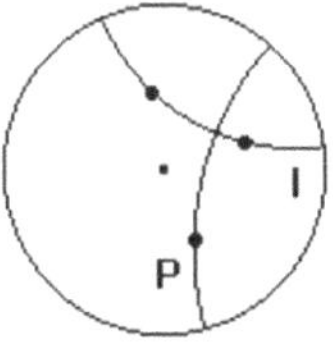

Abb. 6.36: Zeichnen eines Lots durch Punkt außerhalb der Geraden.

Spiegelungen

Die dritte Schaltfläche dient zur Spiegelung von Figuren. Da wir diese Operationen hier nicht verwenden, sollen sie auch nicht weiter erläutert werden.

Messungen

Die letzte neue Schaltfläche dient zum Messen nichteuklidischer Abstände zwischen Punkten sowie zum Messen von Winkeln.

Nichteuklidischer Abstand zum Mittelpunkt des Kreises (**non E distance to center**): Wähle einen Punkt und klicke auf die Achsen des Einheitskreises. Der gewünschte Abstand steht dann in einem Feld, das man verschieben und anklicken kann.

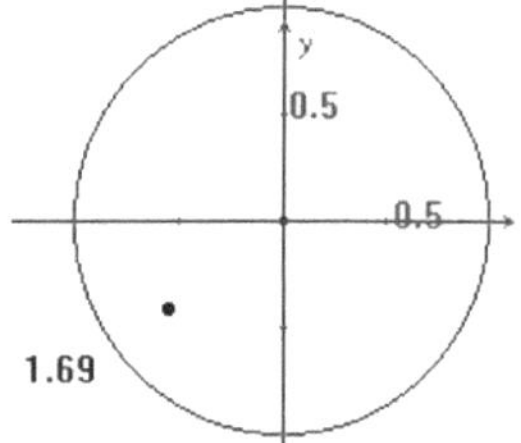

Abb. 6.37: Messung des Mittelpunktsabstandes.

Nichteuklidischer Abstand zwischen zwei Punkten (**non E distance between points**): Wähle zwei Punkte aus und klicke dann auf die Achsen des Einheitskreises und auf die P-Kreisscheibe. Der gewünschte Abstand steht dann in einem Feld, das man verschieben und anklicken kann.

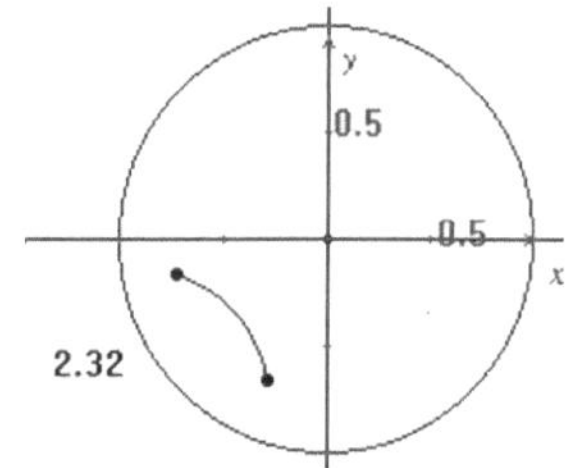

Abb. 6.38: Messung des Abstands zweier Punkte.

Winkel (**angle**): Wähle nacheinander drei Punkte an, wobei der zweite Punkt der Scheitelpunkt des zu messenden Winkels ist. Klicke dann auf die P-Kreisscheibe. Das Feld mit dem erhaltenen Winkelmaß kann an eine passende Stelle gezogen und angeklickt werden.

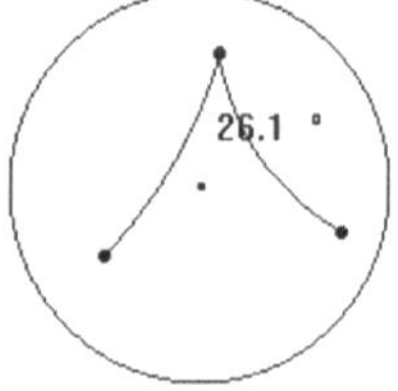

Abb. 6.39: Winkelmessung.

Winkelsumme (**triangle sum**): Wähle die drei Eckpunkte des Dreiecks an und klicke auf die P-Kreisscheibe. Das Feld mit den erhaltenen Winkelgrößen kann verschoben und angeklickt werden.

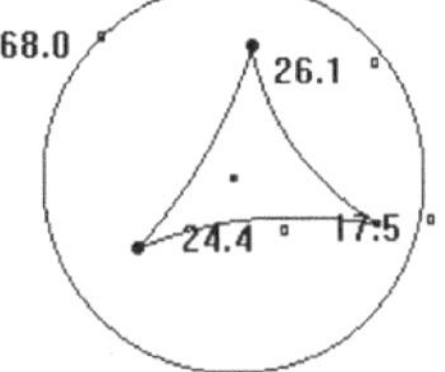

Abb. 6.40: Winkelsumme im Dreieck.

6.5.2 Das hyperbolische Postulat

Mit Hilfe von Cabri und dem hyperbolischen Menü werden wir nun zeigen, dass im Modell von Poincaré das hyperbolische Postulat gilt.

> Es gibt *mehrere* zu einer Geraden ℓ parallele Geraden durch einen Punkt P außerhalb von ℓ.
> Oder auch: Es gibt mehrere Geraden durch einen Punkt P außerhalb von ℓ, die ℓ nicht schneiden.

Aufgabe 6.27

1. Konstruiere einen Kreis.
2. Konstruiere eine Gerade innerhalb der P-Kreisscheibe und benenne diese Gerade mit ℓ.
3. Konstruiere außerhalb der Geraden einen Punkt, den Du mit P bezeichnest.
4. Konstruiere verschiedene Geraden durch P, welche die Gerade ℓ nicht schneiden.
5. Konstruiere eine Gerade durch P, welche die Gerade ℓ nur auf dem Rand des Kreises schneidet. Färbe diese Gerade rot. (Zeichne zunächst einen Punkt auf den Rand des Kreises und zeichne dann eine Gerade durch diesen Punkt und P.) Da die Punkte auf dem Rand des Kreises nicht mehr zur P-Kreisscheibe gehören (uneigentliche Punkte), schneiden sich diese beiden Geraden nach den Festlegungen in diesem Modell nicht. Diese Gerade bezeichnet man als Grenzparallele.
6. Es gibt noch eine weitere Grenzparallele. Konstruiere auch diese und färbe sie ebenfalls rot.
7. Was kann man nun über die Lage der Geraden aussagen, die ℓ nicht schneiden?
8. Speichere Deine erstellte Datei, drucke sie aus und klebe sie in Dein Heft.

Aufgabe 6.28

1. Lies den Abschnitt über die Geometrie von Lobačevskiĭ und Bolyai in Abschnitt 6.3 noch einmal gründlich durch. In der letzten Aufgabe (Aufgabe 6.27) haben wir die Grenzparallelen gezeichnet. Wir werden nun auch den Parallelitätswinkel bestimmen.

2. Verwende Deine Zeichnung aus der letzten Aufgabe. Zeichne eine Gerade durch P senkrecht zu ℓ.
3. Bestimme die Winkel zwischen dieser Lotgeraden und den beiden Grenzparallelen. Wenn Du alles richtig gemacht hast, sind diese beiden Winkel gleich.
4. Verschiebe den Punkt P. Was kann man nun über die Größe des Parallelitätswinkels schließen?
5. Speichere die bearbeitete Zeichnung in einer neuen Datei, drucke sie aus und klebe sie in Dein Heft.

6.5.3 Die Winkelsumme im Dreieck

Da in der hyperbolischen Geometrie das fünfte Postulat nicht gilt, kann auch der Satz, dass die Winkelsumme jedes Dreiecks *gleich* 180° ist, nicht mehr gelten. Denn dieser ist, wie wir in Kapitel 6.1 gesehen haben, äquivalent zum Parallelenpostulat. Wir werden nun mit Hilfe von Cabri untersuchen, ob wir eine andere Aussage über die Winkelsumme eines Dreiecks in der hyperbolischen Geometrie zeigen können.

Aufgabe 6.29

1. Konstruiere einen Kreis.
2. Konstruiere ein Dreieck auf dieser P-Kreisscheibe und bezeichne die Endpunkte mit A, B und C.
3. Bestimme die Winkelsumme dieses Dreiecks und speichere Deine Zeichnung.
4. Verschiebe einige Eckpunkte und untersuche, wie sich dabei die Winkelsumme verändert.
5. Konstruiere ein Dreieck mit einer möglichst kleinen Winkelsumme. Speichere die Zeichnung in einer neuen Datei.
6. Konstruiere ein Dreieck mit einer möglichst großen Winkelsumme. Speichere auch diese Zeichnung in einer weiteren Datei.
7. Versuche anhand Deiner Untersuchungen eine allgemeine Aussage über die Winkelsumme eines Dreiecks in der hyperbolischen Geometrie zu formulieren. Berücksichtige dabei die Rundungsfehler, die bei Rechnungen in Cabri auftreten.
8. Drucke die verschiedenen Zeichnungen aus und klebe sie in Dein Heft.

6.5.4 Nichteuklidische Abstände

Im Modell von Poincaré werden die nichteuklidischen Winkel in ihrer wahren Größe widergegeben. Das gilt aber nicht für nichteuklidische Abstände.

Aufgabe 6.30

Untersuche mit Hilfe von Cabri, was man über nichteuklidische Abstände im Vergleich zu Abständen in der Euklidischen Ebene aussagen kann.

Am einfachsten lässt sich der Unterschied zwischen den beiden Abständen untersuchen, indem Du zunächst einige Punkte auf der x-Achse markierst, die den gleichen Euklidischen Abstand haben. Ermittle anschließend den nichteuklidischen Abstand zwischen diesen Punkten und beschreibe, was Dir auffällt. Speichere Deine Datei, drucke sie aus und klebe sie in Dein Heft.

6.5.5 Parallele Geraden

Weil der nichteuklidische Abstand anders gemessen wird als der gewohnte Euklidische Abstand, sehen auch zwei parallele Geraden anders aus, als wir es gewohnt sind. Wenn man an ein Bild von zwei parallelen Geraden denkt, stellt man sich zum Beispiel Eisenbahnschienen vor, die überall gleich weit voneinander entfernt liegen und Schwellen haben, die senkrecht zu den Schienen stehen. Auf einer P-Kreisscheibe sehen parallele Geraden allerdings ganz anders aus.

Aufgabe 6.31

1. Konstruiere einen Einheitskreis.
2. Konstruiere eine Gerade auf der P-Kreisscheibe und bezeichne diese Gerade mit ℓ.
3. Konstruiere einen Punkt außerhalb von ℓ und bezeichne diesen mit P.
4. Verwende die Option *hypercycle* aus dem *figuren tekenen-menu* (Figurenzeichnen-Menü) und klicke zuerst P und dann die Gerade ℓ an.
5. So erhältst du den Kreisbogen, der überall den gleichen Abstand zur Geraden ℓ hat. Du kannst das wie folgt verifizieren:
6. Markiere einige Punkte auf dem „hypercycle“ und konstruiere Lotgeraden von diesen Punkten auf ℓ.
7. Bestimme für diese Punkte den Abstand zu ℓ. Wenn alles stimmt, sind diese Abstände gleich.
8. Speichere Deine Datei, drucke sie aus, und klebe sie in Dein Heft.

6.5.6 Hyperbolische Kreise

Das Schöne an diesem hyperbolischen Modell ist, dass Kreise den gewohnten Euklidischen Kreisen sehr ähnlich sind. Nur die Mittelpunkte befinden sich nicht da, wo man sie erwarten würde.

Aufgabe 6.32

1. Konstruiere einen Einheitskreis.
2. Konstruiere einen Kreis auf der P-Kreisscheibe, nahe dem Rand. Bezeichne den Mittelpunkt des Kreises mit M.
   Der Mittelpunkt des Kreises scheint nicht „in der Mitte“ zu liegen. Trotzdem ist der Abstand vom Mittelpunkt zu den Punkten auf der Kreislinie überall gleich. Überprüfe dies für verschiedene Punkte und speichere Deine Zeichnung in einer neuen Datei.

3. Konstruiere verschiedene andere Kreise mit demselben Mittelpunkt aber mit unterschiedlichen Radien. Speichere Deine Zeichnung in einer neuen Datei.
4. Vergrößere alle Kreise auf dieselbe Größe. Konstruiere einen Punkt innerhalb dieses hyperbolischen Kreises. Bezeichne diesen mit P.
5. Konstruiere eine Gerade durch M und P.
6. Bestimme die Schnittpunkte von MP mit dem hyperbolischen Kreis und bezeichne diese mit S und T.
7. Bestimme den nichteuklidischen Abstand zwischen S und T.
   Dieser Abstand ist der Durchmesser des Kreises. Verschiebe P und überprüfe, dass jeder Durchmesser des Kreises dieselbe Länge hat. Speichere Deine Zeichnung in einer neuen Datei.
8. Drucke die verschiedenen Zeichnungen aus und klebe sie in Dein Heft.

6.5.7 Weitere Untersuchungen zur Poincaré-Kreisscheibe und zur hyperbolischen Geometrie

Es gibt noch viele andere Resultate, die man im Modell der Poincaré-Kreisscheibe entdecken kann. Wir werden hier darauf nicht weiter eingehen, es kann jedoch am Schluss dieses Kapitels ein Arbeitsauftrag dazu gewählt werden. Nicht nur Mathematiker, sondern auch viele Künstler wie zum Beispiel Escher sind vom Poincaré-Modell fasziniert. Auch die Arbeit von Escher auf diesem Gebiet kann in den Arbeitsaufträgen näher untersucht werden. Es kann auch ein anderes Modell der hyperbolischen Geometrie zur näheren Untersuchung ausgewählt werden, das schon erwähnte Beltrami-Klein-Modell.

6.5.8 Unterschiede zwischen der Euklidischen und der Nicht-Euklidischen Geometrie

Das Ende dieses Kapitels ist nun erreicht. Im folgenden Abschnitt befinden sich einige Arbeitsaufträge und abhängig von der Zeit, die Dir noch zur Verfügung steht (in Absprache mit Deinem Lehrer) kannst Du Dich damit noch beschäftigen.
Bevor Du jedoch mit Deinen eigenen Untersuchungen beginnst, ist es nützlich, sich noch einmal die wichtigsten Unterschiede zwischen der Euklidischen und der nichteuklidischen Geometrie vor Augen zu führen, wie sie in diesem Kapitel zur Sprache gekommen sind.

Aufgabe 6.33
Beschreibe die Unterschiede zwischen der Euklidischen und der Nicht-Euklidischen Geometrie bezüglich des fünften Postulats und der Winkelsumme im Dreieck.

6.6 Arbeitsaufträge

6.6.1 Untersuche die Bedeutung der nichteuklidischen Geometrie in den Werken von Escher

Viele Künstler, darunter auch M. C. Escher, sind vom Poincaré-Modell, in dem „Geraden“ Kreisbögen sind, die senkrecht auf dem Rand des äußeren Kreises stehen, sehr fasziniert. Escher stellte ein Reihe sogenannter „Cirkellimieten“ (Kreislimiten) zusammen. Bei diesen Bildern handelt es sich um Kreise, die mit Mustern „gepflastert“ sind, die mit Hilfe der hyperbolischen Geometrie konstruiert wurden.
In Abbildung 6.41 verwendet Escher zum Beispiel „Geraden“ als Verbindungslinien vom Kopf zum Fuß von Engeln und Teufeln.

Abb. 6.41: M.C. Escher, „Cirkellimiet IV“. ©2004 The M.C. Escher Company B.V. - Baarn - Holland. Alle Rechte vorbehalten.

Untersuche die Rolle, welche die hyperbolische Geometrie bei den „Cirkellimieten“ spielt. Berücksichtige dabei sowohl die mathematische Seite von Eschers Illustrationen als auch die künstlerische Darstellung. Du kannst auch etwas über Escher selber schreiben.

Die „Cirkellimieten“ sind im Internet leicht zu finden. Du kannst dazu zum Beispiel eine Suchmaschine verwenden, und nach dem englischen Begriff „circle limit“ suchen.

Versuche auch selber eine Kreisfläche mit hyperbolischen Mustern zu pflastern. Dabei muss die Kreisfläche mit kongruenten, regelmäßigen Vielecken (mit gleichen Winkeln und gleichen Seitenlängen) ausgefüllt werden. Eine solche Anordnung von Vielecken in einem Kreis ist nur möglich, wenn die regelmäßigen Vielecke n Seiten haben und sich m Vielecke in einem Punkt treffen, sodass gilt: $\frac{1}{n} + \frac{1}{m} < \frac{1}{2}$.

Gleichseitige Dreiecke kann man zum Beispiel mit Cabri mit der folgenden Option aus dem *meten-menu* (Messungs-Menü) zeichnen:

Gleichseitiges Dreieck (**non E regular triangle**): Wähle den Schwerpunkt des Dreiecks und einen der Eckpunkte. Klicke dann die P-Kreisscheibe an. Der Schwerpunkt darf dabei nicht der Mittelpunkt des Kreises sein, der Eckpunkt jedoch schon.

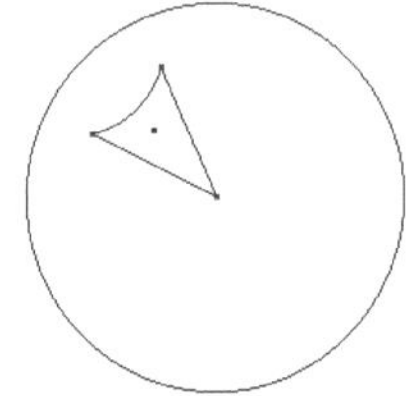

Abb. 6.42: Konstruktion eines gleichseitigen Dreiecks.

Für die Gestaltung der Kreisfläche kannst du die Funktion *edge reflect* aus dem *spiegelingen-menu* (Spiegelungs-Menü) von Cabri verwenden.

Spiegeln eines Dreiecks an einer der Seiten (**edge reflect**): Markiere eine der Seiten und den gegenüberliegenden Punkt. Klicke dann die P-Kreisscheibe an.

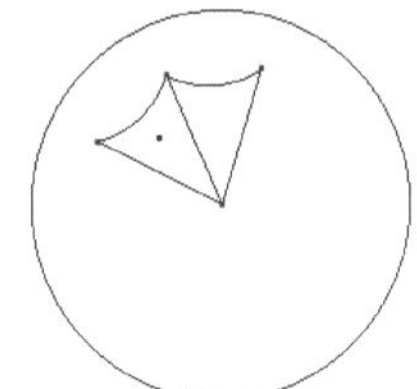

Abb. 6.43: Spiegeln eines Dreiecks.

Wenn Dein Muster am Ende nicht schön aussieht, kannst Du die Startpunkte des ersten Dreiecks verschieben. Ein Beispiel für einen Teil von einem solchen Muster ist in Abbildung 6.44 abgebildet.

6.6.2 Verfasse eine ausführliche Biographie einer Person, die eine wichtige Rolle bei der Entwicklung der nichteuklidischen Geometrie spielte.

Wähle eine oder mehrere Personen, die eine wichtige Rolle in der Entwicklung der nichteuklidischen Geometrie gespielt haben. Schreibe eine ausführliche Biographie über jede der Personen. Berücksichtige dabei unter anderem die folgenden Punkte:

- Welche Informationen kann ich über das Leben dieses Mathematikers zusammentragen?

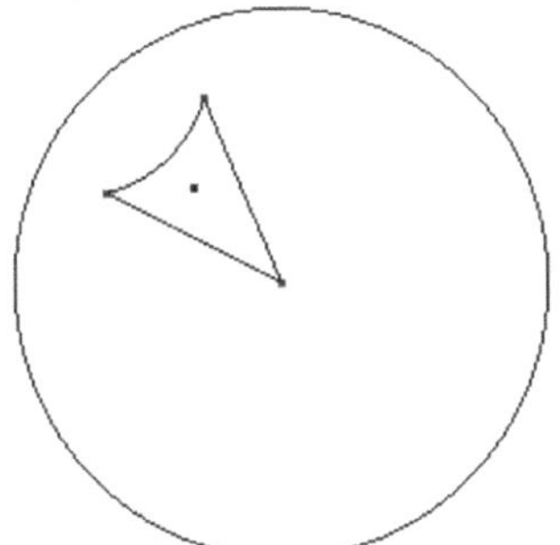
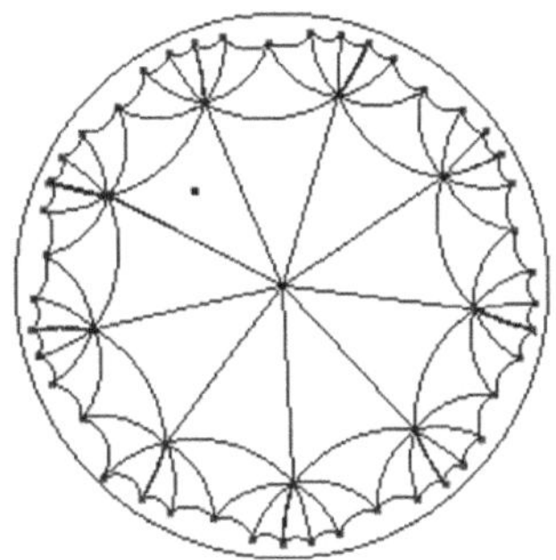

Abb. 6.44: Beispiel für ein Muster.

- Haben auch andere Familienmitglieder eine bedeutende Rolle in der Mathematik oder einer anderen Wissenschaft gespielt?
- Was sind die wichtigsten Entdeckungen und Werke dieses Mathematikers?
- Auf welche Gebiete hat sich der Mathematiker neben der nichteuklidischen Geometrie spezialisiert?

Als Ausgangspunkt kann die folgende Website der St. Andrews University in Schottland genommen werden:
http://www-history.mcs.st-andrews.ac.uk/history/BiogIndex.html.

6.6.3 Untersuche ein anderes Modell der hyperbolischen Geometrie: Das Beltrami-Klein-Modell

Das Beltrami-Klein-Modell ist ein Modell der hyperbolischen Geometrie im Inneren einer offenen Kreisscheibe, in dem die folgenden Vereinbarungen gelten:

- *Punkte* werden durch Punkte im Inneren eines Kreises repräsentiert.
- *Geraden* werden durch offene Strecken repräsentiert, die Punkte auf der Kreislinie miteinander verbinden.

Das Beltrami-Klein-Modell hat den Vorteil, dass Geraden Euklidische Strecken sind.

Aus Abbildung 6.45 wird deutlich, dass im Beltrami-Klein-Modell das hyperbolische Axiom gilt: Es gibt mehrere Geraden durch P, welche die Gerade ℓ nicht schneiden.

Untersuche dieses Modell ebenso, wie wir bereits die Poincaré-Kreisscheibe untersucht haben. Du kannst dazu ebenfalls Cabri verwenden. Hierzu muss zunächst eine andere Symbolleiste heruntergeladen werden:
http://members.home.nl/gulikgulikers/WiskundePagina.htm.

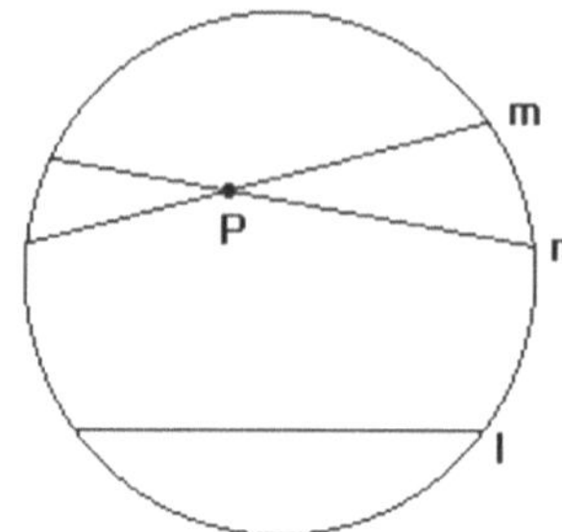

Abb. 6.45: Zum hyperbolischen Axiom im Beltrami-Klein-Modell.

Starte Cabri und öffne die Datei mit der neuen Symbolleiste (dieser Vorgang kann einige Zeit dauern). Alle Konstruktionen beginnen mit einem Kreis. Dieser Kreis kann mit der Option *absolute circle* unter dem „Zeiger" Knopf konstruiert werden. Mit Hilfe von *F1* erhältst Du eine Anleitung zu den verschiedenen Operationen.
Eine weitere hilfreiche Website ist die französische Seite:
http://www.cabri.net/abracadabri/GeoNonE/GeoNonE.htm.

6.6.4 Untersuche Gauß' weitere Bedeutung für die Mathematik

Im 19. Jahrhundert wurden Mathematiker immer mehr zu Spezialisten auf einem bestimmten Gebiet. Diese Spezialisierung wurde lediglich durch einige wenige geniale Mathematiker durchbrochen. Einer von ihnen war Gauß.
In diesem Buch ist deutlich geworden, welche Bedeutung Gauß für die Entwicklung der nichteuklidischen Geometrie hatte. Untersuche nun seine weitere Bedeutung für die Mathematik. Berücksichtige dabei besonders den Inhalt seiner Werke.
Als Ausgangspunkt kann folgende Website dienen:
http://www-history.mcs.st-andrews.ac.uk/history/Mathematicians/Gauss.html.

6.6.5 Untersuche weitere Resultate der hyperbolischen Geometrie im Modell von Poincaré

In Abschnitt 6.5 haben wir einige Ergebnisse von Poincaré betrachtet. Es gibt allerdings noch viele andere wichtige Resultate im Modell der Poincaré-Kreisscheibe. Untersuche einige dieser anderen Resultate der P-Kreisscheibe. Berücksichtige hierbei insbesondere:

- In- und Umkreis eines Dreiecks
- Besondere Punkte eines Dreiecks, wie zum Beispiel Schwerpunkt und Schnittpunkt der Höhen
- Satz von Pythagoras

- Spiegelungen
- Horozykel
- Saccheri-Vierecke
- Kongruente und ähnliche Dreiecke

Hierbei werden wahrscheinlich einige Befehle in Cabri benötigt, die bis hierhin noch nicht erläutert wurden. Im Internet gibt es weitere Informationen darüber. Untenstehende Websites können als Ausgangspunkt gewählt werden. Es gibt jedoch noch viele weitere hilfreiche Internet Seiten.

- http://mcs.open.ac.uk/tcl2/nonE/nonE.html (Englisch)
- http://www.pandd.demon.nl/hypm0.htm (Niederländisch)

6.6.6 Untersuche den weiteren Inhalt von *Die Elemente* von Euklid

Untersuche den weiteren Inhalt und Einfluss von *Die Elemente* von Euklid. Gib hierbei in jedem Fall eine ausführliche Beschreibung des Inhalts der einzelnen Bücher der *Elemente*.
Die folgende Website kann dabei als Startpunkt fungieren:
http://aleph0.clarku.edu/~djoyce/java/elements/toc.html. Außerdem liefern die Bücher von Dijksterhuis [4] (Niederländisch) und Heath [10] (Englisch) viele Informationen zu diesem Thema.

Literaturhinweise

1. Beth, J.E.: Inleiding in de niet-Euclidische meetkunde op historischen grondslag. Groningen (1929)
2. Bonola, R.: Non-Euclidean geometry, a critical and historical study of its developments. New York (1955)
3. Coxeter, H.S.M. ea.: M.C. Escher, art and science. Amsterdam (1986)
4. Dijksterhuis, E.J.: De Elementen van Euclides. Groningen (1929)
5. Engel, F., Stäckel, P.: Die Theorie der Parallellinien von Euklid bis auf Gauss. Teubner (1895)
6. Fauvel, J., Gray, J.: The History of Mathematics: A Reader. London (1987)
7. Gerretsen, J.C.H.: Niet-Euklidische meetkunde. Gorinchem (1942)
8. Gray, J.J.: Ideas of Space: Euclidean, non-Euclidean and Relativistic. Oxford (1989)
9. Greenberg, M.J.: Euclidean and non-Euclidean geometries, development and history. New York (1993)
10. Heath, T.L.: The thirteen books of Euclid's Elements. New York (1956)
11. Mankiewicz, R.: Het verhaal van de wiskunde. Abcoude (2000)
12. Mohrmann, H.: Einführung in die Nicht-Euklidische Geometrie. Akad. Verlagsges. Leipzig (1930)
13. Rosenveld, B.A.: A History of non-Euclidean geometry. New York (1988)
14. Sommerville, D.M.Y.: Bibliography of non-Euclidean geometry. London (1911)
15. Struik, D.J.: Geschiedenis van de wiskunde. Amsterdam (1977)
    Deutsche Ausgabe: Struik, D.J., Abriß der Geschichte der Mathematik, 4. Aufl. Vieweg (1985)
16. Waerden, B.L. van der: De logische grondslagen der euklidische meetkunde. Groningen (1937)

Autoren und Herausgeber

Peter Boon (Email: p.boon@fi.uu.nl)

Peter Boon arbeitet als leitender Experte für Java-Programmierung, Entwickler von Mathematik-Curricula und Forscher am Freudenthal-Institut (Utrecht). Er verbindet seine technologische Expertise und seine Erfahrung als Mathematiklehrer, um reichhaltige digitale Lerneinheiten auf Internet-Basis zu entwickeln, die von Schülern und Lehrern problemlos benutzt werden können. Neben zahlreichen Applets zur Algebra und Geometrie hat er auch Applets zum Test verschiedener grundlegender Fertigkeiten programmiert. Zur Zeit erforscht er digitale Lernumgebungen, um die Möglichkeiten des digitalen Mediums weiter zu erkunden und auszubauen.

Iris van Gulik-Gulikers (Email: gulikgulikers@home.nl)

Iris van Gulik (geb. 1975) entwickelt Curricula am SLO (Nationales Kompetenzzentrum für Lehrplanentwicklung) in Enschede, Niederlande. Dabei beschäftigt sie sich hauptsächlich mit Innovationen im mathematisch-naturwissenschaftlichen Unterricht der Sekundarstufen. Iris van Gulik hat Mathematik an der Rijksuniversiteit Groningen studiert; ihre Dissertation hatte den Einsatz und Nutzen der Geschichte der Geometrie für den Schulunterricht zum Thema. Daneben arbeitete sie zehn Jahre als Mathematiklehrerin in den Sekundarstufen. Neben ihrer Arbeit verwendet sie am meisten Energie auf ihr Familienleben mit drei kleinen Kindern.

Martin Kindt (Email: martin@fi.uu.nl)

Martin Kindt (geb. 1937 in Rotterdam) begann 1960 seine Laufbahn als Mathematiklehrer. Ab Mitte der sechziger Jahre befasste er sich, im Zusammenhang mit der Erneuerung des Mathematikunterrichts, mit Curriculumsentwicklung. Nach einer zweijährigen Tätigkeit als Dozent für Mathematikdidaktik an der Universität Nijmegen wurde er wissenschaftlicher Mitarbeiter am IOWO (Institut für Entwicklung und Erforschung des Mathematikunterrichts), das heutzutage den Namen Freudenthal-Institut trägt. Seine Lieblingsgebiete in der Mathematik sind Geometrie und Diskrete Mathematik. Er verfasste zahlreiche Lehrbücher für die Sekundarstufe I und II zu verschiedenen Themen sowie ein Buch über projektive Geometrie für die Lehrerausbildung und Universitätskurse. Dreißig Jahre lang unterrichtete er Geometrie in der

F. Verhulst, S. Walcher (eds.), *Das Zebra-Buch zur Geometrie*, Springer-Lehrbuch, DOI 10.1007/978-3-642-05248-4, © Springer-Verlag Berlin Heidelberg 2010

Lehrerausbildung (in Abendkursen). Auch nach seiner Pensionierung ist er weiterhin in der Mathematikdidaktik aktiv, aber nun hat er mehr Zeit auch für andere Hobbies: Literatur, Jogging, Jazz und Enkelkinder.

Wim Kleijne (Email: wim.kleijne@xs4all.nl)

Wim Kleijne arbeitete als Mathematiklehrer in den Sekundarstufen und als Dozent an Universitäten und Pädagogischen Hochschulen. Er war auch Rektor eines Gymnasiums und einer Pädagogischen Hochschule. Lange Zeit hat er als Schulinspektor für den Unterricht in der Sekundarstufe gewirkt; dabei war er zuständig für die Qualitätsevaluation des Mathematikunterrichts. Zur Zeit ist er Leiter des Staatlichen Prüfungsamts für den Unterricht in den Sekundarstufen. Er hat mehrere Bücher über Mathematik und Mathematik-Didaktik sowie zahlreiche Zeitschriftenartikel verfasst. Sein besonderes Interesse gilt Themen wie „Mathematik und Kunst“, „Mathematik in verschiedenen geschichtlichen Perioden und Kulturen“ und der Philosophie der Mathematik. Wim Kleijne ist gerne in der Wildnis unterwegs, wie in Wüsten und tropischen Regenwäldern. Er interessiert sich für Kunst verschiedener Gattungen und Kulturen, und spielt gerne Klavier.

Ton Konings (Email: Ton.Konings@han.nl)

Ton Konings ist Dozent für Mathematik am Pädagogischen Institut der HAN-Universität in Nimwegen. Sein Aufgabenbereich umfasst die Ausbildung von Mathematiklehrern in räumlicher Geometrie, Operations Research und mathematischer Fachdidaktik. Er ist Mitautor von Büchern zur Mathematikdidaktik und forscht über die Anwendbarkeit didaktischen Wissens im Schulunterrricht, durch Lehrer und Schüler. Sein besonderes Interesse gilt dem Thema „Kunst und Mathematik“; unter anderem hat er Kunstaustellungen von Mathematikstudenten an seinem Institut organisiert sowie Lehrerfortbildungen über Kunst im Mathematikunterricht abgehalten. In seiner Freizeit singt er im Kammerchor, arbeitet in seinem Garten und sitzt gerne mit einem Glas Wein unter dem Walnussbaum, in guter Gesellschaft oder mit einem guten Buch.

Hans Melissen (Email: J.B.M.Melissen@tudelft.nl)

Hans Melissen ist Professor in der Arbeitsgruppe für Optimierung und Systemtheorie an der TU Delft.

Rob van Oord (Email: r.van.oord@coenecoopcollege.nl)

Rob van Oord wurde 1949 in Doorn (Niederlande) geboren. Nach seinem Studium an der Universität Utrecht wurde er im Jahre 1974 Mathematiklehrer am Coenecoopcollege (damals Samenwerkingsschool) in Waddinxveen. Von 1999 bis 2007 war er Mitglied einer Arbeitsgruppe zur Erstellung von Mathematik-Abituraufgaben. Sein Spezialgebiet ist die Umsetzung didaktischer Entwicklungen im Mathematikunterricht. Sein Beitrag zum Projekt „Tausend Jahre vor der Klasse“ der Stiftung für professionelle Qualität von Lehrern (Stichting beroepskwaliteit leraren) ist unter www.duizendjaarvoordeklas.nl zu finden. Seit zwei Jahren ist er auch Redakteur der „Zebrareeks“ von Epsilon Uitgaven. Zu seinen sonstigen Aktivitäten und Interessen gehört die Pflege der Natur. Mit einer Gruppe von engagierten Freiwilligen schneidet er an Wintersamstagen Kopfweiden in der Nähe von Bauernhöfen.

Ferdinand Verhulst (Email: F.Verhulst@uu.nl)

Ferdinand Verhulst wurde 1939 in Amsterdam (Niederlande) geboren. Er schloss sein Studium an der Universität Amsterdam mit akademischen Graden in Mathematik und Astrophysik ab. Während einer fünfjährigen Tätigkeit an der TU Delft begann er sich für technologische Probleme zu interessieren; daraus entstanden zahlreiche Kooperationen mit Ingenieuren. Seine weiteren Forschungsinteressen liegen u. a. in Methoden und Anwendungen der Mathematischen Analysis.
Er ist emeritierter Professor für Dynamische Systeme am Mathematischen Institut der Universität Utrecht. Zu seinen sonstigen Aktivitäten und Interessen gehören ein Verlag, Epsilon Uitgaven, den er 1985 gründete, Psychoanalyse und die Beziehung zwischen Mathematik und Kunst.
Webseite: www.math.uu.nl/people/verhulst

Agnes Verweij (Email: averweij@ipact.nl)

Agnes Verweij erwarb ihren Master-Grad in Mathematik an der Universität Leiden. Ihr Berufsleben begann sie als Mathematiklehrerin für die Sekundarstufen in Leiden. Später wechselte sie zur Lehrerausbildung in Delft; gegenwärtig ist sie Dozentin für Mathematik und Mathematikdidaktik am Institut für Angewandte Mathematik sowie am Institut für Didaktik der Naturwissenschaften an der TU Delft. Ihre Forschungsinteressen und Veröffentlichungen schließen so unterschiedliche Themen ein wie den Einsatz von Computeralgebra im Mathematikunterricht der Sekundarstufen und an Hochschulen, und die Kombination von Geometrieunterricht und künstlerischen Aspekten in den Sekundarstufen. Ihre neueren Veröffentlichungen befassen sich mit der Geometrie der „Perspektiv-Boxen“, die niederländische Architekturmaler im 17. Jahrhundert entwickelt haben. Aus diesen Arbeiten können sich Aufgabenprojekte ergeben, welche das Kapitel zur Perspektive (ebenso das ursprüngliche niederländische Buch) in einem Wahlthema „Perspektive“ im Unterricht der Sekundarstufen ergänzen.

Sebastian Walcher (Email:walcher@mathA.rwth-aachen.de)

Sebastian Walcher ist Professor für Mathematik an der RWTH Aachen. Er kann immer noch nicht Niederländisch.

Namens- und Sachverzeichnis

Springer-Lehrbuch